"十二五"职业教育国家规划教材
经全国职业教育教材审定委员会审定

高等职业教育路桥工程类专业系列教材

工程测量 第3版

GONGCHENG CELIANG

主编 谢远光 / 副主编 李 杰 夏毓超 / 主审 王 亮

重庆大学出版社

内容提要

本书是高等职业教育路桥工程类专业系列教材之一,"十二五"职业教育国家规划教材。全书共9章,主要内容包括:绪论、水准测量、角度测量、距离测量与直线定向、测量误差的基本知识、小区域控制测量、地形图的测绘和应用、道路测量和施工测量,全面系统地介绍了工程测量的基本知识和测绘方法。另外,附有工程测量实验指导书。

本书可作为非测量专业的教学用书,供道路桥梁工程技术、建筑工程技术、工程监理、工程项目管理、工程造价等专业选用,也可作为非测量专业工程技术人员的参考用书。

图书在版编目(CIP)数据

工程测量／谢远光主编. —— 3 版. —— 重庆：重庆
大学出版社,2020.6
高等职业教育路桥工程类专业系列教材
ISBN 978-7-5624-8139-3

Ⅰ. ①工… Ⅱ. ①谢… Ⅲ. ①工程测量—高等职业教
育—教材 Ⅳ. ①TB22

中国版本图书馆 CIP 数据核字(2020)第 087004 号

高等职业教育路桥工程类专业系列教材
工程测量
(第 3 版)

主 编 谢远光
副主编 李 杰 夏毓超
主 审 王 亮

责任编辑:刘颖果 版式设计:范欣渝
责任校对:秦巴达 责任印制:赵 晟

*

重庆大学出版社出版发行
出版人:饶帮华
社址:重庆市沙坪坝区大学城西路 21 号
邮编:401331
电话:(023)88617190 88617185(中小学)
传真:(023)88617186 88617166
网址:http://www.cqup.com.cn
邮箱:fxk@ cqup.com.cn(营销中心)
全国新华书店经销
重庆华林天美印务有限公司印刷

*

开本:787mm×1092mm 1/16 印张:13.75 字数:356 千
2020 年 6 月第 3 版 2020 年 6 月第 7 次印刷
ISBN 978-7-5624-8139-3 定价:39.00 元

前言

（第 3 版）

随着现代科学技术的飞速发展，测绘仪器从原来以精密机械与几何光学器件组合为主，逐步成为光学、机械、电子和应用软件相结合的现代化测量仪器，其功能、精度和自动化程度也大大地增加和提高。为适应测绘科学发展新形势，本书除了介绍常规测量仪器外，还增加了全站仪、GIS 和 GPS 等相关内容。

本书是高等职业教育路桥工程类专业系列教材之一。全书共 9 章，主要内容包括绪论、水准测量、角度测量、距离测量与直线定向、测量误差的基本知识、小区域控制测量、地形图的测绘与应用、道路测量、施工测量。另外，增加了工程测量实验指导书的内容。本书可作为高职道路桥梁工程技术等非测量专业的教材，也可作为非测量专业工程技术人员的参考用书。

参加本书编写的有重庆交通大学谢远光（第 1 章）、李杰（第 3 章、第 4 章部分内容），重庆育才工程咨询监理有限公司夏毓超（第 9 章部分内容），广东省国土资源厅测绘院李成钢（第 6 章部分内容），中铁第四勘察设计院集团有限公司朱雪峰（第 7 章部分内容），河北交通职业技术学院吴聚巧（第 4 章、第 8 章部分内容）、翟晓静（第 9 章部分内容），山西交通职业技术学院丁烈梅（第 5 章、第 7 章部分内容），江西交通职业技术学院李玮（第 2 章）。全书由谢远光担任主编，李杰、夏毓超担任副主编，李成钢、朱雪峰、吴聚巧、丁烈梅、翟晓静、李玮参编。云南交通职业技术学院王亮担任主审。全书由谢远光统稿定稿。

由于编者水平有限，书中难免存在疏漏和错误之处，恳请使用本教材的师生读者批评指正，以便再版时改进。

编　者
2020 年 3 月

1

前言

（第 2 版）

　　随着现代科学技术的飞速发展，测绘仪器从原来的以精密机械与几何光学器件组合为主，逐步成为光学、机械、电子和应用软件相结合的现代化测量仪器，其功能、精度和自动化程度也大大增加和提高。为适应测绘科学发展新形势，本书除了介绍常规测量仪器外，还增加了电子经纬仪、全站仪、GIS 和 GPS 等相关内容。

　　本书是高等职业教育工程造价专业系列教材之一。全书共 10 章，主要内容包括绪论、水准测量、角度测量、距离测量与直线定向、电磁波测距仪与全站仪、测量误差的基本知识、小区域控制测量、地形图的测绘和应用、公路测量和施工测量。

　　参加本书编写的有：重庆交通大学谢远光（编写第 1 章、第 2 章和第 5 章），河北交通职业技术学院吴聚巧（编写第 4 章和第 9 章）、翟晓静（编写第 10 章）、山西交通职业技术学院丁烈梅（编写第 6 章、第 7 章和第 8 章），江西交通职业技术学院李玮（编写第 2 章），重庆交通大学李杰（编写第 1 章、第 6 章和第 8 章部分内容）。全书由谢远光担任主编，丁烈梅、吴聚巧和李杰担任副主编，翟晓静和李玮参编。云南交通职业技术学院王亮担任主审。全书由谢远光统稿定稿。本书可作为高职工程造价等专业的教材，也可作为非测量专业工程技术人员的参考用书。

　　由于编者水平有限，书中难免存在疏漏和错误之处，恳请使用本教材的师生能够批评指正，以利再版时改进。

编　者

2010 年 10 月

目录

1 绪 论

〚**本章导读**〛

主要内容:测量学的研究内容、分支学科;地面点的表示方法;测量工作基本内容及原则。

学习目标:

(1)理解水准面、大地水准面、参考椭球面、高程、相对高程、高差等基本概念。

(2)理解地面点空间位置的表示方法;掌握测量常用的几种坐标系统,高斯投影分带的概念及相关计算。

(3)理解测量的基本工作内容及原则。

(4)掌握测量中小数的取位原则。

重点:水准面、大地水准面、参考椭球面、高程、相对高程、高差等基本概念;高斯投影分带的相关概念及计算;测量中小数的取位原则。

难点:高斯投影分带的相关概念及计算。

1.1 概 述

·*1.1.1* **测量学的发展**·

测量学研究的内容包括确定地球和其他实体的形状、大小和重力场,并在此基础上建立一个统一的坐标系统,利用各种测量仪器、传感器及其组合系统,获取地球及其他实体在一定坐标系中有关空间定位和分布的信息,制成各种地形图和专题图以及建立地理、土地等各种空间信息系统,为研究地球自然和人文现象,解决人口、资源、环境和灾害等社会可持续发展中的重大问题以及为国民经济和国防建设提供技术支撑和数据保障。

测量学的任务主要包括测定和测设两个方面。测定是测量地球表面的自然地貌及人工构造物的平面位置及高程,并按一定比例尺绘制成图,供国防工程及国民经济建设的规划、设计、管理和科学研究使用;测设是将设计图上的工程构造物的平面位置和高程在实地标定出来,作为施工的依据,测设也称为施工放样。

随着近代科学技术的迅速发展和社会生产的广泛需要,测量学已发展为几门彼此紧密联系而又自成体系的分支学科,它包括:

①普通测量学:研究地球表面较小区域内测绘工作的基本理论、技能、方法及普通测量仪器的使用技术和比例尺地形图测绘与应用的学科,是测量学的基础部分。

②大地测量学:研究在较大区域内建立高精度大地控制网,测定地球形状、大小和地球重力场的理论、技术及方法的学科。由于人造地球卫星的发射和空间技术的发展,大地测量学又分为常规大地测量学和卫星大地测量学以及空间大地测量学。大地测量工作为其他测量工作提供高精度的起算数据,也为空间科学技术和国防建设提供精确的点位坐标、距离、方位及地球重力场资料,并为与地球有关的科学研究提供重要的资料。

③摄影测量学:研究利用摄影手段来获得被测物体的图像信息,从几何和物理方面进行分析处理,对所摄对象的本质提供各种资料的一门学科。由于摄影取得的信息能真实和详尽地记录摄影瞬间客观景物的形态,具有良好的测量精度和判读性能,因此摄影测量除用于常规测绘摄影区域的地形图外,还广泛应用于建筑、考古、生物、医学、工业等领域,如桥梁变形观测、汽车碰撞试验、爆炸过程监视和动态目标测量等方面。

④工程测量学:研究工程建设在勘测设计、施工过程和管理阶段所进行的各种测量工作的学科。主要内容有:工程控制网的建立、地形测绘、施工放样、设备安装测量、竣工测量、变形观测和维修养护测量等。工程测量学是一门应用科学,它是在数学、物理学等有关学科的基础上应用各种测量技术解决工程建设中实际测量问题的学科。随着激光技术、光电技术、工程摄影测量技术、快速高精度空间定位技术在工程测量中的应用,工程测量学的服务面越来越广,特别是在现代大型工程建设中的应用大大促进了工程测量学的发展。

我国测量技术的应用有着悠久的历史,在几千年的文明历史中有着许多关于测量的记载,如战国时期就发明的世界上最早的指南针;东汉张衡发明的浑天仪;西晋斐秀提出的《制图六体》;到18世纪初清康熙年间,进行了大规模的大地测量,于1718年完成了世界上最早的地形图之一——《皇舆全图》。新中国成立后,测绘事业得到了迅速发展,成立了国家和地方测绘管理机构,建立了全国天文大地控制网,统一了全国大地坐标和高程系统,测绘了国家基本地形图,在测绘人才培养、测绘科研等方面都取得了巨大的成就。尤其是现代科学技术的发展,测量内容由常规的大地测量发展到人造卫星大地测量,由空中摄影测量发展到遥感技术的应用;被测对象由地球表面扩展到空间,由静态发展到动态;测量仪器已广泛趋向电子化和自动化。

· 1.1.2   本课程的任务和要求 ·

测量在公路工程建设中占有非常重要的地位,从公路与桥梁的勘测设计,到施工放样、竣工验收无不用到测绘技术。例如公路在建设之前,为了确定一条经济合理的路线,必须进行路线勘测,绘制带状地形图和纵、横断面图,并在图上进行路线设计,然后将设计路线的位置标定在地面上,以便进行施工。当路线跨越河流时,必须建造桥梁,在建桥之前,测绘桥址河流两岸的地形图,测量河床断面、水位、流速、流量和桥梁轴线的长度,以便设计桥台和桥墩的位置,最后将设计位置测设到实地。当路线跨越高山时,为了降低路线的坡度,减少路线的长度,多采用隧道穿越高山。在隧道修建之前,应测绘隧址大比例尺地形图,测定隧道轴线、洞口、竖井等位置,为隧道设计提供必要的数据。在隧道施工过程中还需要不断地进行贯通测量,以保证隧道构造物的平面和高程正确贯通。

道路、桥梁、隧道工程竣工后,要编制竣工图,供验收、维修、加固之用。在营运阶段要定期进行变形观测,确保道路、桥梁、隧道构造物的安全使用。可以说,道路、桥梁、隧道的勘测、设计、施工、竣工及保养维修等阶段都离不开测量。

本教材主要内容包括普通测量学的基础知识和部分工程测量学知识,将重点讲述测量学的基本理论、方法、常规仪器的构造与使用和基本技能,适当介绍测量新技术和新仪器。

根据路桥工程的特点,结合我国交通事业的发展,非测量专业的学生在学习完本课程以后,要求达到:

①掌握普通测量学及公路工程测量学的基本理论知识和基本方法。

②随着科技的发展,测量仪器不断地更新换代,要求不仅能正确使用现代各种测量仪器和工具,而且要掌握各类仪器测量的原理,以便在将来的工程中能及时地应用每一种新型的仪器和工具,适应测量方面新技术、新理论的发展要求。

③能采用不同的仪器、利用多种方法正确地进行小区域大比例尺的地形测绘。

④在公路勘测、设计和施工中,具有正确应用地形图和有关测量资料的能力,如根据图纸进行地形分析、施工前的放样分析和工程计量等。

⑤掌握路桥方面的工程专题,即掌握公路中线测量、基平测量、中平测量、纵横断面图测量及绘制,掌握施工放样的基本方法,能完成路基边桩、边坡、竖曲线以及涵洞的放样,能测定桥梁中线、能进行桥梁墩台的中心定位,了解隧道的有关测量。

1.2　地面点位的确定方法

测量学的主要任务是测定和测设,无论测定还是测设都需要通过确定地面点的空间位置来实现。确定地面点位的实质就是确定其在某个空间坐标系中的三维坐标。我们知道,地面点是相对于地球定位的,如果选择一个能代表地球形状和大小且相对固定的理想曲面作为测量的基准面,就可以用地面点在基准面上的投影位置和高度来确定地面点的空间位置。为此测量上将空间三维坐标系分解成确定地面点的球面位置坐标系(二维)和高程系(一维)。

· 1.2.1　测量的基准面 ·

测量工作实际上是在地球的自然表面进行的,而地球自然表面是很不规则的,有陆地、海洋、高山和平原,通过长期的测绘工作和科学调查,了解到地球表面上的海洋面积约占71%,陆地面积约占29%,因此人们把地球总的形状看作是被海水包围的球体,也就是设想有一个静止的海水面,向陆地延伸而形成一个封闭的曲面,我们把这个假想的静止的海水面称为**水准面**。水准面是一个与重力方向垂直的连续曲面,如图 1.1(a)所示。

水准面在小范围内近似为一个平面,而完整的水准面是被海水包围的封闭曲面。因为符合上述特点的水准面有无数个,其中最接近地球形状和大小的是通过平均海水面的那个水准面,这个唯一而确定的水准面称为**大地水准面**。大地水准面就是测量的基准面,如图 1.1(b)所示。

由于地球内部质量分布不均匀,导致地面上各点的重力方向(即铅垂线方向)产生不规则的变化,因而大地水准面实际上是一个有微小起伏的不规则曲面。如果将地面上的图形投影到这个不规则的曲面上,将无法进行测量计算和绘图,为此必须用一个和大地水准面形状非常接近的可用数学式表达的几何形体来代替大地水准面。在测量学中选用椭圆绕其短轴旋转而成的参考旋转椭球体面作为测量计算的基准面,如图 1.1(c)所示。

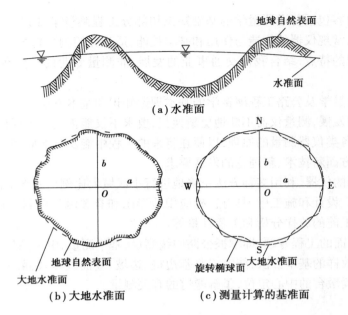

图 1.1　测量的基准面

我国目前所采用的参考椭球体是"1980 年国家大地坐标系",其参考椭球体元素为:

$$
\left.
\begin{aligned}
\text{长半轴} \quad & a = 6\ 378\ 140\ \text{m} \\
\text{短半轴} \quad & b = 6\ 356\ 755.3\ \text{m} \\
\text{扁　率} \quad & \alpha = (a - b)/a = 1/298.257
\end{aligned}
\right\}
\tag{1.1}
$$

当测区范围不大时,可以把地球椭球体当成圆球看待,取其半径为 6 371 km。

· 1.2.2　地面点的测量坐标系统 ·

地面点在投影面上的坐标,根据具体情况,可选用下列三种坐标系统中的一种来表示。

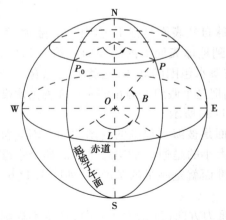

图 1.2　大地坐标系

1)地理坐标系

地理坐标系是一种球面坐标系统,根据基准面和基准线的不同,分为天文地理坐标系和大地地理坐标系。

大地地理坐标系简称大地坐标系,以参考椭球面为基准面,法线为基准线。

在大地坐标系中,地面点在旋转椭球面上的投影位置用大地经度 L 和大地纬度 B 来表示,如图 1.2 所示。NS 为椭球的旋转轴,N 表示北极,S 表示南极,O 为椭球中心。通过椭球中心且与椭球旋转轴正交的平面称为赤道平面。赤道平面与地球表面的交线称为赤道。通过椭球旋转轴的平面称为子午面,其中,通过英国伦敦原格林尼治天文台的子午面称为起始子午面。子午面与椭球面的交线称为子午线。图 1.2 中 P 点的大地经度就是通过该点的子午面与起始子午面的夹角,用 L 表示,从起始子午面算起,向东自 0°~180°称为东经,向西自 0°~180°称为西经。P 点的大地纬度就是该点的法线(与椭球面垂直的线)与赤道面的交角,用 B 表示。从赤道面起算,向北自 0°～90°称为北纬,向南自 0°～90°称为南纬。

大地经度 L 和大地纬度 B 统称大地坐标。地面点的大地坐标是根据大地测量数据由大地原点(大地坐标原点)推算而得的。我国"1980 年国家大地坐标系"的大地原点位于陕西省泾阳县永乐镇境内,在西安市以北约 40 km 处。以前使用的"1954 年北京坐标系"是新中国成立初期从苏联引测过来的。

天文地理坐标系简称天文坐标系,以大地水准面为基准面,铅垂线为基准线,用天文经度 λ 和天文纬度 ϕ 表示地面点的坐标。天文经度 λ 和天文纬度 ϕ 可以通过天文测量的方法获得。

2)高斯平面直角坐标系

在研究大范围的地球形状和大小时,必须用大地坐标表示地面点的位置才符合实际。但在绘制地形图时,只能将参考椭球面上的图形用地图投影的方法描绘到平面上,这就需要用相应的地图投影方法建立一个平面直角坐标系。我国从 1952 年开始采用高斯投影作为地形图的基本投影,并以高斯投影的方法建立了高斯平面直角坐标系。由于投影具有规律性,因而地面点的高斯平面坐标与大地坐标可以相互转换。

高斯投影是地球椭球体面正投影于平面的一种数学转换过程。如图 1.3(a)所示,设想将截面为椭圆的一个椭圆柱横套在地球椭球体外面,并与椭球体面上某一条子午线(如 NDS)相切,同时使椭圆柱的轴位于赤道面内并通过椭球体中心。椭圆柱面与椭球体面相切的子午线称为中央子午线。若以椭球中心为投影中心,将中央子午线两侧一定经差范围内的椭球图形投影到椭圆柱面上,再顺着过南、北极点的椭圆柱将椭圆柱面剪开,展开成平面,如图 1.3(b)所示,这个平面就是高斯投影平面。

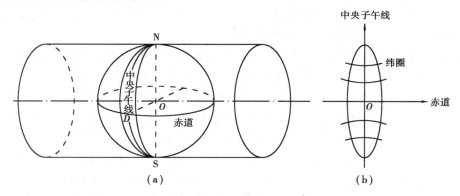

图 1.3 高斯投影平面

在高斯投影平面上,中央子午线投影为直线且长度不变,赤道投影后为一条与中央子午线正交的直线,离开中央子午线的线段,投影后均要发生变形,且均较投影前长一些。离中央子午线越远,投影长度变形越大。

为了使投影误差不致影响测图精度,规定以经差 6°或更小的经差为准来限定高斯投影的范围,每一投影范围称为一个投影带。如图 1.4(a)所示,6°带是从东经 0°子午线算起,以经度每隔 6°为一带,将整个地球划分成 60 个投影带,并用阿拉伯数字 1,2,…,60 顺次编号,称为高斯 6°投影带(简称 6°带)。6°带中央子午线经度 L_0 与投影带号 N_e 之间的关系式为:

$$L_0 = N_e \times 6° - 3° \tag{1.2}$$

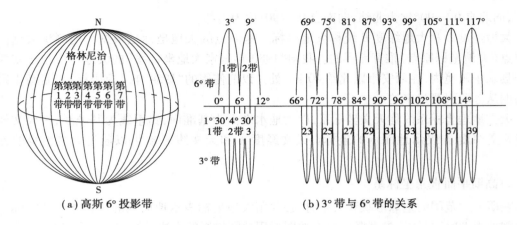

（a）高斯6°投影带　　　（b）3°带与6°带的关系

图1.4　3°带与6°带

【例1.1】　某城市的某一点经度为119°24′,求其所在高斯投影6°带的中央子午线经度L_0和投影带号N_e。

【解】　根据题意,其高斯投影6°带的带号为:

$$N_e = \mathrm{INT}\left(\frac{119°24'}{6°} + 1\right) = 20 \qquad (\mathrm{INT}——取整数)$$

中央子午线经度为:$L_0 = 20 \times 6° - 3° = 117°$

对于大比例尺测图,则需采用3°带或1.5°带来限制投影误差。3°带与6°带的关系如图1.4(b)所示。3°带是以东经1°30′开始,第一带的中央子午线是东经3°。采用分带投影后,由于每一投影带的中央子午线和赤道的投影为两正交直线,故可取两正交直线的交点为坐标原点。中央子午线的投影线为坐标纵轴(X轴),向北为正;赤道投影线为坐标横轴(Y轴),向东为正,这就是全国统一的高斯平面直角坐标系。

我国国土所属范围大约为东经73°27′至东经135°09′,6°带投影带号范围为13～23,3°带投影带号范围为25～45,可见,我国领土范围内,6°带与3°带的投影带号不重复。

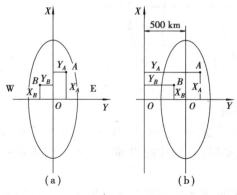

（a）　　　（b）

图1.5　高斯平面直角坐标系

由于我国地处北半球,高斯投影纵坐标均为正值,而横坐标则有正有负,如图1.5(a)所示,$Y_A = +148\,680.54$ m,$Y_B = -134\,240.69$ m。为了避免横坐标出现负值和标明坐标所处的投影带,我国规定将坐标系中坐标原点向西平移500 km,即所有点的横坐标值加上500 km,并在横坐标前冠以带号。图1.5(b)中所标注的横坐标为:$Y_A = 20\,648\,680.54$ m,$Y_B = 20\,365\,759.31$ m。这就是高斯平面直角坐标的通用值,最前两位数20表示带号,不加500 km和带号的横坐标值称为自然值。

高斯平面直角坐标系的应用大大简化了测量计算工作,它把在椭球体面上的观测元素全部改化到高斯平面上进行计算,这比在椭球体面上计算球面图形要简单得多。在公路工程测量中也经常应用高斯平面直角坐标系,如高速公路的勘测设计和施工测量就是在高斯平面直角坐标系中进行的,如果线路较长还可能涉及坐标换带计算。

3)平面直角坐标系

当测量的范围较小时,可以不考虑地球表面曲率点的影响,把该测区当成平面看待,直接将地面点沿铅垂线投影到水平面上,用平面直角坐标来表示它的投影位置,如图 1.6 所示。测量上选用的平面直角坐标系,规定纵坐标轴为 X 轴,表示南北方向,向北为正;横坐标轴为 Y 轴,表示东西方向,向东为正;坐标原点可假定,也可选在测区的已知点上;象限按顺时针方向编号。测量所用的平面直角坐标系之所以与数学上常用的平面直角坐标系不同,是因为测量上的直线方向都是从纵坐标轴北端顺时针方向量度的,而数学中三角函数的角度则是从横坐标轴正端按逆时针方向量度。所有数学三角函数公式都能在测量计算中直接应用。

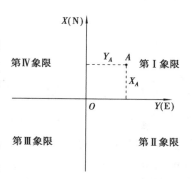

图 1.6 平面直角坐标系

· 1.2.3 地面点的高程系统 ·

地面点到大地水准面的铅垂距离称为该点的绝对高程或海拔,简称高程。在图 1.7 中,地面点 A,B 的绝对高程分别为 H_A,H_B。

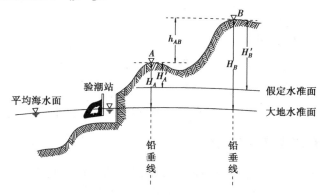

图 1.7 地面点的高程系统

国家高程系统的建立通常是在海边设立验潮站,经过长期观测推算出平均海水面的高度,并以此为基准在陆地上设立稳定的国家水准原点。我国曾采用青岛验潮站 1950—1956 年观测资料推算黄海平均海水面作为高程基准面,称为"1956 年黄海高程系",并在青岛观象山的一个山洞里建立了国家水准原点,其高程为 72.289 m。由于验潮资料不足等原因,我国自 1987 年启用"1985 年国家高程基准"。这是采用青岛大港验潮站 1952—1979 年的潮汐观测资料计算的黄海平均海水面,依此推算的国家水准原点高程为 72.260 m。

在局部地区进行高程测量时,也可以假定一个水准面作为高程起算面。地面点到假定水准面的铅垂距离称为假定高程或相对高程。在图 1.7 中,A,B 两点的相对高程为 H'_A,H'_B。地面上两点高程之差称为这两点的高差。图 1.7 中 A,B 两点的高差为:

$$h_{AB} = H_B - H_A = H'_B - H'_A \tag{1.3}$$

由此说明:高差的大小与高程起算面无关。

1.3　测量工作概述

· 1.3.1　测量的基本工作 ·

　　测量工作的基本内容是确定地面点的位置。它有两方面的含义：一方面是将地面点的实际位置用坐标和高程表示出来；另一方面是根据点位的设计坐标和高程将其在实地上的位置标定出来。要完成上述任务，必须用测量仪器通过一定的观测方法和手段测出已知点与未知点之间所构成的几何元素，才能由已知点导出未知点的位置。

　　点与点之间构成的几何元素有距离、角度和高差，我们把这三个几何元素称为测量三要素。如图 1.8 所示，a,b,c 为地面点在水平面上的投影位置，确定这些点的位置不是直接在地面上测定它们的坐标和高程，而是首先测定相邻点间的几何元素，即距离 D_1，D_2，D_3，水平角 β_1，β_2，β_3 和高差 h_{Fa}，h_{ab}，h_{bc}。再根据已知点 E，F 的坐标及高程来推算 a,b,c 各点的坐标和高程。由此可见，距离，角度和高差是确定地面点位置的三个基本元素，而相应的距离测量、角度测量和高程测量就是测量的基本工作。

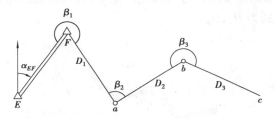

图 1.8　测量三要素

· 1.3.2　测量工作的原则和方法 ·

　　在进行某项测量工作时，往往需要确定许多地面点的位置。假如从一个已知点出发，逐点进行测量，最后虽可得到各点的位置，但这些点很可能是不准确的。因为前一点的测量误差，将会传递到下一点，误差经传递积累起来，最后可能达到不可允许的程度。因此，测量工作必须依照一定的原则和方法来防止测量误差的传播和积累，即在测量布局上要"**从整体到局部**"，在测量精度上要"**由高级到低级**"，在测量程序上要"**先控制后碎部**"。

· 1.3.3　测量上常用的计量单位 ·

　　测量常用的角度、长度、面积的度量单位及换算关系分别见表 1.1、表 1.2 和表 1.3。

表 1.1　角度单位制及换算关系

60 进制	弧度制
1 圆周 = 360°	1 圆周 = 2π 弧度
1° = 60′	1 弧度 = 180°/π = 57.295 8°
1′ = 60″	= 3 438′ = 206 265″

表 1.2　长度单位制及换算关系

公 制	英 制
1 km = 1 000 m 1 m = 10 dm 　　 = 100 cm 　　 = 1 000 mm	英里(mile,简写 mi) 英尺(foot,简写 ft) 英寸(inch,简写 in) 1 km = 0.621 4 mi = 3 280.8 ft 1 m = 3.280 8 ft = 39.37 in

表 1.3　面积单位制及换算关系

公 制	市 制	英 制
$1 \text{ km}^2 = 1 \times 10^6 \text{ m}^2$ $1 \text{ m}^2 = 100 \text{ dm}^2$ 　　 $= 1 \times 10^4 \text{ cm}^2$ 　　 $= 1 \times 10^6 \text{ mm}^2$	1 km² = 1 500 亩 1 m² = 0.001 5 亩 1 亩 = 666.666 666 7 m² 　　 = 0.066 666 67 公顷 　　 = 0.164 7 英亩	1 km² = 247.11 英亩 　　 = 100 公顷 1 m² = 10.764 ft² 1 cm² = 0.155 0 in²

·*1.3.4　测量中的计算取位问题*·

①计算结果的取位数,不应少于题中所给的已知数据的位数。

②为了保证计算结果中最后一位数字的正确,在计算过程中,必须保证参加运算(加、减、乘、除)的各数据的有效数字的位数,比该计算结果的取位数多一位。同样,中间结果的有效数字取位数,应比最后结果的取位数多一位。

③写角度值时,角度的分、秒数均应写足两位(在以分、秒为单位计算的情况下除外)。

④凡是相对误差,都必须以分子为1的分数形式表示。而一般情况下,相对误差的分母取 2～3 位有效数字即可。

复习思考题 1

1.1　什么是水准面、大地水准面、水平面?

1.2　什么是绝对高程(海拔)?什么是相对高程?什么是高差?

1.3　某假定水准面的绝对高程为 102.356 m,点 A 的相对高程为 24.547 m,该点的绝对高程为多少?

1.4　确定地面点的位置需要哪些元素?

1.5　已知我国某点国家统一坐标:$X = 4\ 345\ 000$ m,$Y = 19\ 483\ 000$ m。问:该点位于高斯 6°带还是 3°带?带号是多少?该带中央子午线的经度是多少?该点位于中央子午线的东侧还是西侧?该点距离赤道的距离是多少?该点距离中央子午线的距离是多少?

1.6　测量工作的基本原则是什么?

2 水准测量

〖**本章导读**〗

主要内容:水准测量的原理;水准仪的构造及使用方法;水准测量的实施及成果整理;水准测量的误差来源。

学习目标:

(1)理解水准测量的原理;

(2)学会使用水准仪,并掌握利用 DS3 水准仪进行普通水准测量及三四等水准测量的方法;

(3)掌握水准测量的成果整理方法;

(4)理解水准测量的误差来源。

重点:水准测量的实施及成果整理。

难点:水准测量的成果整理。

测量地面上各点高程的工作,称为高程测量。高程测量根据所使用的仪器和测量方法的不同,分为水准测量、三角高程测量和气压高程测量。其中水准测量是最基本和精度最高的一种方法,在国家高程控制测量、工程勘测和施工测量中被广泛采用。

水准测量是高程测量中最常用的方法。为了适应各种工程对水准点密度和精度的需要,国家测绘部门对全国的水准测量做了统一规定,分为 4 个等级,以精度分:一等水准测量精度最高,四等水准测量精度最低;以用途分:一、二等水准测量主要用于科学研究,也作为三、四等水准测量的起算依据,三、四等水准测量主要用于国防建设、经济建设和测绘地形图的高程起算。

为了进一步满足工程建设和测绘地形图的需要,以国家水准测量三、四等水准点为起始点,尚需用普通水准测量方法布设和测定工程水准点或图根水准点的高程。普通水准测量的精度低于国家等级水准测量,水准路线的布设及水准点的密度根据具体工程和地形测图的要求有较大的灵活性。

本章主要介绍水准测量的原理、水准仪的构造、施测方法及成果整理等。

2.1 水准测量原理

水准测量的原理是:利用水准仪的水平视线,在已知高程点和未知高程点上竖立水准尺并读取读数来测定两点的高差,从而由已知点的高程推算出未知点的高程。如图 2.1 所示,已知

A 点的高程为 H_A，只要能测出 A 点至 B 点的高程之差(h_{AB})，则 B 点的高程 H_B 就可用式(2.1)计算求得。

$$H_B = H_A + h_{AB} \tag{2.1}$$

由此可知，要测量 B 点的高程，除需要有已知高程 A 点外，关键是如何测出 A，B 两点之间的高差 h_{AB}。用水准测量方法测定高差 h_{AB} 的原理是：如图 2.1 所示，在 A，B 两点上竖立水准尺，并在 A，B 两点之间安置一架可以得到水平视线的仪器即水准仪，利用水准仪提供的水平视线在 A，B 尺上分别截取读数为 a，b，则 A，B 两点之间的高差 h_{AB} 为：

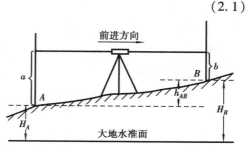

图 2.1　水准测量原理示意图

$$h_{AB} = a - b \tag{2.2}$$

测量时，a，b 的值是水准仪瞄准水准尺时的读数，因为 A 点是已知高程点，通常称读数 a 为"后视读数"，读数 b 为"前视读数"。即：

$$h_{AB} = 后视读数 - 前视读数$$

高差 h_{AB} 具有方向性，其值可正可负。由式(2.2)知，当 $a > b$ 时，h_{AB} 值为正，这种情况是 B 点高于 A 点，地形为上坡；当 $a < b$ 时，h_{AB} 值为负，即 B 点低于 A 点，地形为下坡。但无论 h_{AB} 为正或为负，式(2.2)始终成立。为了避免计算中发生正负符号的错误，在书写高差 h_{AB} 符号时，必须注意 h 下面的大写脚标 AB，前面的字母代表已知点的点号，也就是说 h_{AB} 表示由已知高程 A 点推算至未知高程 B 点的高差。

当安置一次仪器要求测算出较多点的高程时，为了方便起见，可先求出水准仪的视线高，然后再分别计算出各点高程，从图 2.1 中可以看出：

视线高　　　　　$H_i = H_A + a \tag{2.3}$

B 点高程　　　　$H_B = H_i - b \tag{2.4}$

当两点相距较远或高差太大时，就需要连续多次安置仪器以测出两点的高差。为测 A，B 点高差，在 AB 线路上增加 $1,2,3,4,\cdots,n$ 中间点，将 AB 高差分成若干个水准测站。其中间点仅起传递高程的作用，称为转点 TP(ZD)。转点无固定标志，无需算出高程。如图 2.2 所示，各个测站的高差为 $h_1,h_2,\cdots,h_n$，即：

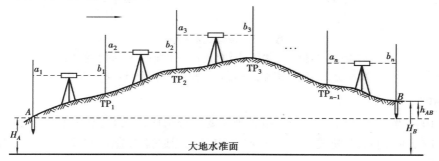

图 2.2　连续多次安置仪器测两点高差

$$h_1 = a_1 - b_1$$
$$h_2 = a_2 - b_2$$
$$\vdots$$
$$h_n = a_n - b_n$$

则　　$h_{AB} = h_1 + h_2 + \cdots + h_n = \sum a - \sum b$　　　　　　　　(2.5)

B 点的高程为：

$$H_B = H_A + h_{AB} = H_A + \left(\sum a - \sum b \right)$$　　　　　　　(2.6)

2.2　水准仪和水准尺

水准仪是水准测量的主要仪器。我国生产的水准仪按精度分为 DS_{05}, DS_1, DS_3, DS_{10}, DS_{20} 等级，"D"和"S"分别为大地测量中的"大"和水准仪的"水"的汉语拼音第一个字母，05，1，3，10，20 表示该型号水准仪每千米往返测高差中数的偶然误差，以 mm 计。其中 DS_3 水准仪为普通工程最常使用的水准仪。

· 2.2.1　微倾式水准仪的构造 ·

水准仪主要由望远镜、水准器和基座三部分构成，如图 2.3 所示。水准仪的望远镜只能绕仪器竖轴在水平方向转动，为了能提供水平视线，在仪器构造上安置了一个使望远镜上下做微小运动的微倾螺旋，所以称微倾式水准仪。

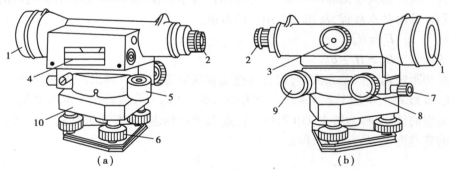

图 2.3　微倾式水准仪

1—物镜；2—目镜；3—物镜对光螺旋；4—水准管；5—圆水准器；

6—脚螺旋；7—制动螺旋；8—微动螺旋；9—微倾螺旋；10—基座

1）望远镜

望远镜由物镜、目镜和十字丝分划板 3 个主要部分组成，它的主要作用是能使我们看清远处的目标，并提供一条水平视线。图 2.4（a）为内对光望远镜构造图，图 2.4（b）是望远镜的成像原理示意图。

观测目标通过物镜后，在镜筒内形成一个倒立的缩小实像，转动物镜对光螺旋，可以使倒像清晰地反映到十字丝平面上。目镜的作用是放大，人眼经目镜看到的是倒立的缩小实像和

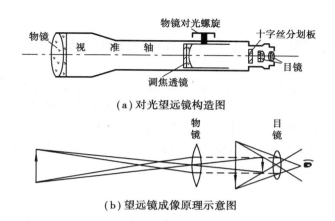

（a）对光望远镜构造图

（b）望远镜成像原理示意图

图2.4 对光望远镜

被同时放大的十字丝的虚像。十字丝的作用是提供照准目标的标准线。为了提高望远镜成像的质量，物镜、目镜以及对光透镜由多块透镜组合而成。放大的虚像与用眼睛直接看到目标大小的比值，称为望远镜放大率，它是鉴别望远镜质量的主要指标之一，反映了望远镜的鉴别能力。一般水准仪望远镜放大率为15～30倍，高精度的仪器达到50倍。

十字丝分划板是在玻璃片上刻线后，装在十字丝环上，用3个或4个可转动的螺丝固定在望远镜筒上，如图2.5所示。十字丝的上下两条短线称为视距丝，上面的短线称为上丝，下面的短线称为下丝。由上丝和下丝在标尺上的读数可求得仪器到标尺间的距离。十字丝横丝与竖丝的交点与物镜光心的连线称为视准轴。

为了控制望远镜的水平转动幅度，在水准仪上装有一套制动和微动螺旋。当拧紧制动螺旋时，望远镜就被固定，此时可转动微动螺旋，使望远镜在水平方向做微小转动来精确照准目标。当松动制动螺旋时，微动就失去作用。有些仪器是靠摩擦制动，没有制动螺旋而只有微动螺旋。

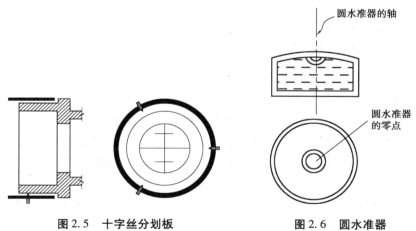

图2.5 十字丝分划板　　　　**图2.6 圆水准器**

2）水准器

水准器是水准仪的重要部件，是用来指示视准轴处于水平位置，竖轴处于铅直位置的一种装置。水准器分为圆水准器和管水准器两种。

（1）圆水准器

圆水准器是一个玻璃圆盒,盒内装有酒精与乙醚的混合液,加热密封时留有气泡而成,如图 2.6 所示。

圆水准器内表面是圆球面,中央画一小圆,其圆心称为圆水准器的零点,过此零点的球面法线称为圆水准器轴。当气泡中心与零点重合时,即为气泡居中。此时,圆水准器轴线处于铅垂位置,也就是说水准仪竖轴处于铅垂位置,仪器达到水平状态。

在圆水准器通过零点的任意一个纵断面方向上,气泡中心偏离 2 mm 时,它所对的圆心角的大小就是圆水准器的分划值。圆水准器分划值一般表示为:

$$\tau = \frac{8' \sim 10'}{2 \text{ mm}} \tag{2.7}$$

由式(2.7)可知,它和圆水准器顶部圆球面的半径有关,半径越大分划值越小,半径越小分划值越大。分划值小的圆水准器能使水准轴成竖直位置的精度较高。

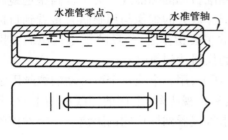

图 2.7　管水准器

（2）管水准器

管水准器简称为水准管,它是把玻璃管纵向内壁磨成曲率半径很大的圆弧面,管壁上刻有分划线,管内装有酒精与乙醚的混合液,加热密封时留有气泡而成,如图 2.7 所示。

水准管内壁圆弧中心为水准管零点,过零点与内壁圆弧相切的直线称为水准管轴。当气泡两端与零点对称时称为气泡居中,这时的水准管轴处于水平位置,也就是水准仪的视准轴处于水平位置。水准管气泡偏离零点 2 mm 弧长所对的圆心角"τ"称为水准管分划值。即:

$$\tau = \frac{2\rho}{R} \tag{2.8}$$

式中　ρ——常数, $\rho = 206\ 265''$;

　　　R——水准管圆弧半径,mm。

一般用 τ 表示水准管的灵敏度, τ 值越小,精度越高,DS$_3$ 型水准仪的 τ 值通常为 $\frac{20'' \sim 30''}{2 \text{ mm}}$。

（3）符合式水准器

符合式水准器是提高管水准器置平精度的一种装置。在水准管上方装有一组符合棱镜组,如图 2.8 所示。气泡两端的半像经过折射之后,反映在望远镜旁的符合气泡观测窗内。如果气泡的两个半像重合,就表示水准管气泡居中;反之就表示气泡没有居中,则应转动微倾螺旋,调节气泡居中。

由于符合式水准器通过符合棱镜组成的折光反射把气泡偏移零点的距离放大 1 倍,因此较小的偏移也能充分反映出来,从而提高了置平精度。

3）基座

基座主要是由轴座、脚螺旋和连接板构成。仪器上部通过轴插入座内,由基座支承整个仪器,仪器用连接螺旋与三脚架连接。

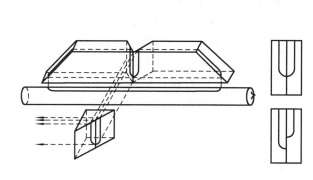

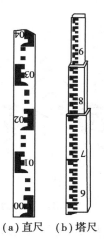

(a) 直尺　(b) 塔尺

图 2.8　符合式水准器

图 2.9　水准尺

·2.2.2　水准尺·

水准尺是与水准仪配合进行水准测量的工具。常用的水准尺有直尺、折尺和塔尺,如图 2.9 所示。水准尺长为 3 m。水准尺的刻划从零点开始,每隔 1 cm 涂有黑白或红白相间的分格,每分米处注有数字。分米准确位置有的以字底为准,有的以字顶为准,还有的把数字写在所在分米中间。

塔尺有 5 m 和 2 m 两种。塔尺是双面刻划,有正字或倒字。双面水准尺的分划,一面是黑白相间的称黑面尺(主尺),黑面分划以尺底为零;另一面是红白相间的称红面尺(也叫辅助尺),红面分划尺底为一常数:4 687 mm 或 4 787 mm。利用红黑面尺零点差可以对水准尺读数进行校核,以提高水准测量的精度。使用水准尺前一定要认清分划的特点。

尺垫是供支承水准尺和传递高程所用的工具,如图 2.10 所示,一般制成三角形或圆形的铁座,中央有一突起的半圆球体为置尺的转点,下有 3 个尖脚以便踏入土中使其稳定。尺子立在尺垫上,可防止尺子下沉。

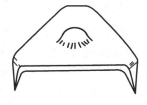

图 2.10　尺垫

2.3　水准仪的操作

使用水准仪时,应先打开三脚架,使高度适中,架头大致水平,踏实脚架尖后,将水准仪安放在架头上并拧紧连接螺旋。当地面倾斜较大时,应将三脚架的一个脚安置在倾斜方向上,将另外两个脚安置在与倾斜方向垂直的方向上,这样安置仪器比较稳固。

水准仪的基本操作包括以下 4 个步骤:粗平、照准、精平和读数。

1)粗平

粗平的目的就是通过调整脚螺旋,使圆水准气泡居中,仪器竖轴处于铅垂位置,视线概略水平。操作方法如下:用双手同时以相对方向分别转动任意两个脚螺旋,使气泡移动到与第三

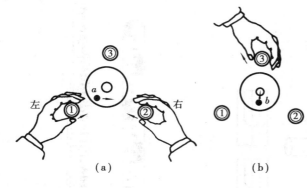

个脚螺旋成一直线,此时气泡移动的方向与左手大拇指旋转方向相同,如图2.11(a)所示。然后再转动第三个脚螺旋使气泡居中,如图2.11(b)所示。如此反复进行,直到在任何位置水准气泡均能位于分划圆圈内为止。

在操作熟练后,不必将气泡的移动分解为两步,视气泡的具体位置而转动任两个脚螺旋直接使气泡居中。

2)照准

图 2.11　水准仪的粗平

所谓照准就是用望远镜照准水准尺,清晰地看到目标和十字丝。其做法是:首先转动目镜对光螺旋使十字丝清晰,然后利用照门和准星瞄准水准尺,瞄准后要旋紧制动螺旋,转动物镜对光螺旋使尺像清晰,再转动微动螺旋,使十字线的竖丝照准尺面中央。

在上述操作过程中,由于目镜、物镜对光不精细,目标影像平面与十字丝平面未重合好,当眼睛靠近目镜上下微微晃动时,物镜随着眼睛的晃动也上下移动,这就表明存在着视差。有视差会影响照准和读数精度,如图2.12(a)所示。清除视差的方法是仔细且反复交替地调节目镜和物镜对光螺旋,使十字丝和目镜影像共平面,且同时都十分清晰,如图2.12(b)所示。

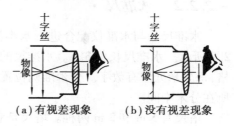

(a)有视差现象　(b)没有视差现象

图 2.12　视差

3)精平

所谓精平就是转动微倾螺旋将水准管气泡居中,使视线精确水平。其操作方法是:慢慢转动微倾螺旋,使观察窗中符合水准气泡的影像吻合。左侧影像移动的方向与右手大拇指转动方向相同。由于气泡影像移动有惯性,在转动微倾螺旋时要慢、稳、轻。

必须指出的是:具有微倾螺旋的水准仪粗平后,竖轴不是严格铅垂的,当望远镜由一个目标(后视)转向瞄准另一个目标(前视)时,气泡不一定完全符合,还必须注意重新精平,直到水准管气泡完全符合才能读数,如图2.13所示。

图 2.13　水准仪的精平

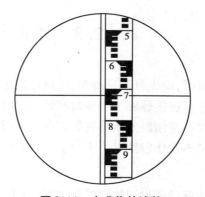

图 2.14　水准仪的读数

4)读数

读数就是在视线水平时,用望远镜十字丝的横丝在尺上读数,如图 2.14 所示。读数前要认清水准尺的刻划特征,成像要清晰稳定。为了保证读数的准确性,读数时应按由小到大的方向,先估读毫米数,再读米、分米、厘米数。读数前务必检查符合水准气泡影像是否符合好,以保证在水平视线上读取数值。还要特别注意不要发生错读单位和发生漏零现象。

2.4　普通水准测量

· 2.4.1　水准点和水准路线 ·

1)水准点

水准点是测区的高程控制点,英文名为 Bench Mark,一般缩写为"BM"。水准点的布置应根据工程建设的需要埋设在土质坚硬、便于保存和使用的地方,也可以在墙脚或固定实物上设置水准点。国家等级水准点的高程可在当地测绘主管部门查取。在工程建设和测绘地形图时建立的水准点,其绝对高程应从国家等级水准点引测,若引测确有困难时,也可采用相对高程(假设高程)。

2)水准路线

水准路线依据工程性质和测区的情况,可布设成以下几种形式:

(1)闭合水准路线

如图 2.15(a)所示,是从一个高级水准点 BM_A 出发,沿待测高程点 1,2,3 进行水准测量,又闭合到 BM_A 点的环形路线。

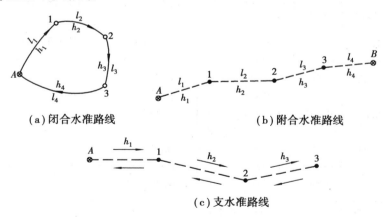

(a)闭合水准路线　　　　　　　　(b)附合水准路线

(c)支水准路线

图 2.15　水准路线示意图

(2)附合水准路线

如图 2.15(b)所示,是从一个高级水准点 BM_A 出发,沿待测高程点 1,2,3 进行水准测量,最后附合到另一高程水准点 BM_B 上。

（3）支水准路线

如图 2.15（c）所示，是从一个已知水准点 BM_A 出发，沿线往测其他各点高程到终点 3，又从 3 点返测到 BM_A，其路线既不闭合又不附合到其他高级点上，但必须是往返施测的路线。

· 2.4.2 普通水准测量的具体实施 ·

普通水准测量通常用经检校后的 DS_3 型水准仪施测。水准尺采用塔尺或单面尺，测量时水准仪应置于两水准尺之间，使前、后视的距离尽可能相等。具体施测方法如下：

①如图 2.16 所示，置水准仪于距已知后视点高程点 A 一定距离的"1"处，并选择好前视转点 ZD_1，将水准尺置于 A 点和 ZD_1 点上。

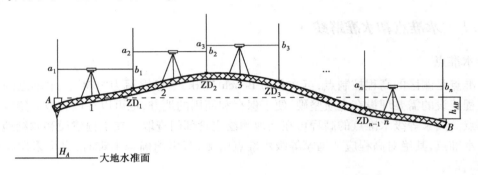

图 2.16 普通水准测量施测示意图

②将水准仪粗平后，先瞄准后视尺，消除视差。精平后读取后视数值 a_1，并记入水准测量记录表中，见表 2.1。

表 2.1 水准测量记录表

测点	标尺读数/m		高差/m		高差/m	备 注
	后视	前视	+	−		
A	1.851				50.000	$H_A = 50.000$ m
			0.583			
ZD_1	1.425	1.268			50.583	
			0.753			
ZD_2	0.863	0.672			51.336	
				0.718		
ZD_3	1.219	1.581			50.618	
			0.873			
B		0.346			51.491	
$\sum$	5.358	3.867	2.209	0.718		
计算检核	$\sum a - \sum b = 5.358$ m $- 3.867$ m $= 1.491$ m $\sum h = 2.209$ m $- 0.718$ m $= 1.491$ m $H_B - H_A = 51.491$ m $- 50.000$ m $= 1.491$ m $= \sum h = \sum a - \sum b$（计算无误）					

③平转望远镜照准前视尺,精平后,读取前视数值 b_1,并记入水准测量记录表中。计算该测站的高差,记入水准测量记录表中。至此便完成了普通水准测量一个测站的观测任务。

④将仪器搬迁到下站 2 处,把第 1 站的后视尺移到第 2 站的转点 ZD_2 上,也就是把原第 1 站后视变成第 2 站的前视。

⑤按②,③步骤测出第 2 站的后、前视读数值 a_2,b_2,并记入水准测量记录表中。

⑥重复上述步骤,测至终点 B 为止。

先计算各测站的高差:

$$h_i = a_i - b_i \qquad (i = 1,2,3,\cdots,n)$$

再推算各转点的高程,最后求得 B 点高程。

即
$$\begin{aligned} h_1 &= a_1 - b_1 & H_{ZD_1} &= H_A + h_1 \\ h_2 &= a_2 - b_2 & H_{ZD_2} &= H_{ZD_1} + h_2 \\ &\vdots & &\vdots \\ h_n &= a_n - b_n & H_{ZD_n} &= H_{ZD_{n-1}} + h_n \end{aligned}$$

将上列左边求和,得:

$$\sum h = \sum a - \sum b = h_{AB} \tag{2.9}$$

则 B 点的高程为:

$$H_B = H_A + \sum h \tag{2.10}$$

由上述可知,在水准测量中,高程是依次由 ZD_1,ZD_2,$\cdots$,ZD_n 等点传递过来的,这些传递高程的点称为转点(用 ZD 或 TP 表示)。转点既有前视读数又有后视读数,转点的选择将影响到水准测量的观测精度,因此转点要选择在坚实、凸起、明显的位置,在一般土地上应放置尺垫。

·2.4.3 水准测量成果的校核与整理·

1)计算校核

由式(2.9)可知,B 点对 A 点的高差等于各转点之间高差的代数和,也等于后视读数之和减去前视读数之和。经式(2.9)校核无误后,说明高差计算是正确的。

按照各站观测高差和 A 点已知高程,推算出各转点的高程,最后求得终点的高程。终点 B 的高程 H_B 减去起点 A 的高程 H_A,应等于各站高差的代数和,即:

$$H_B - H_A = \sum h \tag{2.11}$$

经式(2.11)校核无误后,说明各转点高程的计算是正确的。

2)测站校核

水准测量的连续性很强,一个测站的误差对整个水准测量成果都有影响。为了保证各个测站工作的正确性,可采用以下方法进行校核:

①变更仪器高法。在一个测站上用不同的仪器高度测出 2 次高差以相互比较进行检核。即测得第 1 次高差后,改变仪器高度(至少 10 cm),然后再测 1 次高差,当 2 次所测高差的较差不大于 3 ~ 5 mm,则认为观测值符合要求,取 2 次所测高差的平均值作为最后结果;若大于 3 ~ 5 mm,则需要重测。

②双面尺法。本法是仪器高度不变,而用水准尺的红面和黑面高差进行校核。红、黑面高差之差也不能大于 3~5 mm。

3)成果校核

测量成果由于测量误差的影响,使得水准路线的实测高差值与理论值不相等,其差值称为高差闭合差。若高差闭合差在允许误差范围之内时,则认为外业观测成果合格;若超过允许误差范围时,则应查明原因进行重测,直到符合要求为止。一般普通水准测量的高差容许闭合差为:

$$f_{h容} = \pm 40 \sqrt{L}(\text{或} \pm 12 \sqrt{n}) \tag{2.12}$$

式中 $f_{h容}$——高差闭合差容许值,mm;

L——水准路线长度,km;

n——测站数。

前者适用于平原微丘地区,后者适用于山岭重丘区。

普通水准测量的成果校核,根据不同的水准路线布设形式,其校核的方法也不同。对于不同的水准路线其高差闭合差的计算公式如下:

①附合水准路线。实测高差的总和与始、终已知水准点的高差之差值称为附合水准路线的高差闭合差。即:

$$f_h = \sum h - (H_{终} - H_{始}) \tag{2.13}$$

②闭合水准路线。实测高差的代数和不等于零,其差值为闭合水准路线的高差闭合差。即:

$$f_h = \sum h \tag{2.14}$$

③支水准路线。实测往返高差的绝对值之差称为支水准路线的高差闭合差。即:

$$f_h = |h_{往}| - |h_{返}| \tag{2.15}$$

如果水准路线的高差闭合差 $f_h \leqslant f_{h容}$,则认为外业观测成果合格,否则须进行重测。

4)成果处理

普通水准路线测量的成果处理就是当外业观测成果的高差闭合差在容许范围内时所进行的高差闭合差的调整,使调整后的高差值等于应有值,也就是使 $f_h = 0$,最后用调整后的高差计算各测段水准点的高程。

高差闭合差的调整原则是按与测站数或测段长度成正比,将闭合差反号后分配到各测段上,并进行实测高差的改正计算。

(1)按测站数调整高差闭合差

若按测站数进行高差闭合差的调整,则某一测段高差的改正数(V_i)为:

$$V_i = -\frac{f_h}{[n]}n_i \tag{2.16}$$

式中 $[n]$——水准路线的测站数;

n_i——某一测段的测站数。

按测站数调整高差闭合差和高程计算示例,如图 2.17 所示,并参见表 2.2。

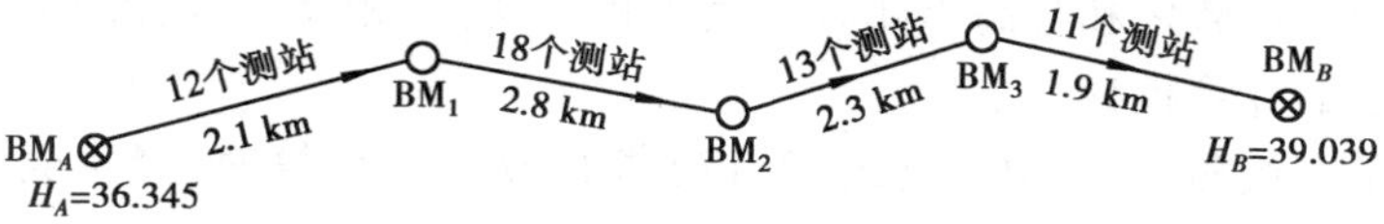

图 2.17　高差闭合差和高程计算示例图

表 2.2　按测站数调整高差闭合差及高程计算表

测站编号	测点	测站数/个	实测高差/m	改正数/m	改正后高差/m	高程/m	备注
1	BM_A	12	+ 2.785	− 0.010	+ 2.775	36.345	$f_h = \sum h - (BM_B -$
	BM_1						$BM_A)$
2		18	− 4.369	− 0.016	− 4.385	39.120	$= 2.741\ m - 2.694\ m$
	BM_2						$= + 0.047\ m$
3		13	+ 1.980	− 0.011	+ 1.969	34.735	$[n] = 54$
	BM_3						$V_i = -\dfrac{f_h}{[n]} \times n_i$
4		11	+ 2.345	− 0.010	+ 2.335	36.704	
	BM_B						
$\sum$		54	2.741	− 0.047	+ 2.694	39.039	

（2）按测段长度调整高差闭合差

若按测段长度进行高差闭合差的调整,则某一测段高差的改正数(V_i)为:

$$V_i = -\frac{f_h}{[l]} l_i \tag{2.17}$$

式中　$[l]$——水准路线的总长度;

　　　l_i——某一测段的长度。

按测段长度调整高差闭合差和高程计算示例,如图 2.17 所示,并参见表 2.3。

在水准测量成果处理时,无论是按测站数调整高差闭合差(表 2.2),还是按测段长度调整高差闭合差(表 2.3),都应满足下列关系:

$$\sum V = -f_h \tag{2.18}$$

表 2.3　按路线长度调整高差闭合差及高程计算表

测段编号	测点	测段长度/km	实测高差/m	改正数/m	改正后高差/m	高程/m	备注
1	BM_A	2.1	+ 2.785	− 0.011	+ 2.774	36.345	$f_h = \sum h - (BM_B -$
	BM_1						$BM_A)$
2		2.8	− 4.369	− 0.014	− 4.383	39.119	$= 2.741\ m - 2.694\ m$
	BM_2						$= + 0.047\ m$
3		2.3	+ 1.980	− 0.012	+ 1.968	34.736	$[l] = 9.1\ km$
	BM_3						$V_i = -\dfrac{f_h}{[l]} \times l_i$
4		1.9	+ 2.345	− 0.010	+ 2.335	36.704	
	BM_B						
$\sum$		9.1	2.741	− 0.047	+ 2.694	39.039	

即水准路线的改正数之和与高差闭合差大小相等，符号相反。式(2.18)可以作为水准测量成果整理过程中的计算校核。

需要指出的是在按照式(2.16)或式(2.17)进行改正数计算时，经常会遇到除不尽的情况，这时就应根据实际情况将计算引起的多出(或少掉)数值(一般在 ±1 mm 或 ±2 mm 内)，人为地分配到产生误差小(或大)的测段上，以保证式(2.18)的成立。

2.5　微倾式水准仪的检验与校正

水准仪在出厂前，虽然对各轴线的几何关系都进行了严格的检验与校正，但经过长途运输或长期使用等原因，各轴线的几何关系会发生变化，因此要定期对其进行检验和校正。

水准仪在检校前，首先应进行初检，其内容包括：顺时针和逆时针旋转望远镜，看竖轴转动是否灵活、均匀；微动螺旋是否可靠；瞄准目标后，再分别转动微倾螺旋和对光螺旋，看望远镜是否灵敏，有无晃动现象；望远镜视场中的十字丝及目标能否调节清晰；有无霉斑、灰尘、油迹；脚螺旋或微倾螺旋均匀升降时，圆水准器、管水准器的气泡移动不应有突变现象；仪器的三脚架安放好后，适当用力转动架头时，不应有松动现象。

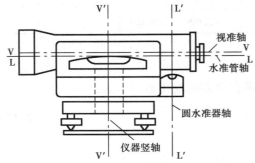

根据水准测量原理，微倾式水准仪各轴线间应具备的几何关系是：圆水准器轴应平行于仪器的竖轴(L′L′∥V′V′)；十字丝的横丝应垂直于仪器竖轴；水准管轴应平行于仪器视准轴(LL∥VV)，如图 2.18 所示。其检验与校正的具体做法如下：

图 2.18　微倾式水准仪各轴线间的几何关系

1)圆水准器的检验与校正

(1)目的

圆水准器检验与校正的目的是使圆水准器轴平行于仪器竖轴，也就是当圆水准器的气泡居中时，仪器的竖轴应处于铅垂状态。

(2)检验原理

V′V′ 为仪器旋转轴，即竖轴。L′L′ 为圆水准器轴。假设两轴不平行而有一交角 α，如图 2.19(a)所示。当气泡居中时，圆水准器轴 L′L′ 是处于铅垂位置，而仪器的竖轴相对铅垂线倾斜了 α 角。将仪器绕竖轴旋转 180°，由于仪器旋转时是以 V′V′ 为旋转轴，即 V′V′ 的空间位置是不动的，但圆水准器从竖轴的右侧转到竖轴的左侧，圆水准器中的液体受重力作用，使气泡处于高处，圆水准器轴相对铅垂轴线倾斜了 2 倍 α 角，造成气泡中点偏离零点，如图 2.19(b)所示。

(3)检验方法

首先转动脚螺旋使圆水准器的气泡居中，然后将仪器旋转 180°。如果气泡仍居中，说明两轴平行；如果气泡偏离零点，说明两轴不平行，需校正。

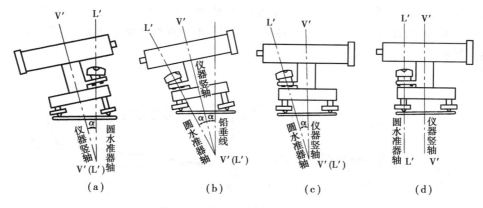

图 2.19　圆水准器的检验与校正

（4）校正

拨动圆水准器的校正螺丝使气泡退回距零点偏离量的 1/2，这时圆水准器轴 L'L'将与竖轴 V'V'平行，如图 2.19（c）所示。需要注意的是在拨动圆水准器的校正螺丝时，有的仪器是首先松开圆水准器的固定螺丝。当顺时针拨动时，校正螺丝升高，气泡移向校正螺丝位置，逆时针则气泡离开校正螺丝。然后转动脚螺旋使气泡居中，这时仪器竖轴就处于铅垂位置了，如图 2.19（d）所示。有的仪器是直接拨动校正螺丝，先松动后紧，使气泡居中。检验和校正应反复进行，直至仪器转到任何位置，圆水准器气泡始终居中，即位于刻画圈内为止。

2）十字丝横丝的检验与校正

（1）目的

使十字丝横丝垂直于仪器的竖轴，也就是竖轴铅垂时，横线应水平。

（2）检验

整平仪器后，将横丝的一端对准一个明显固定点，旋紧制动螺旋后再转动微动螺旋，如果该点始终在横丝上移动，说明横丝水平，否则需要校正，如图 2.20 所示。也可以用挂锤球线的方法进行检验，整平仪器后观测十字丝竖丝是否与锤球线重合，如重合说明横丝水平。

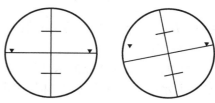

图 2.20　十字丝横丝的检验与校正

（3）校正

旋下靠目镜处的十字丝环外罩，用螺丝刀松开十字丝环的 3 个固定螺丝，再转动十字丝环，调整偏移量，使十字丝横丝水平。再进行检验，如果固定点始终在横丝上移动，则说明横丝已水平，最后拧紧该螺丝，上好外罩。

一般为了避免和减少校正不完善的残余误差影响，应该用十字丝交点照准目标进行读数。

3）管水准器的检验与校正

（1）目的

管水准器检验与校正的目的是使水准管轴平行于视准轴，也就是当管水准器气泡居中时，视准轴应处于水平状态。

（2）检验

首先在平坦地面上选择相距 100 m 左右的 A 点和 B 点，在两点放上尺垫或打入木桩，并竖立水准尺,如图 2.21 所示。将水准仪安置在 A,B 两点的中间 I 处进行观测,假如水准管轴不平行于视准轴,视线在尺上的读数分别为 a_1 和 b_1,由于视线的倾斜而产生的读数误差均为 Δ,则两点间的高差 h_{AB} 为:

$$h_{AB} = a_1 - b_1$$

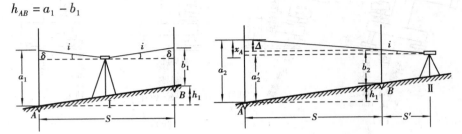

图 2.21 管水准器的检验

由图 2.21 可知:$a_1 = a + \Delta$,$b_1 = b + \Delta$,则有:

$$h_{AB} = (a + \Delta) - (b + \Delta) = a - b$$

此式表明,若将水准仪安置在两点中间进行观测,便可消除由于视准轴不平行于水准管轴所产生的误差 Δ,得到两点间的正确高差 h_{AB}。

然后将水准仪搬到靠近 A 点(或 B 点)的 II 处,整平仪器后,观测近尺 B 读数为 b_2,观测远尺 A 读数为 a_2。由于水准仪距 B 尺很近,故认为 b_2 是视线水平时的正确读数,则用公式

$$a'_2 = b_2 + h_{AB}$$

可计算出远尺 A 的正确读数 a'_2,如果 $a'_2 = a_2$,则说明 LL//CC。如果 $a'_2 \neq a_2$,则存在 i 角误差,用式(2.19)计算 i 角,其值为:

$$i = \frac{a'_2 - a_2}{D_{AB}} \rho \tag{2.19}$$

式中 D_{AB}——A,B 两点的水平距离。

(3)校正

用望远镜瞄准 A 点的水准尺,转动微倾螺旋将横丝对准读数 a'_2,此时视准轴已处于水平位置,但水准管气泡不居中,即气泡影像不符合,如图 2.22 所示。先用拨针稍松开水准管左右校正螺丝(水准管校正螺丝在水准管的一端),用校正针拨动水准管上、下校正螺丝,拨动时应先松后紧,以免损坏螺丝,直到气泡影像符合为止。

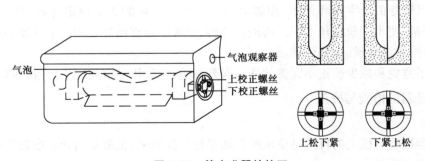

图 2.22 管水准器的校正

为了避免和减少校正不完善的残留误差影响,在进行等级水准测量时,一般要求前、后视距离基本相等。

2.6 自动安平水准仪

自动安平水准仪的特点是借助一种补偿装置来代替水准管与微倾螺旋,当圆水准器粗略整平后,尽管仪器视线有微小倾斜,由于仪器内补偿器的作用,视准轴在几秒钟内自动成水平状态,可以读出视线水平时的水准尺读数。因为省去了调微倾螺旋使视线精平的操作,因而缩短了观测时间,简化了操作,避免了仪器下沉、刮风及温度变化等外界因素的影响,提高了观测精度。

1)自动安平水准仪原理

自动安平水准仪的设计原理,并不是使望远镜的视准轴能够自动处于水平位置,而是用"补偿器"得到视准轴水平时的读数。如图 2.23 所示,视准轴水平时与视准轴重合的水平光线落在 × 处,十字丝的交点也在 × 处,正好获得正确读数。当视准轴倾斜一个 α 角后,若原来的水平光线

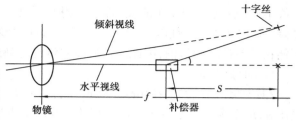

图 2.23 自动安平水准仪的原理

不经过"补偿器",那么它还是通过 × 处,但是十字丝交点已经移到 × 处了,也就是转一个 β 角,让光线恰好通过十字丝的交点,那么在十字丝交点上的读数仍然是正确的,即相当于视准轴水平时的读数。由此可见,设计自动安平水准仪"补偿器"的实质在于使光线通过物镜后其路径发生了偏转,偏转角的大小能够正好"补偿"视准轴倾斜后所引起的读数偏差。由于 α 和 β 的值都很小,当式(2.20)成立时,就能达到自动补偿的目的。即:

$$f\alpha = S\beta \tag{2.20}$$

式中 f——望远镜物镜的焦距;

S——补偿器到十字丝的距离。

凡满足式(2.20)的条件,都能得到"补偿"的目的。

2)自动安平水准仪的操作

自动安平水准仪的操作程序分 4 步进行,即粗平—瞄准—检查—读数。其中粗平、瞄准、读数方法和微倾式水准仪相同。

检查就是按自动安平水准仪目镜下方的补偿器按钮,查看"补偿器"工作是否正常,在粗平也就是概略置平的情况下,按动 1 次按钮,如果目标影像在视场中晃动,说明"补偿器"工作正常,视线便可自动调整到水平位置。

3)自动安平水准仪的检验与校正

自动安平水准仪的圆水准器以及十字丝横丝的检验与校正和微倾式水准仪相同。因自动安平水准仪无管水准器,视线水平完全由"补偿器"安平。但由于自动安平"补偿器"受到各种因素的影响,视准轴也不可能成为一条理想的水平视线,与理想水平线总会存在一个夹角,称为 i 角,其检验与微倾水准仪管水准器的检验相同。校正时,一般松开目镜筒护盖,用拨针拨动十字丝分划板上下校正螺丝(对于十字丝补偿器的仪器,移动十字丝板上的校正环),使十

字丝中心对准标尺的正确读数,再旋转上目镜筒护盖。此项校正应重复进行,直至符合要求为止。

4)自动安平水准仪"补偿器"性能的检验

(1)检验原理

自动安平水准仪"补偿器"的作用是当视准轴倾斜时(在"补偿器"的允许范围内,即气泡中心不超过分划板圈的范围),能在十字丝上读得水平视线的读数。检验"补偿器"性能的一般原理是有意把仪器的旋转轴安置成不竖直,并测定两点之间的高差,使之与正确的高差相比。即把仪器架在 A,B 两点连线的中间,假设后视读数时视准轴向下倾斜,再将望远镜转向前视时,由于仪器旋转轴是倾斜的,视准轴将向上倾斜。如果"补偿器"的补偿性能正常,无论视线下倾(后视)或上倾(前视)都可读得水平视线的读数,测得的高差是 A,B 两点间的正确高差;如果"补偿器"性能不正常,由于前、后视的倾斜方向不一致,视线倾斜产生的读数误差不能在高差计算中抵消,因此测得的高差将与正确高差有明显的差异。

(2)检验方法

在较平坦的地方选择相距 100 m 左右的 A,B 点各钉入 1 个木桩或用尺垫代替,将水准仪置于 A,B 连线的中点,并使两个脚螺旋(为以下讲述方便称为第 1,2 脚螺旋)与 AB 连线方向一致,如图 2.24 所示。

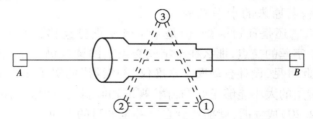

图 2.24 自动安平水准仪的检验

①首先用圆水准器将仪器置平,测出 A,B 两点间的高差 h_{AB},此值为正确高差。

②升高第 3 个脚螺旋,使仪器向左(或向右)倾斜,测出 A,B 两点间的高差 $h_{AB左}$。

③降低第 3 个脚螺旋,使仪器向右(或向左)倾斜,测出 A,B 两点间的高差 $h_{AB右}$。

④升高第 3 个脚螺旋,使圆水准器气泡居中。

⑤升高第 1 个脚螺旋,使后视时望远镜向上(或向下)倾斜,测出 A,B 两点间的高差 $h_{AB上}$。

⑥降低第 1 个脚螺旋,使后视时望远镜向下(或向上)倾斜,测出 A,B 两点间的高差 $h_{AB下}$。

左、右、上、下倾斜角度均由水准器气泡位置确定,4 次倾斜的角度相同时,一般取补偿器所能补偿的最大值。

将 $h_{AB左},h_{AB右},h_{AB上},h_{AB下}$ 与 h_{AB} 相比较,视其差数确定"补偿器"的性能。对于普通水准测量,此差数一般应小于 5 mm。"补偿器"的校正可按仪器使用书上指明的方法和步骤进行。

2.7 三、四等水准测量

三、四等水准测量除了用于国家等级高级点加密外,也可以作为公路工程测量和地形图绘测的首级高程控制。三、四等水准点的标志要用永久性标志,并绘制点之记。水准点应选在地质稳定、能长久保存、便于观测的地方。

1)技术要求

国家三、四等水准测量的精度要求较普通水准测量的精度高,其技术指标见表2.4。

表2.4 三、四等水准测量主要技术指标

等级	仪 器		每千米高差中误差/mm	附合路线长度/km	观测次数		往返较差,附合或环线闭合差	
	水准仪	水准尺			与已知点联测	附合或环线	平地/mm	山地/mm
三	DS$_3$	双面	±6	50	往返观测	往1次	$±12\sqrt{L}$	$±4\sqrt{n}$
四	DS$_3$	双面	±10	16	往返观测	往1次	$±20\sqrt{L}$	$±6\sqrt{n}$

注:①L为往返测段、附合或环线闭合差时,附合或环线的路线长度。
②n为测站数。

2)测站观测程序

三、四等水准测量主要使用DS$_3$型水准仪进行观测,水准尺采用整体式双面水准尺,观测前必须对水准仪和水准尺进行检验。测量时水准尺应安置在尺垫上,并保证水准尺铅直。双面水准尺的尺常数为:$K_1 = 4\,687$,$K_2 = 4\,787$,为一对标准尺,应成对使用。

(1)测站的观测程序

后视黑面尺,读取下、上、中丝,即(1),(2),(3);

前视黑面尺,读取下、上、中丝,即(4),(5),(6);

前视红面尺,读取中丝读数,即(7);

后视红面尺,读取中丝读数,即(8)。

以上括号内的号码,表示观测读数与记录的顺序,见表2.5。

(2)测站的计算方法

①视距部分。

后视距离(9) = [(1) − (2)] × 100;

前视距离(10) = [(4) − (5)] × 100;

前后视距差(11) = (9) − (10),对于三等水准(11) ≤ ±3 m,四等水准(11) ≤ ±5 m;

前距累积差(12) = 上站(12) + 本站(11),对于三等水准(12) ≤ ±6 m,四等水准(12) ≤ ±10 m。

②高差部分。

同一水准尺红、黑面中丝读数之差,应等于该尺红、黑面的读数差(设$K_{106} = 4.787$ m,$K_{107} = 4.687$ m):

(13) = (6) + K_{107} − (7),对于三等水准(13) ≤ ±2 mm,四等水准(13) ≤ ±3 mm;

(14) = (3) + K_{106} − (8),对于三等水准(14) ≤ ±2 mm,四等水准(14) ≤ ±3 mm;

黑面高差:(15) = (3) − (6);

红面高差:(16) = (8) − (7);

表 2.5 三、四等水准测量观测记录

测站编号	点号	后尺 下丝 上丝 后视距 视距差 d/m	前尺 下丝 上丝 前视距 $\sum d$/m	方向及尺号	水准尺读数 黑面/m	水准尺读数 红面/m	$K+$黑$-$红	平均高差	备注
		(1)	(4)	后	(3)	(8)	(14)	(18)	
		(2)	(5)	前	(6)	(7)	(13)		
		(9)	(10)	后－前	(15)	(16)	(17)		
		(11)	(12)						
1	BM₁－ZD₁	1.426	0.801	后 106	1.211	5.998	0	+0.625 0	K 为尺常数：
		0.995	0.370	前 107	0.586	5.273	0		$K_{106}=4.787$
		43.1	43.1	后－前	+0.625	+0.725	0		$K_{107}=4.687$
		0	0						
2	ZD₁－ZD₂	1.812	0.570	后 107	1.554	6.241	0	+1.243 5	已知 BM₁ 高程
		1.296	0.052	前 106	0.311	5.097	+1		为：
		51.6	51.8	后－前	+1.243	+1.144	－1		$H=56.345$ m
		－0.2	－0.2						
3	ZD₂－ZD₃	0.889	1.713	后 106	0.698	5.486	－1	－0.824 5	
		0.507	1.333	前 107	1.523	6.210	0		
		38.2	38.0	后－前	－0.825	－0.724	－1		
		+0.2	0						
4	ZD₃－A	1.891	0.758	后 107	1.708	6.395	0	+1.134 0	
		1.525	0.390	前 106	0.574	5.361	0		
		36.6	36.8	后－前	+1.134	+1.034	0		
		－0.2	－0.2						
每页校核	$\sum(9)=169.5$ m $-)\sum(10)=169.6$ m $=-0.1$ m $=$末站(18)		$\sum[(3)+(8)]=29.291$ m $-)\sum[(6)+(7)]=24.935$ m $=+4.356$ m 总视距：$\sum(9)+\sum(10)=339.1$ m			$\sum[(15)+(16)]$ $=4.356$ m	$\sum(14)=+2.178$ m $2\sum(14)=+4.356$ m		

计算校核：$(17)=(15)-[(16)\pm0.100]=(14)-(13)$；

对于三等水准$(17)\leqslant\pm3$ mm，四等水准$(17)\leqslant\pm5$ mm；

其中，0.100 为两根水准尺红面起点注记之差，即 $4.787-4.687=0.100$。

平均高差：$(18)=1/2[(15)+(16)\pm0.100]$

(3)每页的计算校核

①高差部分。

- 测站数为偶数

$$\sum[(3)+(8)]-\sum[(6)+(7)]=\sum[(15)+(16)]=2\sum(18)$$

- 测站数为奇数

$$\sum[(3)+(8)]-\sum[(6)+(7)]=\sum[(15)+(16)]=2\sum(18)\pm0.100$$

②视距部分。

末站视距累积差:末站$(12) = \sum(9) - \sum(10)$

3)成果整理

在完成一个测段单程测量后,须立即计算其高差总和。完成一个测段往返观测或附合、闭合路线观测后,应尽快计算高差闭合差进行成果检验,若高差闭合差未超限,便可进行闭合差调整,最后按调整后的高差计算各水准点的高程。

2.8　水准测量注意事项

1)影响水准测量成果的主要因素

①视线不水平。视线不水平是由于操作不规范导致视准轴与水准管轴不平行,或水准仪经检校后,还有残余误差存在,或因使用时间长,使轴线平行条件发生变化所致,也称为i角误差。但在同一测站上采用前后距相等的观测方法,即可消除因视线不水平所引起的观测误差影响。

②水准尺未竖直。水准尺没有竖直,视线在尺上就会出现读数误差,此误差将直接影响本站高差的准确性。

③仪器或转点升沉。在观测过程中,由于水准仪脚架未踏实或接口未固紧,水准仪将会下沉,引起读数误差。转点若选择不当,也可造成下沉或回弹,使尺子下沉或上升,引起读数误差。

④估读不准确。

⑤外界环境干扰。在测量时由于阳光直射、气温升降、气候变化、大气折光等因素的干扰,均对测量成果有一定的影响。在观测时要特别注意,最好选择有利的时段进行测量。

2)注意事项

①水准测量过程中应尽量用目估或步测保持前、后视距基本相等,来消除或减弱水准管轴不平行视准轴所产生的误差,同时选择适当的观测时间,可限制视线长度和高度来减少折光的影响。

②仪器三脚架要踩牢,观测速度要快,以减少仪器下沉。转点处要用尺垫,取往返观测结果的平均值来减弱转点下沉的影响。

③估数要准确,读数时要仔细对光,消除视差,必须使水准管气泡居中,读完以后,再检查气泡是否居中。

④检查塔尺连接处是否严密,清除尺底泥土。扶尺者要身体站正,双手扶尺,保证扶尺竖直。为了消除两尺零点不一致对观测成果的影响,应在起、终点上用同一标尺。

⑤记录要原始,数据当场填写清楚。若记错或算错,应在错字上画一斜线,将正确数字写在错数上方,不可用橡皮或涂改液改写,便于检查。

⑥读数时,记录员要复诵,以便核对,并应按记录格式填写,字迹要整齐、清楚、端正。所有计算成果必须经校核后才能使用。

⑦测量者要严格执行操作规程,工作要细心,加强校核,减小误差。光照如果较强要撑伞,避免仪器受太阳的直射。

复习思考题 2

2.1　什么是水准点？什么是转点？在水准测量中各起什么作用？

2.2　什么是视差？产生视差的原因是什么？如何检查与消除？

2.3　在水准测量中前、后视距离相等能消除什么误差？

2.4　什么是视准轴、水准管轴、圆水准器轴、仪器竖轴？它们之间应满足什么样的几何关系？

2.5　如何判断自动安平水准仪的补偿器是否处于正常状态？

2.6　水准测量中产生误差的原因有哪些？如何保证水准测量成果的精密？

2.7　何谓高差闭合差？怎样调整高差闭合差？

2.8　已知 A 点高程为 202.016 m，设 A 点为后视点，B 点为前视点，当后视读数 $a = 1.124$ m，前视读数 $b = 1.428$ m，求：(1)求 A，B 两点的高差。(2)求 A，B 两点哪点高？(3)仪器视线高是多少？

2.9　已知水准点 5 的高程为 531.272 m，4 次隧道洞内各点高程的过程和尺读数如图 2.25 所示(测洞顶时，水准尺倒置即零端朝上)，试求 1,2,3,4 点的高程。

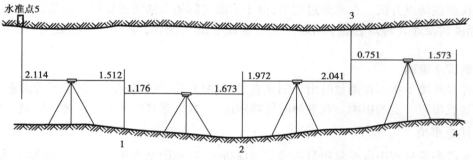

图 2.25　题 2.9 图

2.10　由表 2.6 列出水准点 A 到水准点 B 的水准测量观测成果，试计算高差、高程并作校核计算，绘图表示其地面起伏变化。

表 2.6　题 2.10 表

测　　点	水准尺读数			高　　差		仪器高	高程/m
	后视/m	中视/m	后视/m	+	−		
水准点 A	1.691						514.786
1	1.305		1.985				
2	0.677		1.419				
3	1.978		1.763				
水准点 B			2.314				
计算校核							

2.11 在检验校正水准管轴是否平行时,将仪器安置在 A,B 两点之间,读得 A 尺读数 $a_1 = 1.573$ m,B 尺读数 $b_1 = 1.215$ m。将仪器搬到靠近 A 尺处,得 A 尺读数 $a_2 = 1.432$ m,B 尺读数 $b_2 = 1.006$ m。试问:(1)视准轴是否平行水准管轴?(2)当水准管气泡居中时,视线向下倾还是向上倾?(3)如何校正?

2.12 图 2.26 中,已知水准点 BM_A 的高程为 33.012 m,1,2,3 点为待定高程点,水准测量观测的各段高差及路线长度标注在图中,试列表计算 1,2,3 各点高程。

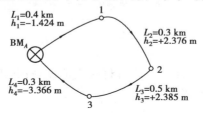

$L_1 = 0.4$ km
$h_1 = -1.424$ m

BM_A

$L_2 = 0.3$ km
$h_2 = +2.376$ m

$L_4 = 0.3$ km
$h_4 = -3.366$ m

$L_3 = 0.5$ km
$h_3 = +2.385$ m

图 2.26 题 2.12 图

2.13 在水准点 BM_A 和 BM_B 之间进行普通水准测量,测得各测段的高差及其测站数 n_i 如图 2.27 所示。试列表计算出水准点 1 和 2 的高程(已知 BM_A 的高程为 5.612 m,BM_B 的高程为 5.412 m)。

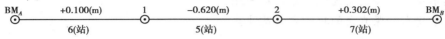

BM_A +0.100(m)   1   −0.620(m)   2   +0.302(m) BM_B
6(站)   5(站)   7(站)

图 2.27 题 2.13 图

3 角度测量

〖本章导读〗
　　主要内容:角度测量的原理;经纬仪的结构及使用方法;利用经纬仪进行水平角测量和竖直角测量的方法;水平角测量的误差来源。
　　学习目标:
　　(1)理解角度测量的原理;
　　(2)学会使用经纬仪,并掌握水平角和竖直角的观测方法及相关计算;
　　(3)理解水平角测量的误差来源。
　　重点:水平角和竖直角的观测方法及计算。
　　难点:水平角和竖直角的观测方法及计算。

3.1　角度测量原理

　　角度测量是确定地面点位的基本测量工作之一。地面点之间的水平角和竖直角是角度测量的对象。

3.1.1　水平角测量原理

　　地面上从同一点出发的两直线之间的夹角在水平面上的投影称为水平角,如图 3.1 中 A,B,C 是 3 个高度不同的点,将点 A,B,C 垂直投影到水平面 H 上得到 A_1,B_1,C_1 3 个点。水平面上 B_1A_1,B_1C_1 之间的夹角 β,即是地面上 BA 和 BC 两个方向之间的水平角。换言之,地面上任意两个方向之间的水平角就是通过这两个方向的竖直面所夹的二面角。

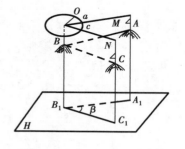

图 3.1　水平角

　　为了测出水平角,在过 B 点的铅垂线上水平地放置一个带有刻度的圆盘,并使圆盘的中心通过 B 点的铅垂线,水平度盘的刻度按顺时针刻划。在 B 点分别观测 A,C 两点,过 BA 和 BC 的两竖直面与度盘的交线在度盘上的值分别为 a 和 c,其水平角 β 为:

$$\beta = c - a \tag{3.1}$$

　　a,c 是视线在水平度盘上的水平方向观测值,简称水平方向值。两个方向之间的水平角是相应两个水平方向值的差值。

·3.1.2　竖直角测量原理·

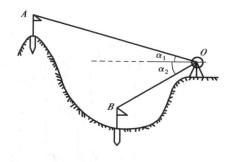

同一竖直面观测视线与水平线的夹角,称为竖直角。当观测视线在水平线之上,竖角为正值,称为仰角,如图 3.2 中的 α_1;反之,竖直角为负值,称为俯角,如图 3.2 中的 α_2。

为了测量竖直角,可在 O 点设置竖直度盘,视线方向与水平方向在竖直度盘上的读数之差,即为所求的竖直角。

图 3.2　竖直角

用于测量水平角和竖直角的仪器称为经纬仪。它主要由一个水平度盘、一个竖直度盘以及照准装置和对中装置所组成。

3.2　光学经纬仪的基本结构

目前广泛使用的测角仪器是光学经纬仪。光学经纬仪采用玻璃度盘和光学测微装置,具有精度高、体积小、质量轻、使用方便等优点。经纬仪的种类很多,按其精度划分为 DJ_{07},DJ_1,DJ_2,DJ_6,DJ_{10} 和 DJ_{20} 等级别,代号中的“D”,“J”分别为“大地测量”和“经纬仪”的汉语拼音第一个字母;下标的数字是以秒为单位的精度指标,数字越小,其精度越高。例如,DJ_6 便是 6″级光学经纬仪(“6”表示该种仪器一测回方向观测中误差是 6″或略小于 6″)。经纬仪因其精度等级不同或生产厂家不同,其具体结构也不尽相同,但它们的基本构造是一样的。

工程建设中常用的有 DJ_6(图 3.3)和 DJ_2(图 3.4)两种光学经纬仪,它们的基本组成部分是照准部、度盘和基座。

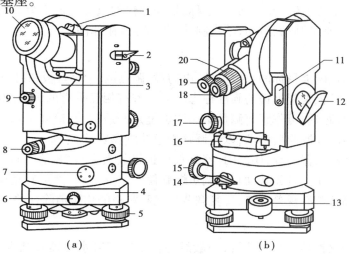

（a）　　　　　　　　　（b）

图 3.3　DJ_6 光学经纬仪

1—粗瞄器;2—望远镜;3—竖盘;4—基座;5—脚螺旋;6—固定螺丝;7—度盘变换手轮;
8—光学对中器;9—自动归零旋钮;10—望远镜物镜;11—指标差调位盖板;12—反光镜;
13—圆水准器;14—水平制动螺旋;15—水平微动螺旋;16—照准部水准器;
17—望远镜微动螺旋;18—望远镜目镜;19—读数显微镜;20—对光螺旋

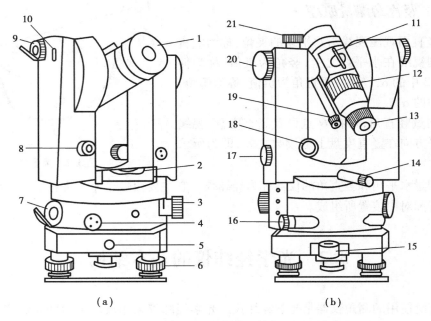

图 3.4 DJ₂ 光学经纬仪

1—望远镜物镜;2—照准部水准器;3—度盘变换手轮;4—水平制动螺旋;5—固定螺旋;
6—脚螺旋;7—水平度盘反光镜;8—自动归零旋钮;9—竖直度盘反光镜;10—指标差调位盖板;
11—粗瞄器;12—对光螺旋;13—望远镜目镜;14—光学对中器;15—圆水准器;16—水平微动螺旋;
17—换像手轮;18—望远镜微动螺旋;19—读数显微镜;20—测微轮;21—望远镜制动螺旋

· 3.2.1　照准部 ·

照准部是基座上方能够转动部分的总称,是经纬仪的重要组成部分,主要有望远镜、水准器、横轴、竖轴,以及水平制动、微动,垂直制动、微动等操作部件。

1)望远镜

望远镜是经纬仪瞄准目标的重要部件,由物镜、调焦镜、十字丝板和目镜组成,这些构件组合在镜筒中。十字丝板是望远镜的瞄准标志。板上刻有相互垂直的纵横细线,与横丝平行的上、下两短线称为视距丝,可作距离测量用。调焦镜是凹透镜,与镜筒上的望远镜对光螺旋相连并受到对光螺旋的控制前后移动,以便调整物像的成像质量。

望远镜放大率随仪器而异,DJ₆,DJ₂ 经纬仪望远镜放大率在 28 倍左右。实现望远镜成像过程必须做好对光工作。首先转动目镜调焦螺旋使十字丝清晰,然后转动望远镜对光螺旋使目标成像清晰,最后,若有视差存在,反复调节目镜和物镜的焦距消除视差。

2)水准器

水准器是测量仪器整平指示装置,一般经纬仪配置有管水准器和圆水准器两种。DJ₂ 经纬仪的水准器分划值是 $\dfrac{20''}{2\ \text{mm}}$,DJ₆ 经纬仪的是 $\dfrac{30''}{2\ \text{mm}}$。

圆水准器分划值一般为:$\dfrac{5'}{2\ \text{mm}} \sim \dfrac{20'}{2\ \text{mm}}$。与管水准器相比,它的分划值大得多,故它的整

平灵敏度较低。

·3.2.2　度盘·

光学经纬仪设有水平度盘和竖直度盘两种光学度盘。度盘是由光学玻璃制成的圆盘。全周刻度分划从0°~360°,度盘刻划的最小读数间隔有20′,30′,1°3种格式。水平度盘按顺时针顺序注记,其转动由度盘变换钮控制,转动变换钮,度盘即可转动,度盘转动的角度值可在读数窗中看到。但有的经纬仪在使用时,须将变换钮推压进去再转动变换钮,度盘才能随之转动。还有部分仪器采用复测装置,当复测钮打开时,照准部与度盘结合在一起,照准部转动,度盘随之转动,度盘读数不变;当复测钮关闭时,两者相互脱离,照准部转动时就不再带动度盘,度盘读数就会改变。

·3.2.3　基座·

基座主要由轴套、脚螺旋、连接板和固定螺旋等组成,是经纬仪照准部的支承装置。经纬仪照准部装在基座轴套之后,必须扭紧固定螺旋,使用仪器时,切勿松动该螺旋,以免照准部脱离基座而坠地。

3.3　光学经纬仪角度测微

光学经纬仪度盘直径很小,度盘周长有限,在上面刻360°条纹,要直接进行条纹加密很困难,为实现精密测角,可借助光学测微技术获得更精细的角度。

·3.3.1　分微尺测微·

目前生产的DJ$_6$光学经纬仪多数采用分微尺测微器进行读数。这类仪器度盘分划值为1°,按顺时针方向注记。分微尺是一个有60条刻划线(表示60′),有0~6注记的光学装置。在读数光路系统中,分微尺和度盘1°间隔影像相匹配。图3.5就是读数显微镜内所看到的度盘和分微尺影像。

读数时,先读取分微尺度分划的度数,然后再读取分微尺0分划至度盘上度分划所在分微尺上的分数,将二者相加即为读窗口的角度读数。如图3.5的水平度盘(注有HZ)的"度"位读数是234°,"分"位的读数从分微尺0分划线到度盘234°分划线之间的整格数再加上不足一格的余数部分,估读至0.1格(即0.1′),"分"位为44.2′,总的为234°44.2′,即234°44′12″。相同的方法读得竖直度盘(注有V)的角度读数是90°27.8′,即90°27′48″。

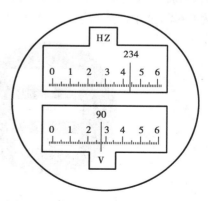

图3.5　分微尺测微器的读数

· 3.3.2 对径符合测微 ·

高精度的角度测量要求采用对径读数方法,DJ₂ 光学经纬仪一般均采用符合读数装置来提高读数精度。

符合读数装置是在度盘对径两端分划线光路中各安装一个固定光楔和一个移动光楔,移动光楔与测微尺相连。在读数显微镜中所看到的对径分划线的像位于同一平面上,被一横线隔开形成正像与倒像,如图 3.6 所示。若按指标线读数(实际上并无指标线),则正像读数为 $163°20' + a$,倒像为 $343°20' + b$,平均读数为 $163°20' + (a + b)/2$。转动测微钮,使上下相邻两分划线对齐,如图 3.6(b)所示,分微尺上读数为 $(a + b)/2$。

对径符合测微的读数方法可归纳为:

①转动测微钮,使度盘对径读数分划线精确对称重合,如图 3.6(b)所示。

②"度"数读取视场左侧正像度数,读取的度数应具备下列条件:顺着正像注记增加方向最近处能够找到与刻度数相差 180° 的倒像注记,图中应读 163°。

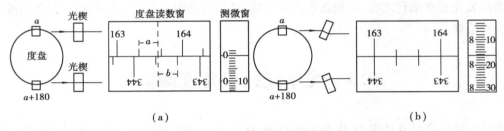

图 3.6 对径符合测微的读数方法

③读整 10'。正像度数分划与相应对径倒像度数分划之间的格数乘以 10',如图中是 $3 × 10'$,即 30'。

④读取测微窗指标线对应的分、秒角值,图 3.6(b)中为 8'16.3″。

⑤计算整个读数结果,是 163°38'16.3″。

为了更加便于读数,近年来采用数字化读数方法。如图 3.7 所示,中间窗口为度盘对径分划线影像,但无注记;上面窗口为度和整 10' 数注记;读数下角窗口为不足 10' 的分和秒角值。读数时,转动测微钮使中间窗口度盘分划线重合,图 3.8 中,上窗口读数为 265°40',下窗口读数为 6'42″,整个读数结果为 265°46'42″。

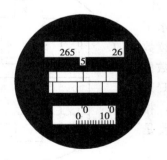

图 3.7 数字化读数示意图

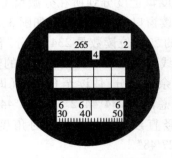

图 3.8 数字化读数实例

由于 DJ₂ 光学经纬仪在读数显微镜窗口,一次只能看到水平度盘或竖直度盘一种影像,因此在测微角前要利用光路变换钮选取相应光路。

3.4 水平角测量

·3.4.1 经纬仪的操作·

1) 经纬仪的安置

在利用经纬仪测角之前,必须把经纬仪安置在测站上。安置的目的是使经纬仪的中心在地面角顶点的垂线上,经纬仪的水平度盘处于水平状态。经纬仪的安置包括对中和整平两项工作。

(1) 对中

对中的目的是使经纬仪的中心与地面点在同一铅垂线上。对中时,将三脚架安置在地面点上,要求高度适宜,架头大致水平,竖轴大致对中。然后将三脚架踩实,装上仪器,利用光学对中器观察地面点位与分划板的标志相对位置,转动脚螺旋,直至分划板标志与地面点重合为止。

(2) 整平

整平的目的是使仪器竖轴竖直,水平度盘处于水平位置。整平时,先升降三脚架,使圆水准器气泡居中。操作时,左手握住脚腿上半段,大拇指按住脚腿下半段顶面,并在松开旋钮时以大拇指控制脚腿上、下半段相对位置实现渐近升降,如图3.9所示。

注意:升降脚腿时不能移动脚腿尖头的地面位置。如图3.9所示,三脚架整平后,仪器只是概略整平,要使其精确整平,须进行脚螺旋整平。任选两个脚螺旋,转动照准部使管水准器与所选两个脚螺旋中心连线平行,相对转动两个脚螺旋,使管水准器气泡居中,如图3.10(a)所示。转动照准部90°,转动第三个脚螺旋使管水准器气泡居中,如图3.10(b)所示。

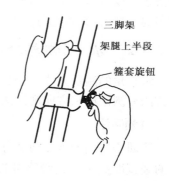

图 3.9 三脚架的升降操作

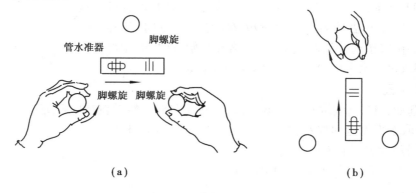

(a)   (b)

图 3.10 脚螺旋的整平

利用光学对中器观察地面点与分划板的标志相对位置。若二者偏离,稍松三脚架连接螺旋,在架头上移动仪器,分划板标志与地面点重合后旋紧连接螺旋。重新利用脚螺旋整平,直至在仪器整平后,光学对中器分划板标志与地面点重合为止。光学对中精度一般不大于1 mm。

在对中时,如精度要求不高,也可采用锤球对中。把三脚架安置在测点上,架头大致水平后挂上锤球,平移或转动三脚架,使锤球尖大致对准测点。装上经纬仪,将连接螺旋稍微松开,在脚架头上移动仪器,使锤球尖精确对准地面测点。在对中时,应及时调整锤球线长度,使锤球尖尽量靠近地面点,以保证对中精度。锤球对中精度不大于3 mm。

2）瞄准

目的是使经纬仪望远镜视准轴对准另一地面中心位置。望远镜对向天空,调节目镜对光螺旋看清十字丝;先利用望远镜粗瞄器对准目标,旋紧制动螺旋;调节望远镜对光螺旋看清目标,并消除视差;转动照准部微动螺旋和望远镜微动螺旋,使望远镜十字丝中心部位与目标相关部位符合。

3）读数

经纬仪瞄准目标后在读数窗中读取水平方向值。读数时要注意调整采光镜,使读数窗视场清晰。读数与记录之间相互响应,记录者对读数回报无误后方可记录,数字记错时,对错的数字划一杠,在其附近写上正确数字,不得进行涂改。

· 3.4.2　水平角的测量方法 ·

水平角的测量方法,一般根据测角精度、所使用的仪器及观测方向数目而定。工程上常用的方法有测回法和方向观测法。

1）测回法

测回法适用于观测两个方向之间的单角。该方法用盘左和盘右两个位置进行观测。经纬仪的竖直度盘在望远镜瞄准视线左侧的位置时,该盘位称为盘左,也称为正镜;竖直度盘在瞄准视线右侧的位置时,称为盘右,也称为倒镜。通常称盘左位置观测为上半测回,盘右观测称为下半测回。两个半测回构成一个测回,称为一测回观测。

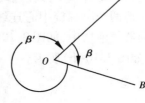

图 3.11　测回法

如图 3.11 所示,O 点是安置经纬仪的地面点,A,B 是设有目标的地面点。用测回法观测水平角 AOB,OA 是起始方向,又称为后视方向。做好望远镜的对光工作后,瞄准起始方向,消除视差,并根据要求进行水平度盘配置,具体观测步骤如下:

（1）盘左位置

先瞄准起始方向 A,读取水平度盘读数 a_1（$0°01'18''$）,然后按顺时针方向转动照准部,瞄准目标 B,读取水平度盘读数 b_1（$49°50'12''$）,数据记录见表 3.1。

上半测回角度观测值为:

$$\beta_左 = b_1 - a_1 = 49°50'12'' - 0°01'18''$$
$$= 49°48'54''$$

（2）盘右位置

倒镜成为盘右位置,先瞄准 B,读取水平度盘读数 b_2（$229°50'18''$）,然后按逆时针方向转动照准部,瞄准 A 点,读取水平度盘读数 a_2（$190°01'48''$）,数据记录见表 3.1。

表 3.1 测回法观测记录表

测 站	盘 位	目 标	水平度盘 水平方向值读数	水平角		备 注
				半测回值	一测回值	
O	盘左	A	0°01′18″	49°48′54″	49°48′42″	$\Delta\beta = \beta_左 - \beta_右$
		B	49°50′12″			$= 24″$
	盘右	B	229°50′18″	49°48′30″		$\Delta\beta_容 = 30″$
		A	180°01′48″			

下半测回角度观测值为：

$$\beta_右 = b_2 - a_2 = 229°50′18″ - 180°01′48″ = 49°48′30″$$

DJ$_6$ 经纬仪盘左、盘右 2 个半测回角值之差 $\Delta\beta$ 不超过容许误差 $\Delta\beta_容$ 时，取其平均值即为一测回角值：49°48′42″。

由于水平度盘注记是顺时针方向增加的，因此在半测回角值计算时，若出现负值应加上 360°。

当进行多测回观测时，为减少度盘分划误差影响，各测回应根据测回数，按 180°/n 间隔数变换水平度盘的配置。例如观测 3 个测回，180°/3 = 60°，第一测回盘左起始方向的读数应配置在 0°稍大些，第二测回时盘左起始方向的读数应配置在 60°左右，第三测回应配置在 60° + 60° = 120°左右。

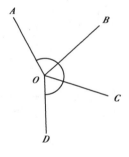

图 3.12 方向观测法

2）方向观测法

在一个测站上需观测 3 个或 3 个以上的方向时，一般采用方向观测法。如图 3.12 所示，O 是测站，观测 A，B，C，D 各方向之间的水平角，其观测步骤如下：

（1）盘左

在 A，B，C，D 四点中任选一个与 O 点距离适中，目标较清楚的点位作为起始方向，如 A 方向。精确瞄准 A，水平度盘配置在 0°或稍大些，读数记录，然后按顺时针方向转动照准部依次瞄准 B，C，D，读数记录。为检核水平度盘在观测过程中是否发生变动，应再次瞄准 A，读取水平度盘读数，这一步骤称为归零观测。起始方向两次水平度盘读数之差称为半测回归零差，此为上半测回观测。

（2）盘右

按逆时针方向依次瞄准 A，D，C，B，读取水平度盘读数，再次瞄准 A 进行归零观测，将观测数据记录在表格中，检查半测回归零差，此为下半测回观测。

这样就完成了一个测回的观测工作。如果要观测几个测回，每测回仍应按 180°/n 的差值变换水平度盘的起始位置。

方向观测法记录格式见表 3.2，计算步骤和校核要求如下：

①计算半测回归零差，不得大于限差，否则应重测。

②计算 2 倍照准误差 2C 值及 2C 互差 Δ_{2C} 变动范围值。

$$2C = L_左 - (L_右 \pm 180°) \tag{3.2}$$

$$\Delta_{2C} = \max(2C_i) - \min(2C_j) \tag{3.3}$$

式中　$L_左$，$L_右$——同一方向的盘左观测值和盘右观测值；

　　　　i,j——不同方向的标志。

$2C$ 属于仪器误差，同一台仪器 $2C$ 值应当是一常数，因此 $2C$ 的变动大小反映了观测质量，其限差要求见表 3.3。

③计算方向平均值 L_i'：

$$L_i' = \frac{L_左 + L_右 \pm 180°}{2} \tag{3.4}$$

其中，当 $L_右 > 180°$ 时取"−"，反之取"+"。方向平均值计算后，起始方向有两个平均读数，应再取平均，表 3.2 中括号内的数字作为起始方向值。

表 3.2　全圆方向法观测记录

测站	测回数	目标	水平度盘读数		2C	盘左、盘右平均值	归零后水平方向值	各测回平均水平方向值
			盘左观测	盘右观测				
1	2	3	4	5	6	7	8	9
O	1	*A*	$\Delta_0(24)$ 0°01′00″	$\Delta_0(6)$ 180°01′12″	−12	(0°01′14″) 0°01′06″	0°00′00″	0°00′00″
		B	91°54′06″	271°54′00″	+06	91°54′03″	91°52′49″	91°52′47″
		C	153°32′48″	333°32′48″	0	153°32′48″	153°31′34″	153°31′34″
		D	214°06′12″	34°06′06″	+06	214°06′09″	214°04′55″	214°05′00″
		A	0°01′24″	180°01′18″	+06	0°01′21″		
	2	*A*	$\Delta_0(24)$ 90°01′12″	$\Delta_0(12)$ 270°01′24″	−12	(90°01′27″) 90°01′18″	0°00′00″	
		B	181°54′06″	1°54′18″	−12	181°54′12″	91°52′45″	
		C	243°32′54″	63°33′06″	−12	243°33′00″	153°31′33″	
		D	304°06′36″	124°06′30″	+06	304°06′33″	214°05′06″	
		A	90°01′36″	270°01′36″	0	90°01′36″		

④计算归零方向值。将计算出的各方向平均值，分别减去起始方向的平均值（括号内之值），即得各方向的归零方向值。

⑤计算测回差。不同测回的同方向归零方向值的差值，称为测回差。其差值不应大于表3.3的规定。取各测回同一方向归零方向值的平均值作为该方向的最后结果。

表3.3　角度测量方向观测的技术要求

等　级	仪器型号	光学测量器2次符合读数之差	半测回归零差	一测回中2C互差的限值	同一方向值各测回互差
四等及以上	DJ$_1$	1″	6″	9″	6″
	DJ$_2$	3″	8″	13″	9″
一级及以下	DJ$_2$	—	12″	18″	12″
	DJ$_6$	—	18″	(35″)	24″

3.5　竖直角测量

· 3.5.1　竖直度盘的构造 ·

竖直度盘部分包括竖直度盘、竖盘指标水准管和竖盘指标水准管微动螺旋,如图3.13所示。竖盘固定在望远镜横轴的一端,与横轴垂直。望远镜转动时,竖盘亦随之转动,而竖盘指标线不动。竖盘指标线为测微尺的零分划线,它与竖盘指标水准管固连在一起,当旋动竖盘指标水准管微动螺旋,使指标水准管气泡居中时,竖盘指标即处于正确位置。

竖盘的注记形式有逆时针和顺时针两种。与水平度盘一样,竖盘也是一个刻有分划的玻璃圆环,度盘分划值为1°或30′,其刻划由0°～360°。当望远镜视线水平,竖盘指标水准管居中时,盘左竖盘读数应为90°,盘右竖盘读数则为270°。这两个数也称为竖盘始读数。

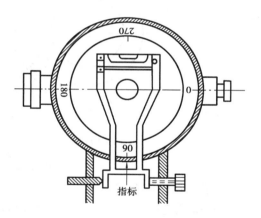

图3.13　竖直度盘

· 3.5.2　竖直角的计算公式 ·

1)观测竖直角与水平角的区别

竖直角为同一竖直平面内目标视线与水平视线的夹角,因此观测竖直角与观测水平角都是两个方向读数之差,但有两点不同,即:

①竖直角两个方向中一个是水平方向,它的竖直盘读数为一定值,盘左为90°,盘右为270°,故观测时只需读取目标视线方向的竖直读数。

②由于竖盘注记有顺时针和逆时针两种形式,因此竖直角计算公式也不同。

2)竖直角的计算

（1）顺时针注记形式

图 3.14 为顺时针注记的竖盘。盘左观测时，视线水平的读数为 90°，当望远镜逐渐抬高，竖盘读数在减少，因此竖直角为：

$$\alpha_{左} = 90° - L \tag{3.5}$$

同理

$$\alpha_{右} = R - 270° \tag{3.6}$$

式中　L,R——盘左、盘右目标视线在竖盘上的读数。

一测回的竖直角角值为：

$$\alpha = \frac{\alpha_{左} + \alpha_{右}}{2} \tag{3.7}$$

或者

$$\alpha = \frac{R - L - 180°}{2} \tag{3.8}$$

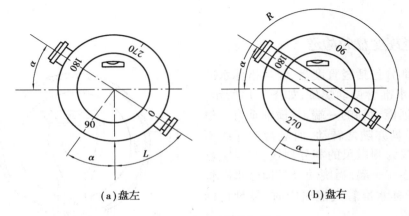

（a）盘左　　　　　　（b）盘右

图 3.14　顺时针注记竖盘

（2）逆时针注记形式

图 3.15 为逆时针注记竖盘，仿照顺时针注记的推求方法，可得竖直角计算公式为：

$$\alpha_{左} = L - 90° \tag{3.9}$$

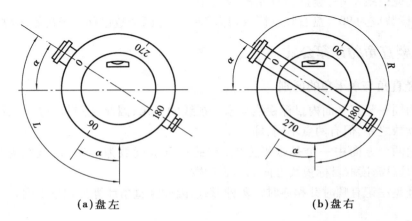

（a）盘左　　　　　　（b）盘右

图 3.15　逆时针注记竖盘

$$\alpha_{右} = 270° - R \tag{3.10}$$

一测回竖直角角值为：

$$\alpha = \frac{\alpha_{左} + \alpha_{右}}{2} \tag{3.11}$$

或者

$$\alpha = \frac{L - R - 180°}{2} \tag{3.12}$$

实际应用中，无论是盘左或盘右观测，也无论是竖盘是顺时针还是逆时针注记，可以将竖直角的计算公式归纳如下：

①当物镜抬高时，如果竖盘读数增大，则 $\alpha = $ 读数 $-$ 始读数。

②当物镜抬高时，如果竖盘读数减小，则 $\alpha = $ 始读数 $-$ 读数。

③计算出的角值为正时，α 为仰角；为负时，α 为俯角。

· 3.5.3　竖盘指标差 ·

上面所述的是一种理想情况，即当视线水平，竖盘指标水准管气泡居中时，竖盘读数为 90°或270°。但实际上这个条件往往不能满足，竖盘指标与 90°或270°相差一个 x 角，称为竖盘指标差。如图 3.16 所示，竖盘指标线的偏移方向同竖盘注记增加方向一致时，x 值为正，反之为负。

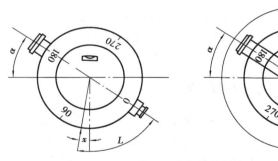

图 3.16　竖盘指标差

由图 3.16 可知，由于指标差 x 的存在，使得盘左、盘右读取的 L,R 均偏大了一个 x，为得到正确的竖直角 α，则有：

$$\alpha_{左} = 90° - (L - x) \tag{3.13}$$

$$\alpha_{右} = (R - x) - 270° \tag{3.14}$$

由于 $\alpha_{左} = \alpha_{右}$，利用式(3.13)、式(3.14)相减，可得：

$$x = \frac{(L + R) - 360°}{2} \tag{3.15}$$

式(3.15)即为竖盘指标差的计算公式，对于逆时针注记的竖盘同样适用。

如果将式(3.13)、式(3.14)进行相加，可得：

$$\alpha = \frac{\alpha_{左} + \alpha_{右}}{2} = \frac{R - L - 180°}{2} \tag{3.16}$$

这与式(3.8)完全相同，说明用盘左、盘右各进行一次竖直角观测，然后取其平均值作为最后结果，可以消除竖盘指标差的影响。

·3.5.4　竖直角观测·

将经纬仪安置在测站点上,按下列步骤进行观测:

①盘左精确瞄准目标,旋转竖盘指标水准管微动螺旋,使竖盘指标水准管气泡居中。读取竖盘读数 L,记入表 3.4 中。

表 3.4　竖直角观测

测　站	目　标	盘　位	竖盘读数	半测回竖直角	指标差	一测回竖直角	备　注
0	A	左	73°44′12″	+16°15′48″	+12″	+16°16′00″	
		右	286°16′12″	+16°16′12″			
	B	左	114°03′42″	-24°03′42″	+18″	-24°03′24″	
		右	245°56′54″	-24°03′06″			

②盘右精确瞄准目标,旋转竖盘指标水准管微动螺旋,使竖盘指标水准管气泡居中,读取竖盘读数 R,记录。一测回观测结束。

③根据竖盘注记形式确定竖直角计算公式,将观测值 L,R 代入公式计算竖直角。

竖盘指标差属于仪器误差。一般情况下,竖盘指标差 x 不要太大,$x \le 1'$。Δx 称为指标差较差。观测竖直角对 Δx 有严格要求,如 DJ_2 经纬仪要求 $\Delta x \le 15''$,DJ_6 经纬仪要求 $\Delta x \le 25''$。

·3.5.5　竖直度盘指标线自动归零原理·

竖直度盘在竖盘指标水准管气泡居中时,指标线处于垂直位置上,此时若视准轴处于水平状态,盘左指标线指标应该是 90°,这种指示状态称为指标线归零。一般竖直角观测中的精平属于指标人工归零的操作,如采用 DJ_6 进行竖直角观测需旋转竖盘指标水准管微动螺旋,使气泡居中方可读数。现在有的经纬仪设置有一种代替指标水准器的装置,在经纬仪安置完毕后,自动实现上述的指标线归零。

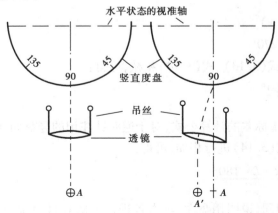

图 3.17　竖直度盘指标线自动归零原理图

图 3.17 是竖直度盘指标线自动归零原理图,悬挂式光学透镜与指标线构成自动归零的整体装置。当仪器因整平不足,致使指标线偏离垂线位于 A' 处时,光学透镜在重力作用下主平面倾斜。此时从 A' 投射光线经过光学透镜发生偏折,从而使指标线指在 90° 的位置,实现指标线自动归零。

设有自动归零装置的经纬仪,在竖直角观测时可省去精平工作,从而大大提高竖直角测量的工作效率。

3.6　水平角测量的误差

水平角测量的误差主要来源于仪器误差、观测误差和外界环境条件的影响。

· 3.6.1　仪器误差 ·

仪器误差主要包括:三轴误差(视准轴误差、横轴误差、竖轴误差)、照准部偏心差和度盘误差等。

1)视准轴误差

如图 3.18 所示,视准轴 OC' 与横轴 HH 不垂直,存在 c 角误差,即视准轴误差。据推证,这种误差对水平方向的影响与竖直角有关,为:

$$\Delta c = \frac{c}{\cos \alpha} \tag{3.17}$$

由式(3.17)知,观测方向的竖直角 α 越大,Δc 越大。一般 α 为 1°~10°,$\cos \alpha \approx 1$,故可认为:

$$\Delta c \approx c \tag{3.18}$$

由于水平角观测采用盘左、盘右观测法,若盘左观测 c 为正值,则盘右观测 c 为负值。在盘左、盘右观测水平方向取平均值时,视准轴误差 c 的影响将被抵消,即视准轴误差被抵消。

2)横轴误差

这种误差表现在横轴与竖轴 OZ 不垂直,仪器整平后,竖直轴在垂线上,而横轴却在 $H'H'$ 位置,如图 3.19 所示,横轴 $H'H'$ 与水平状态 HH 的夹角 i 就是横轴误差。据推证夹角 i 对观测方向的影响与竖直角有关,为:

$$\Delta i = i \tan \alpha \tag{3.19}$$

设盘左观测时 i 为正,则盘右观测时因横轴位置处在相反位置,故 i 为负。因此 Δi 的存在与 Δc 有相同性质,在盘左、盘右观测水平方向取平均值时,可消除横轴误差的影响。

3)竖轴误差

竖轴不平行垂线而形成的误差称为竖轴误差。如图 3.20 所示,OV 是垂线,OV' 是出现偏差的竖轴,OV 与 OV' 的夹角 δ 就是竖轴误差。据推证竖轴误差 δ 引起的测角误差可表示为:

$$\Delta \delta = \delta \cos \beta \tan \alpha \tag{3.20}$$

式中　α——观测目标的竖直角;

　　　β——以 HH 为零位置到观测目标的水平角。

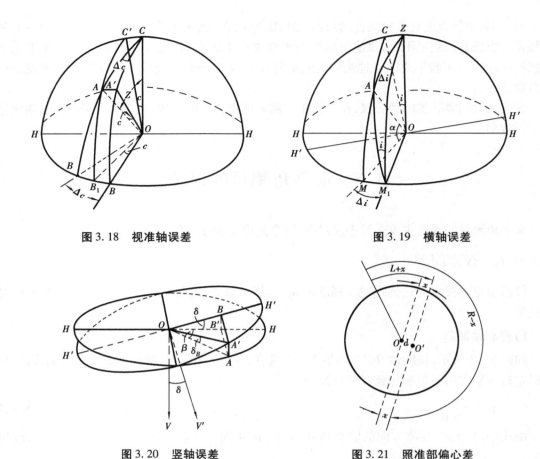

图 3.18　视准轴误差　　　　　　　　　　图 3.19　横轴误差

图 3.20　竖轴误差　　　　　　　　　图 3.21　照准部偏心差

　　必须指出,由于竖轴误差 δ 的存在,竖轴位置不变,与竖轴保持垂直关系的横轴位置便不可能在盘左、盘右观测中发生变化,所以同一方向上 $\Delta\delta$ 是不变量,在盘左、盘右观测中符号不变。因此不能通过盘左、盘右的观测来抵消 $\Delta\delta$ 影响。

　　在实际工作中,只要严格整平仪器,特别在测回之间,如果发现水准器气泡偏离一定的限差,必须重新整平仪器,以便削弱竖轴误差的影响。式(3.20)中竖轴误差与竖直角大小成正比,在山区测角时,应对仪器进行严格的检验和校正,并在测量中认真整平仪器。在精密测角中,通过测定水准器气泡偏离零点的格值 n,以 $n\tau''$ 代替式(3.20)中的 $\delta\cos\beta$,即:

$$\Delta\delta = n\tau''\tan\alpha \tag{3.21}$$

式中　τ''——管水准器的格值。

　　计算的 $\Delta\delta$ 值对水平方向值进行改正,可削弱竖轴误差的影响。

4)照准部偏心差

　　如图 3.21 所示,照准部旋转中心 O' 和度盘刻划中心 O 不重合的距离 d,称为照准部偏心差。照准部偏心差对各个方向的影响是不一样的,但是对一个方向来说,对盘左、盘右观测值的影响在数值上相等,符号相反。图 3.21 的 A 方向,照准部偏心差的影响为 x,盘左观测时的观测值为$(L+x)$,盘右观测时的观测值为$(R-x)$。故盘左、盘右观测值取平均值便可以消除照准部偏心差的影响。

5)度盘偏心差

度盘的旋转中心 O' 和度盘的刻划中心 O 不重合。度盘偏心差对观测值的影响与照准部偏心差相同,可以通过盘左、盘右观测值取平均值进行消除。

在采用对径符合测微读数方式的仪器中,一次读数可消除以上两种误差的影响。

6)度盘分划误差

现代精密光学经纬仪的度盘分划误差为 $1'' \sim 2''$。在工作中要求多次测回观测时,各测回配置不同的度盘位置,其观测结果可以削弱度盘分划误差的影响。

·3.6.2　观测误差·

1)对中误差

原因:测站对中不准。如图 3.22 所示,仪器中心 O' 偏离测站中心 O,两中心存在偏心距 e,则 e 便对各方向观测值产生影响。图中 A,B 两地面点,仪器在其本身中心 O' 所测的角度为 $\angle AO'B$,而实际的角度应为 $\angle AOB$,显然有:

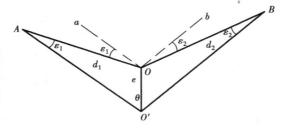

图 3.22　对中误差

$$\angle AOB = \angle AO'B + \varepsilon_1 + \varepsilon_2 \quad (3.22)$$

式中　$\varepsilon_1,\varepsilon_2$——偏心距 e 对观测值的对中误差影响。

分析:在图中,Oa,Ob 分别平行 $O'A,O'B,OA,OB$ 的距离长度分别为 d_1,d_2。设 $\angle AO'O = \theta$,故 $\angle OO'B = \angle AO'B - \theta$。在 $\triangle AO'O$ 和 $\triangle O'BO$ 中,根据正弦定理可知:

$$\varepsilon_1 = \frac{e \sin \theta}{d_1} \rho \quad (3.23)$$

$$\varepsilon_2 = \frac{e \sin(\angle AO'B - \theta)}{d_2} \rho \quad (3.24)$$

式中　ρ——常数,$\rho = 206\,265''$。

为了说明偏心距 e 对观测值的影响,令 $\sin \theta = \sin(\angle AO'B - \theta) = 1$,$d_1 = d_2 = d$,则这种影响为:

$$\varepsilon = \varepsilon_1 + \varepsilon_2 = \frac{2e\rho}{d} \quad (3.25)$$

由式(3.25)可知,ε 与 e 成正比,与 d 成反比。ε 与 e,d 误差关系见表 3.5。从表中可见,对中误差在短边的情况下随偏心距 e 的增加而迅速增大。

表 3.5　对中误差 ε 表

e ＼ d	100 m	200 m	300 m	500 m
100 mm	$412''$	$206''$	$137''$	$41''$
50 mm	$206''$	$103''$	$69''$	$21''$
10 mm	$41''$	$21''$	$14''$	$4''$
5 mm	$21'$	$10''$	$7''$	$2''$

要削弱对中误差,在测角中心精确做好仪器对中工作,特别是在短边测角时更应注意对中。如果在测角中由于客观原因仪器必须偏离地面点的中心观测,这种情况下必须测定偏心距 e 及 θ,以便对观测值进行改正,消除对中误差的影响。

2)目标偏心差

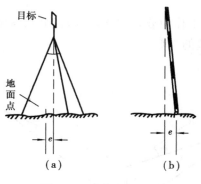

图 3.23　目标偏心差

如图 3.23(b)所示,目标是标杆,底端虽然与地面点重合,但标杆竖立不垂直,这时标杆顶端的瞄准位置存在偏离地面点中心的偏心距 e。e 的存在对在 O 点观测水平角的误差影响和对中误差有相同的性质,目标偏心距 e 对测角的影响可参考表 3.5 的情况。

目标偏心误差往往不能通过精确对中来解决。例如,有的目标(寻常标)一旦固定在地面上,目标偏心就可能已经客观存在,如图 3.23(a)所示。要解决目标偏心问题,可适当测定偏心距 e 等参数,计算偏心改正数,消除对中误差影响。所以在观测角时,标杆要竖直,并尽可能瞄准标杆底部,在短边尤其要注意。

3)瞄准误差

望远镜瞄准目标的精度,与人眼的分辨率 P 和望远镜的放大倍率 V 有关,瞄准误差一般为:

$$m = P/V \tag{3.26}$$

当 $P = 10'' \sim 60''$,$V = 25 \sim 30$,则瞄准误差 $m = 0.5'' \sim 2.4''$。但是由于对光时视差未消除,或者目标构形和清晰度不佳,或者瞄准的位置不合理,实际的瞄准误差可能要大得多。如表 3.3 中,Δ_{2c} 的大小可以反映水平角测量中瞄准的质量。因此,在观测中,选择较好的目标形状,做好对光和瞄准工作,是减少瞄准误差影响的基本方法。

4)读数误差

读数装置的质量、照明度以及读数判断准确性等,是产生读数误差的原因。DJ$_6$ 经纬仪观测时估读误差最大可达 0.2′,即 12″。而 DJ$_2$ 经纬仪的估读误差最大可达 2″ ~ 3″。一般来说,增加读数次数可以减少读数误差的影响,如对径符合测微的读数,采用 2 次读数法可削弱读数误差的影响。

· 3.6.3　外界环境的影响 ·

外界条件对角度观测成果有直接影响,如大气密度、大气透明度的影响;目标相位差、旁折光的影响;温度、湿度对仪器的影响等。

大气密度随气温而变化,便造成目标成像不稳定。大气中的尘埃影响大气透明度,造成目标成像不清楚,甚至看不清目标。观测中应当避免这些不利的大气状况。

太阳光使圆形目标形成明暗各半的影像(图 3.24),瞄准时往往以暗区为标志,这样便产生目标相位差 Δ 的影响。

在地表面、水面及地面构造物表面附近,大气密度的非均匀性表现比较突出,观测视线通过时就不可能是一条直线(图 3.25),存在的 Δ 称为旁折光的影响。解决办法是,观测视线应离开地表及地面构造物表面一定距离,不应紧贴地表面、水面及地面构造物表面。

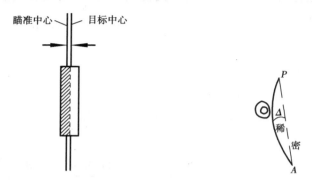

图 3.24　目标相位差　　　　　　　　图 3.25

在温度、湿度剧烈变化的环境中会引起仪器原始稳定状态发生变化,使角度观测受到影响。在使用过程中,应当注意仪器防日晒、防雨淋、防潮湿,使仪器处于可靠状态。

因此,在进行角度观测时,要选择有利的观测时间和观测条件,使这些外界条件对角度观测成果的影响降低到最小限度。

复习思考题 3

3.1　什么是水平角? 什么是竖直角?

3.2　经纬仪主要由哪几部分组成? 各有什么作用?

3.3　对中整平的目的是什么? 试述其步骤。

3.4　叙述用测回法及方向法观测水平角的观测程序。

3.5　在同一测站观测同一目标,当改变仪器高时,竖直角的大小是否一样? 为什么?

3.6　什么是竖盘指标差? 为什么盘左、盘右所测竖直角的平均值可消除指标差?

3.7　怎样确定经纬仪的竖盘刻划注记形式?

3.8　经纬仪有哪些主要轴线? 它们之间应满足怎样的几何关系? 为什么必须满足这些几何关系?

3.9　观测水平角时采用盘左、盘右观测方法,可以消除哪些误差对测角的影响?

3.10　用测回法观测水平角,其观测数据见下表,试计算各测回角值。

测　站	盘　位	目　标	水平度盘读数	水平角		备　注
				半测回值	测回值	
O	左	A	00°01′12″			
		B	304°40′30″			
	右	A	180°01′48″			
		B	124°40′54″			

续表

测 站	盘 位	目 标	水平度盘读数	水平角		备 注
				半测回值	测回值	
M	左	C	00°01′10″			
		D	60°40′20″			
	右	C	180°01′40″			
		D	240°40′40″			

3.11 经纬仪竖盘读数为顺时针注记,完成下列竖直角观测手簿的计算。

测站	目标	竖盘位置	竖盘读数	半测回竖直角	指标差	一测回竖直角
A	B	左	81°18′42″			
		右	278°41′30″			
	C	左	124°03′30″			
		右	235°56′54″			

3.12 用 DJ$_2$ 级经纬仪做方向观测,其观测资料如下,试计算各方向值。

测站	测回	目标	读 数		$2C = L + 180° - R$	平均方向值 $(L + R - 180°)/2$	归零方向值	备 注
			盘左 L	盘右 R				
A	I	1	0°00′20.4″	180°00′16.9″				各测回平均方向值:
		2	60°58′11.7″	240°58′13.7″				
		3	109°33′1.0″	289°33′43.9″				
		4	155°53′38.5″	335°53′39.2″				1—
		1	0 °00′19.0″	180°00′23.0″				
A	II	1	45°12′44.7″	225°12′48.9				
		2	106°10′40.7″	286°10′45.6″				2—
		3	154°46′01.3″	334°46′09.4″				
		4	201°06′05.8″	21°06′11.3″				3—
		1	45°12′47.6″	225°12′48.2″				
A	III	1	90°16′30.1″	270°16′29.3″				
		2	151°14′21.6″	331°14′28.4″				4—
		3	199°49′48.2″	19°49′52.2″				
		4	246°09′47.7″	66°09′53.4″				
		1	90°16′26.5″	270°16′30.0″				

4 距离测量与直线定向

〖**本章导读**〗

主要内容:钢尺量距的作业方法及成果整理;直线定向;坐标正反算。

学习目标:

(1)掌握钢尺量距的作业方法及成果整理;

(2)掌握视距测量的方法;

(3)理解电磁波测距的原理,掌握全站仪的使用及保养;

(4)掌握直线定向的相关概念;

(5)掌握坐标正反算。

重点:直线定向;坐标正反算。

难点:坐标正反算。

确定地面点的位置,除需要测量角度和高程之外,还要测量两点间的水平距离和直线定向。测量两点间水平距离的方法,主要有间接测量和直接测量两类。本章仅介绍直接测量距离中钢尺量距的一般方法,另外介绍了直线定向。

4.1 钢尺量距

·4.1.1 丈量工具·

1)钢尺

钢尺又称为钢卷尺,是用优质钢加工制成的带状尺,宽度为 10 ~ 15 mm,厚度约0.4 mm,常用的长度有20,30,50 m。钢尺可以卷放在圆形的尺壳内,也可卷放在金属的尺架上,如图 4.1 所示。

钢尺的基本分划为厘米(cm),最小分划值为毫米(mm),每厘米、每分米及每米处均有数字注记,如图4.2所示。根据钢尺零点位置的不同,可分为端点尺和刻线尺两种。钢尺的最外端作为尺子零点的称为端点尺,尺子零点位于钢尺起点的一刻线处称为刻线尺。

图4.1 钢尺

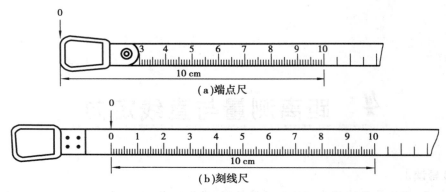

（a）端点尺

（b）刻线尺

图 4.2　钢尺分划

2）花杆、测钎和锤球

①花杆。花杆又称为标杆，有木制花杆和铝合金花杆两种，长度 2 m 或 3 m，截面直径为 3 ~ 4 cm，杆上按 20 cm 间隔涂上红白相间的油漆，杆底部装有圆锥形的铁脚，在距离测量工作中，花杆主要用来标点和定线。如图 4.3 所示。

②测钎。测钎由粗铁丝制成，长度为 30 ~ 40 cm，上端弯成环行，下端磨尖，一般以 6 根或 11 根为一组，穿在一个大铁环上，如图 4.3 所示。在距离测量中，主要用来标定尺段端点的位置和计算所丈量的整尺段数。

③锤球。锤球是距离丈量的附属工具，主要用来对点、标点和投点。

图 4.3　花杆和测钎

·4.1.2　直线定线·

在距离丈量过程中，当地面上两点之间距离较远或两点之间起伏较大时，不能一尺段量完，这时，就需要在直线方向上标定若干个中间点，并使它们在同一条直线上，这项工作称为直线定线。

根据丈量的精度要求，可以采用花杆目测定线和经纬仪定线。

1）花杆定线

如图 4.4 所示，A，B 两点之间通视，要在 A，B 两点间的直线上标出 1，2 两个中间点。

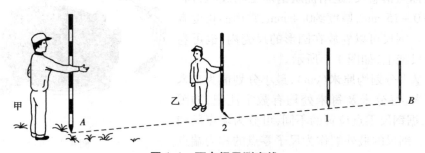

图 4.4　两点间目测定线

首先在 A,B 点上竖立花杆，甲站在 A 点花杆后约 1 m 处进行目测，用单眼视线紧贴通过 A,B 两点花杆的同一侧，构成一条视线，并指挥乙在 1 点附近左右移动花杆，直到甲从 A 点沿花杆的同一侧看到 $A,1,B$ 三根花杆在同一条视线上为止，这时 1 点的定线工作就完成了。同样的方法把 2 点标定在 A,B 直线方向上。两点之间定线时，乙所持的花杆必须竖直。

2）经纬仪定线

在 A 点安置经纬仪，对中、整平，在 B 点竖立花杆（测钎），用望远镜的竖丝瞄准 B 点花杆（测钎）的底部，固定经纬仪的照准部。然后乙在 1 点附近听从 A 点观测员的指挥，左右移动花杆，直到 1 点的花杆底部位于望远镜的竖丝上，这时 $A,1,B$ 三点在同一条直线上。同样的方法可以定出直线上的其他点。

·4.1.3　距离丈量·

1）一般钢尺量距

在一般钢尺量距工作中，直线定线与尺段丈量是同时进行的，丈量一般需要 3 个人，分别担任前尺手、后尺手及记录工作。在地势起伏较大的地区丈量时，还应增加辅助人员。丈量的方法随地面情况而有所不同。

（1）平坦地面的丈量方法

如图 4.5 所示，平坦地面的距离丈量一般采用整尺段法进行。为了防止错误和提高丈量精度，一般要求进行往返丈量。

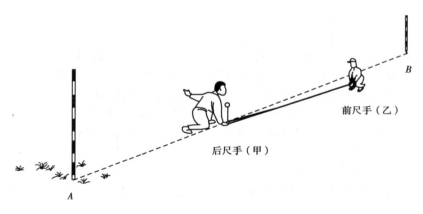

图 4.5　平坦地面的距离丈量

下面介绍以 30 m 为一整尺段的丈量方法。丈量前，先进行标杆定线，丈量时，后尺手甲拿着钢尺的末端在直线的起点 A，前尺手乙拿着钢尺的零点一端沿直线方向前进，将钢尺通过定线时的中间点，保证 A,B 两点在钢尺的同一侧通过，将钢尺拉紧、拉直、拉平。甲、乙拉紧钢尺后，甲把钢尺的末端 30 m 刻划处对在 A 点并喊"预备"，当钢尺拉稳、拉平后喊"好"，乙在听到"好"的同时把测钎对准钢尺零点刻划处垂直插入地面（或做上标记），这样就完成了第一整尺段的丈量。甲、乙两人抬尺前进，甲到达测钎（或标记）处停住，重复上述操作，依次类推，量完最后一个整尺段。剩下一段不足 30 m 的距离称为余长。丈量时，乙将钢尺的零点对准 B 点，甲拉紧钢尺后，甲在钢尺上读数，并计算出 Δl，以上称为往测，则 A,B 两点之间的距离 $D_{往}$ 为：

$$D_{往} = nl + \Delta l \tag{4.1}$$

式中　n——整尺段数；

　　　l——整尺段长；

　　　Δl——余长。

为了提高量距精度，一般采用往、返丈量，故要重复上述步骤，由 B 到 A 进行丈量，称为返测，丈量结果为 $D_{返}$。在符合精度的情况下，取往返丈量结果的平均值作为丈量结果，即：

$$D = \frac{D_{往} + D_{返}}{2} \tag{4.2}$$

一般量距手簿见表4.1。

表4.1　一般量距手簿

测　　线		观测值			精　　度	平均值 /m	备　注
		整尺段/m	余　长/m	总　长/m			
AB	往	4×30	15.309	135.309	1/3 000	135.328	
BA	返	4×30	15.347	135.347			

丈量的精度是用相对误差来衡量的，它以往返丈量的差值 $\Delta D = D_{往} - D_{返}$ 的绝对值与往返丈量长度的平均值 D 的比值，并且用分子为 1 的分数形式来表示，分母取到整数位，见式(4.3)。相对误差的分母越大，说明丈量的精度越高。一般情况下，平坦地面的丈量精度应不低于 1/2 000，在山区也不应低于 1/1 000。

$$K = \frac{|\Delta D|}{D} = \frac{1}{D/|\Delta D|} \tag{4.3}$$

(2)倾斜地面的丈量方法

在倾斜地面上量距，根据地形情况可用平量法(水平量距法)和斜量法(倾斜量距法)。

①平量法。如图 4.6 所示，当地面坡度不大时，可将钢尺抬平，用锤球配合投点，仍按整尺段法进行丈量。欲丈量 AB 之间的距离，将钢尺的零点对准 A 点，将尺的另一端抬高，并由记录者目估使钢尺拉水平，然后用锤球将钢尺的末端投在地面上，再插以测钎。量第二段时，用钢尺零端对准第一根测钎根部，同时插上第二根测钎。依次类推，直到 B 点。当地面倾斜度较大，将整尺段拉平有困难时，可一尺段分成几段来进行丈量。

②斜量法。如图 4.7 所示，当地面倾斜的坡面均匀时，可以沿斜坡量出 AB 的斜距 L，测出 A,B 两点的高差或测出倾斜角 α，然后根据式(4.4)或(4.5)计算 AB 的水平距离 D。

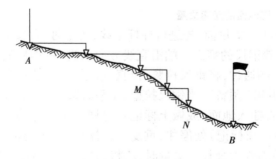

图4.6　平量法量距

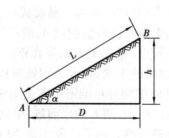

图4.7　斜量法量距

$$D = \sqrt{L^2 - h^2} \qquad\qquad (4.4)$$

$$D = L \cos \alpha \qquad\qquad (4.5)$$

式中　L——斜距；

　　　h——高差；

　　　α——倾斜角。

2)钢尺精密量距

钢尺精密量距时,要求量距前对所使用的钢尺进行检定,量距时对现场进行处理,量距结束后对量距结果进行各项改正。精密钢尺量距的精度可达到 1/4 000 ~ 1/10 000。其具体量距方法如下:

(1)准备工作

①检定钢尺。用于精密丈量的钢尺必须经过检定,确定出钢尺的尺长方程式,即:

$$l_i = l_0 + \Delta l_0 + \alpha(t - t_0)l_i \qquad\qquad (4.6)$$

式中　l_0——钢尺的名义长度;

　　　Δl_0——钢尺的尺长改正数;

　　　α——钢尺的膨胀系数,其值为 0.000 012 5 m/(m·℃);

　　　t——丈量时的环境温度,℃;

　　　t_0——钢尺检定时的温度,℃,一般为 20 ℃;

　　　l_i——钢尺的实际长度。

②清理场地。

③配备工作人员。通常有 5 人组成,其中拉钢尺 2 人、读数员 2 人、记录员 1 人。

(2)经纬仪定线

如图 4.8 所示,在丈量前,根据丈量时所用的钢尺长度,定出相邻两点之间略小于尺段长度的各尺段点 1,2,3 等点,并钉上木桩,桩顶高出地面 20 cm 左右,用经纬仪瞄准后,在桩顶划出"十"字,"十"字的交点就是点位的标志。

(3)测量高差

用水准仪测出相邻两桩顶面之间高差,以便用于倾斜改正的计算。

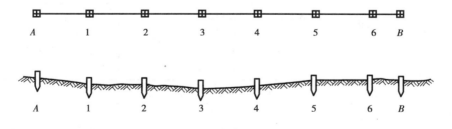

图 4.8　经纬仪定线

(4)精密丈量

丈量时,在钢尺起始端挂好弹簧秤,给钢尺施加标准拉力(检定时的拉力),在钢尺拉稳的瞬间,记录员喊"好",前尺手、后尺手同时进行读数,每尺段丈量三次,为了避免印象读数,钢尺每次丈量时前后移动 1 cm 左右,由前后尺手的读数之差计算出每次丈量的长度,取三次长度的平均值作为本尺段丈量结果,每尺段还要求测量温度 t。

（5）尺段长度计算

①尺长改正。根据钢尺的尺长方程式，钢尺在标准拉力、一定温度下的实际长度为 l_i，钢尺的名义长度为 l_0，则钢尺每尺段的尺长改正数为：$\Delta l_0 = l_i - l_0$。当 $l_i > l_0$ 时，Δl_0 为正，说明钢尺每丈量一整尺段，从钢尺上的读数计算出来的长度就比实际长度小了 Δl_0，应加上 Δl_0；反之，应减去 Δl_0。各尺段的尺长改正数可按式（4.7）计算。

$$\Delta l_i = \frac{\Delta l_0}{l_0} l_i \tag{4.7}$$

②温度改正。

$$\Delta l_t = \alpha(t - t_0) l_i \tag{4.8}$$

③倾斜改正。在距离丈量工作中，量得的是两个桩面的倾斜距离，要求得两桩之间的水平距离，必须在丈量距离上加倾斜改正数。计算公式如下：

$$\Delta l_h = -\frac{h^2}{2 l_i} \tag{4.9}$$

式中　h——两个桩顶面的高差。

经过改正的尺段长度为：

$$l = l_i + \Delta l_i + \Delta l_t + \Delta l_h \tag{4.10}$$

【例4.1】　用某钢尺对直线 AB 进行精密量距，丈量数据见表4.2，丈量之前对钢尺进行检定，尺长方程为：$l_i = 30.000 \text{ m} + 0.012 5 \text{ m} + 0.000 012 5(t - 20 \text{ ℃}) l_i$，完成表4.2中的计算。

【解】　具体计算结果见表4.2。

表4.2　精密钢尺量距计算表

尺段长度	丈量次数	起始端读数 /mm	末端读数 /m	尺段长度 /m	尺长改正 /mm	温度 /℃ 改正数 /mm	高差 /m 改正数 /mm	改正后尺段长 /m
A—1	1 2 3 平均	76.5 65.5 86.0	29.930 0 29.920 0 29.940 0	29.853 5 29.854 5 29.854 0 29.854 0	12.4	25.8 2.1	0.560 −5.5	29.863
1—2	1 2 3 平均	18.0 9.0 27.5	29.890 0 29.880 0 29.900 0	29.872 0 29.871 0 29.872 5 29.871 8	12.4	27.4 2.7	0.435 −2.9	29.884
⋮	⋮	⋮	⋮	⋮	⋮	⋮	⋮	⋮
8—9	1 2 3 平均	35.5 26.5 55.0	28.730 0 28.720 0 28.750 0	28.694 5 28.693 5 28.695 0 28.694 3	12.0	30.7 3.7	0.932 −15.0	28.695
9—B	1 2 3 平均	80.0 61.5 50.5	18.970 0 18.950 0 18.940 0	18.890 0 18.888 5 18.889 5 18.889 3	7.9	30.5 2.4	0.873 −20.6	18.879

4.2 视距测量

视距测量是用望远镜内视距丝装置,根据几何光学原理同时测定两点间的水平距离和高差的一种方法。这种方法虽然精度不高,但具有速度快、操作简便、不易受地形条件限制等优点,因此被广泛用于地形图碎部点的测量中。

·4.2.1 视距测量的原理·

1)视线水平时的视距和高差公式

经纬仪(或水准仪)望远镜筒内十字丝分划板的上、下两条短丝,就是用来测量距离的,这样的两条短横丝称为视距丝,如图4.9(a)所示。

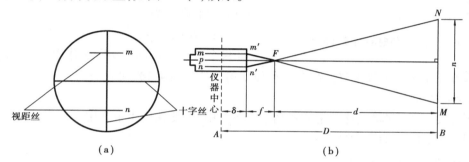

图4.9 视距测量原理图

在 A 点安置经纬仪,B 点立视距尺,如图4.10所示,当望远镜水平时,视线与尺子垂直,经对光后,尺的像落在十字丝平面上。根据光学原理,通过平行于物镜光轴的上、下视距丝(m,n)光线,经过物镜折射后,通过物镜的前焦点 F 而交于视距尺上的 M,N 两点,如图4.9(b)所示。设 M,N 之间距为 n,称为视距间隔;视距丝间距为 p,物镜焦距为 f,物镜前焦点 F 到视距尺的距

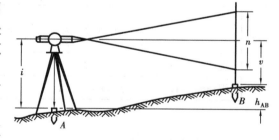

图4.10 视线水平时的高差计算图

离为 d,仪器中心至物镜的距离为 δ,由于三角形 $\triangle MFN$ 和三角形 $\triangle m'Fn'$ 相似,得:

$$d = \frac{f}{p}n$$

从图中可知 A,B 两点间的水平距离 D 为:

$$D = d + f + \delta$$

因此 $D = \frac{f}{p}n + (f+\delta)$

令 $\frac{f}{p} = K$ 为视距乘常数,多数仪器 $K = 100$;$f+\delta = C$ 为视距加常数,经设计上的处理,使大量使用的内对光望远镜的 $C \to 0$,则上式可写为:

$$D = Kn \tag{4.11}$$

由图 4.10 可知,当望远镜水平时,设仪器高(测站中心之仪器横轴的高度)为 i,十字丝中丝读数(即目标高)为 v,则 A,B 两点间的高差为:

$$h = i - v \tag{4.12}$$

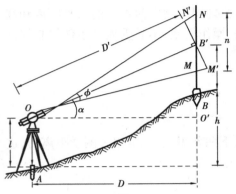

图 4.11 视线倾斜时的高差计算图

2)视线倾斜时的视距和高差公式

在地面起伏较大的地区进行视距测量时,必须使望远镜倾斜才能读出视距间隔,如图 4.11 所示。这时必须经过视距间隔的转换才能计算出倾斜距离,然后再根据竖直角计算出水平距离 D。由于篇幅所限,在此不再进行推导,仅给出公式。

两点间的水平距离为:

$$D = Kn \cos^2 \alpha \tag{4.13}$$

两点间的高差为:

$$h = D \tan \alpha + i - v \tag{4.14}$$

如果令 $\Delta = i - v$,即在实际工作中,只要能使所观测的中丝在尺上读数 v 等于仪器高 i,就可使 Δ 等于零,式(4.14)可化简为:

$$h = D \tan \alpha \tag{4.15}$$

为了方便起见,现将上述视距公式列于表 4.3 中,以便在使用中查用。

立尺点 B 的高程计算公式为:

$$H_B = H_A + D \tan \alpha + i - v \tag{4.16}$$

表 4.3 视距测量公式汇编

	水 平 距 离	高 差	
		$i = v$	$i \neq v$
视线水平时	$D = Kn$	$h = 0$	$h = i - v$
视线倾斜时	$D = Kn \cos^2 \alpha$	$h = D \tan \alpha$	$h = D \tan \alpha + i - v$

·4.2.2 视距测量的观测方法·

1)观测方法

如图 4.11 所示,欲测定 A,B 两点间的水平距离 D 和高差 h,其观测方法如下:

①在测站 A 安置经纬仪,量取仪器高 i,在测点 B 竖立视距尺。

②盘左位置,照准视距尺,消除视差后使十字丝的横丝(中丝)读数等于仪器高 i,固定望远镜,用上、下视距丝分别在尺上读取读数,估读到 mm,算出视距间隔 n(n = 下丝读数 - 上丝读数)。为了既快速又准确地读出视距间隔,可先将中丝对准仪器高读竖角,然后把上丝对准邻近整数刻划后直接读取视距间隔。

③转动竖盘指标水准管微动螺旋使竖盘指标水准管气泡居中,读取竖盘读数,算出竖直角 α。对有竖盘指标自动归零装置的仪器,应打开自动归零装置后再读数。

④根据表4.3所列公式,计算水平距离和高差及立尺点的高程。

2)注意事项

①使用的经纬仪必须进行竖盘指标差的检校。

②视距尺应竖直。

③必须严格消除视差,上、下丝读数要快速。

④若为提高精度并进行校核,应在盘左、盘右位置按上述方法观测一测回,最后取一测回所得尺间隔 n 和竖直角 α 的平均值来计算水平距离 D 和高差 h。

⑤当有障碍物或其他原因,中丝不能在尺上截取仪器高 i 的读数时,应尽量截取大于仪器高的整米数,以便于测点高程的计算。例如,$i = 1.55$ m,则可截取 2.55 m 或 3.55 m 等。

4.3　电磁波测距仪与全站仪

·4.3.1　概　述·

光电测距的研究迄今已有数十年的历史,但由于早期的光电测距仪,主要采用白炽灯、高压汞灯等普通光源,加上受到当时电子组件的限制,致使仪器较重,操作和计算也较复杂,并须在夜间观测,难以在工程测量中应用。

20 世纪 60 年代初期激光技术的出现,为光电测距的实际应用起到很大的推动作用。激光作为光电测距仪的光源,具有亮度高、方向性强、单色性好等优点。由于激光的亮度高、方向性强,使得仪器不再受夜间观测的局限,而且测程大为增加,同时也有利于缩小仪器光学系统的孔径,从而减小仪器的体积和质量;由于激光的单色性好,受大气条件变化的影响小,使得在不同大气条件下测距均可获得较高的精度,得到满意的效果。由于电子技术的高速发展,也大大提高了仪器的自动化水平。尤其是砷化镓半导体激光器和砷化镓、砷铅化镓红外荧光发光管的研制成功,为小型测距仪的发展创造了条件。由于砷化镓发光管同时可作为光源和调制器,因此减小了仪器的质量和体积,也节省了电源。近年来,光电测距仪朝着轻便、多功能、高精度和自动化的方向飞速发展。由于电子经纬仪的出现,测角仪器趋向光电化、自动化。将测距仪和电子经纬仪组合在一起,除可自动显示角度、距离等数外,还可通过仪器内部的微处理器,直接得到地面点的空间坐标,这就是代表现今测绘仪器水平的全站型电子速测仪,简称全站仪。

由于目前光电测距仪的品种很多,因此有必要将其分类。

(1)按测程分类

根据中华人民共和国专业标准《中、短程光电测距规范》(GB/T 16818—2008)的规定,分为短程、中程和远程三类。测程为 3 km 及 3 km 以内的称为短程测距仪;测程为 3 ~ 15 km 的称为中程测距仪;测程超过 15 km 的称为远程测距仪。工程测量所采用的一般为中、短程光电测距仪。

(2)按电磁波往返传播时间 t 的测定方法分类

目前较为成熟的方法有脉冲法测距和相位法测距。

①脉冲法测距。由测距仪的发射系统发出的光脉冲,经被测目标反射后,再由测距仪的接收系统接收,根据发射和接收光脉冲的时间差来确定距离的方法,称为脉冲法测距。

激光技术最早使用在脉冲法测距方面。由于激光脉冲发射的瞬时功率很大,所以测程远,一般在被测地点也不需要安置合作目标。但目前由于受电子技术(主要是激光器脉冲宽度)的制约,测距精度较低,一般只能达到"米"级,使脉冲法测距的使用受到一定限制。

②相位法测距。测距仪的发射系统发射的调制光波,经安置在被测地点的反射镜反射,再返回到测距仪的接收系统,以测定调制光波在待测距离上往返所产生的相位差。通过测定相位差来测定距离的方法,称为相位差测距。

相位法测距的最大优点是测距精度高,一般精度均可达到厘米(cm)以下。因此在工程测量中使用的测距仪均为相位法测距。

(3)按测距仪所使用的光源分类

按仪器所使用的光源可以分为普通光源、红外光源和激光光源三类。红外测距仪是用砷化镓发光二极管作为光源的,它具有体积小、效率高、能直接调制、结构简单、耗电省、寿命长等优点,在中、短程测距仪中得到广泛采用。

(4)按测距仪测距精度分类

我国《中、短程光电测距规范》,根据测距仪出厂的标称精度[仪器说明书中技术规格所载明的测距标准差,如 $\pm(5+5\times10^{-6}\times D)$ mm 的绝对值],按照 1 km 的测距,中误差小于 5 mm 的为 I 级,5~10 mm 的为 II 级,10~20 mm 的为 III 级。

· 4.3.2 相位法测距的基本原理 ·

目前红外测距仪均采用相位法测距。红外测距仪——砷化镓发光二极管作为光源。若给砷化镓发光二极管注入一定的恒定电流,它发出的红外光,使光强恒定不变。若改变注入电流的大小,砷化镓发光二极管发射的光强也随之变化,注入电流大,光强就强;注入电流减小,光强就减弱。若在发光二极管上注入频率为 f 的交变电流,则其光强也按频率 f 发生变化,这种光称为调制光。相位法测距发出的光就是连续的调制光。

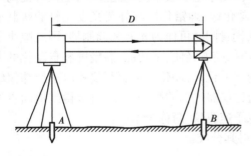

图 4.12 相位法测距

为便于说明,将以反射镜 B 返回的光波在测距方向上展开,如图 4.13 所示。显然,调制光返回到 A 点的相位比发射时延迟了 φ。

$$\varphi = 2\pi N + \Delta\varphi \qquad (4.18)$$

又 $$\varphi = 2\pi ft \qquad (4.19)$$

式中 f——调制光的频率。

如图 4.12 所示,设用测距仪测定 A,B 两点间的距离 D,在 A 点安置测距仪,在 B 点安置反射镜。由仪器发射调制光,经过距离 D 到达反射镜,经反射后回到仪器接收系统。如果能测出调制光在距离 D 上往返的时间 t,则距离 D 即可按式(4.17)求得。

$$D = \frac{1}{2}ct \qquad (4.17)$$

式中 c——调制光在大气中的传播速度。

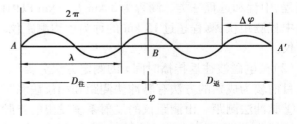

图 4.13 在测距方向展开反射镜返回的光波

则有 $\quad t = \dfrac{\varphi}{2\pi f}$ （4.20）

将式（4.18）和式（4.20）代入式（4.17），得：

$$D = \frac{1}{2}c\frac{\varphi}{2\pi f} = \frac{c}{2f}\left(N + \frac{\Delta\varphi}{2\pi}\right)$$ （4.21）

顾及调制光的波长

$$\lambda = \frac{c}{f}$$ （4.22）

则 $\quad D = \dfrac{\lambda}{2}\left(N + \dfrac{\Delta\varphi}{2\pi}\right)$ （4.23）

为明显起见，令 $u = \dfrac{\lambda}{2}$，$\Delta N = \dfrac{\Delta\varphi}{2\pi}$，则

$$D = u(N + \Delta N)$$ （4.24）

与钢尺量距公式相比，若把 u 视为整尺长，则 N 为整尺数，ΔN 为不足一个整尺的尺数，所以通常把 u 称为"光尺"长度。它的长度可由式（4.25）确定。

$$u = \frac{\lambda}{2} = \frac{c}{2f} = \frac{C_0}{2nf}$$ （4.25）

式中 $\quad C_0$——真空的光速；

$\quad n$——大气折射率。

在使用式（4.24）时，由于测相装置只能测定不足一个整周期的相位差 $\Delta\varphi$，不能测出整周期数 N 值，因此只有当光尺长度大于待测距离时，$N = 0$，距离方可确定，否则就存在多值解的问题。换句话说，测程与光尺度有关。要想使仪器有较大的测程，就应选用较长的"光尺"。例如用 10 m 的"光尺"，只能测定小于 10 m 的数据；若用 1 000 m 的"光尺"，则能测定小于 1 000 m 的距离。但是，由于仪器存在测量误差，它与"光尺"的长度成正比，约为 1/1 000 的"光尺"长度，因此"光尺"长度越长，测距误差就越大。10 m 的"光尺"测距误差为 ±10 m，而 1 000 m 的"光尺"测距误差则达到 ±1 m。为解决测程产生的误差问题，目前多采用两把"光尺"配合使用，一把的调制频率为 15 MHz，"光尺"长度为 10 m，用来确定分米、厘米、毫米位数，以保证测距精度，称为"精尺"；一把的调制频率为 150 kHz，"光尺"长度为 1 000 m，用来确定米、10 米、100 米位数，以满足测程要求，称为"粗尺"。把两尺所测数值组合起来，即可直接显示精确的测距数字。

·4.3.3 全站仪使用及保养·

全站型电子速测仪是由电子测角、电子测距、电子计算和数据存储等单元组成的三维坐标测量系统，能自动显示测量结果，能与外围设备交换信息的多功能测量仪器。由于仪器较完善地实现了测量和处理过程的电子一体化，所以通常称之为全站型电子速测仪（Electronic Total Station）或简称全站仪。

1）全站仪的组成

全站仪由以下两大部分组成：

①采集数据设备：主要有电子测角系统、电子测距系统、自动补偿设备等。

②微处理器：微处理器是全站仪的核心装置，主要由中央处理器、随机存储器和只读存储

器等构成。测量时,微处理器根据键盘或程序的指令控制各分系统的测量工作,进行必要的逻辑和数值运算以及数字存储、处理、管理、传输、显示等。

通过上述两大部分有机结合,才真正地体现"全站"功能,既能自动完成数据采集,又能自动处理数据,使整个测量工作有序、快速、准确地进行。

目前世界各仪器厂商生产出各种型号的全站仪,而且品种越来越多,精度越来越高。常见的有日本(SOKKIA)SET 系列、拓普康(TOPOCON)GTS 系列、尼康(NIKON)DTM 系列、瑞士徕卡(LEICA)TPS 系列,我国的 NTS 和 ETD 系列。随着计算机技术的不断发展与应用,以及用户的特殊要求,出现了带内存、防水型、防爆型、电脑型、马达驱动型等各种类型的全站仪,使得这一最常规的测量仪器越来越能够满足各项测绘工作的需求。

全站仪作为一种光电测距与电子测角和微处理器综合的外业测量仪器,其主要的精度指标为测距标准差 m_D 和测角标准差 m_β。仪器根据测距标准差,即测距精度,按国家标准,分为 3 个等级,小于 5 mm 为 Ⅰ 级仪器,标准差大于 5 mm 小于 10 mm 为 Ⅱ 级仪器,大于 10 mm 小于 20 mm 为 Ⅲ 级仪器。

全站仪作为一种现代化的计量工具,必须依法对其进行计量检定,以保证量度的统一性、标准性、合格性。检定周期最多不能超过 1 年。对全站仪的检定分为三个方面,即对测距性能的检测、对测角性能的检测,以及对其数据采集与通讯系统的检测。

光电测距性能按《全站型电子速测仪检定规程(J100—2003)》进行检定,其主要项目包括:调制光相位均匀性、周期误差、内符合精度、精测尺频率,加、乘常数及综合评定其测距精度。必要时,还可以在较长的基线上进行测距的外符合检查。

电子测角系统的检测项目主要包括:光学对中器和水准管的检校,照准部旋转时仪器基座方位稳定性检查,测距轴与视准轴重合性检查,仪器轴系误差(照准差 C,横轴误差 i,竖盘指标差 I)的检定,倾斜补偿器的补偿范围与补偿准确度的检定,一测回水平方向指标差的测定和一测回竖直角标准偏差测定。

数据采集与通讯系统的检测包括:检查内存中的文件状态,检查存储数据的个数和剩余空间;查阅记录的数据;对文件进行编辑,输入和删除功能的检查;数据通信接口数据通信专用电缆的检查等。

2)全站仪的技术指标

全站仪的技术指标主要用全站仪的测距标称精度和测角精度来表示。

全站仪的测距标称精度表达式为:

$$m_D = a + bD \tag{4.26}$$

式中　m_D——测距中误差,mm;

a——标称精度中的固定误差,mm;

b——标称精度中的比例误差系数,mm/km;

D——测距长度,km。

根据测角精度可分为 0.5″,1″,2″,3″,5″,10″ 等几个等级,工程中常用全站仪的测角精度一般为 2″~5″。

3）全站仪操作和使用

（1）全站仪的基本操作

①仪器安置。仪器安置包括对中与整平，其方法与光学仪器相同。它有光学对中器，有些仪器还有激光对中器，使用十分方便。仪器有双轴补偿器，整平后气泡略有偏离，对观测并无影响。采用电子气泡整平更方便、精确。

②开机和设置。开机后仪器进行自检，自检通过后，显示主菜单。全站仪在测量工作中进行的一系列相关设置，除了厂家进行的固定设置外，主要包括以下内容：

a. 各种观测量单位与小数点位数的设置：包括距离单位、角度单位及气象参数单位等。

b. 指标差与视准差的存储。

c. 测距仪常数的设置，包括加常数、乘常数以及棱镜常数设置。

d. 根据实际测量作业的需要，如导线测量、交点放线、中线测量、断面测量、地形测量等不同作业，建立相应的电子记录文件，主要包括建立标题信息、测站标题信息、观测信息等。标题信息内容包括：测量信息、操作员、技术员、操作日期、仪器型号等。测站标题信息：仪器安置好后，应在气压或温度输入模式下设置当时的气压和温度；在输入测站点号后，可直接用数字键输入测站点的坐标，或者从存储卡中的数据文件直接调用；按相关键可对全站仪的水平角置零或输入一个已知值。观测信息内容包括：附注、点号、反射镜高、水平角、竖直角、平距、高差等。

③在标准测量状态下，角度测量模式、斜距测量模式、平距测量模式、坐标测量模式之间可互相切换，全站仪精确照准目标后，通过不同测量模式之间的切换可得到所需要的观测值。

全站仪均备有操作手册，要全面掌握它的功能和使用，使其先进性得到充分发挥，应详细阅读操作手册。

（2）全站仪使用的注意事项

①使用全站仪前，应认真阅读仪器使用说明书。先对仪器有全面的了解，然后着重学习一些基本操作，如测角、测距、测坐标、数据存储、系统设置等。在此基础上再掌握其他如导线测量、放样等测量方法。然后可进一步学习掌握存储卡的使用。

②电池充电时间不能超过专用充电器规定的充电时间，否则有可能将电池烧坏或者缩短电池的使用寿命。若用快速充电器，一般只需要 60～80 min。电池如果长期不用，则一个月之内应充电一次。电池存放温度以 0～40 ℃为宜。

③电子手簿（或存储卡）应定期进行检定或检测，并进行日常维护。

④严禁在开机状态下插拔电缆，电缆、插头应保持清洁、干燥，插头如有污物，需进行清理。

⑤凡迁站都应先关闭电源，并将仪器取下装箱搬运。

⑥望远镜不能直接照准太阳，以免损坏测距部的发光二极管。

⑦在阳光或阴雨天气进行作业时，应打伞遮阳、遮雨。

⑧仪器安置在三脚架上之前，应检查三脚架的 3 个伸缩螺旋是否已旋紧。在用连接螺旋将仪器固定在三脚架上之后才能放开仪器。在整个操作过程中，观测者决不能离开仪器，以避免发生意外事故。

⑨仪器应保持清洁、干燥。遇雨后应将仪器擦干，放在通风处，待仪器完全晾干后才能装箱。由于仪器箱密封程度很好，箱内潮湿会损坏仪器，因此应保持仪器箱干燥。

⑩全站仪长途运输或长久使用以及温度变化较大时，宜重新测定并存储视准轴误差及竖盘指标差。

4.4 直线定向

·4.4.1 基本方向线·

在测量上经常确定一条直线与基本方向线之间的关系,称为直线的定向。用于直线定向的基本方向线有 3 种:真子午线,磁子午线,轴子午线。

1)真子午线

通过地面上一点指向地球南北极的方向线就是该点的真子午线。地球表面上任何一点都有它自己的真子午线方向,各点的真子午线都向地球两极收敛并相交于两极。地面上两点真子午线间的夹角称为子午线收敛角,如图 4.14(a)所示的 γ 角。收敛角与两点所在的经度和纬度有关。

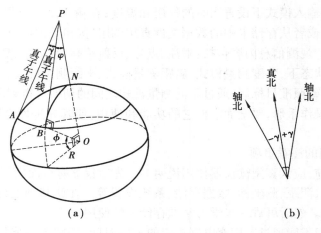

图 4.14 子午线收敛角

2)磁子午线

磁针静止时北端所指的方向线,称为该点的磁子午线方向。地面上一点的磁子午线就是过该点和地球的磁南北极所形成圆,磁子午线方向用罗盘仪测定。由于地球的磁南北极与地球南北极并不重合,因此地面上同一地点的真子午线与磁子午线不重合,其夹角称为磁偏角,用 δ 表示。当磁子午线在真子午线东侧,称为东偏 δ 为正;磁子午线在真子午线西侧,称为西偏 δ 为负。磁偏角随地点不同而变化,因此磁子午线不宜作为精密定向的基本方向线。但是,由于确定磁子午线的方向比较方便,因而在独立测区仍然可以利用它作为起始方向线。

3)轴子午线(坐标子午线)

坐标纵轴所指的方向称为轴子午线方向,由于地面上各点子午线都是指向地球的南北极,所以不同地点的子午线互相不平行,这给计算工作带来不便。因此在普通测量工作中一般均采用轴子午线为标准方向。

在中央子午线上,其真子午线方向与轴子午线方向一致,在其他地区,真子午线与轴子午线不重合,两者之间的夹角为中央子午线与某地方子午线收敛角 γ。如图 4.14(b)所示:当轴子午线在真子午线以东时,γ 为正;反之,轴子午线在真子午线以西时,γ 为负。

· 4.4.2　方位角 ·

如图 4.15 所示,直线的方向一般用方位角表示。由子午线北端顺时针旋转到直线方向的水平夹角称为该直线的方位角。方位角的范围为 $0° \sim 360°$。以真子午线北端起算的方位角为真方位角,用 A 表示;以磁子午线北端起算的方位角为磁方位角,用 A_m 表示;由坐标子午线(坐标纵轴)起算的方位角,称为坐标方位角,用 α 表示。

如图 4.16 所示,根据真子午线、磁子午线、坐标子午线三者之间的关系,三种方位角有如下关系:

$$A = A_\mathrm{m} + \delta(\delta \text{东偏为正,西偏为负})$$
$$A = \alpha + \gamma(\gamma \text{以东为正,以西为负})$$

因此
$$A_\mathrm{m} + \delta = \alpha + \gamma$$
$$\alpha = A_\mathrm{m} + \delta - \gamma$$

设直线 AB 前进方向的 α_{AB} 为正方位角,如图 4.17 所示,其相反方向 BA 的方位角 α_{BA} 为反方位角,同一条直线的正、反方位角相差 $180°$。即:

$$\alpha_\text{正} = \alpha_\text{反} \pm 180°$$

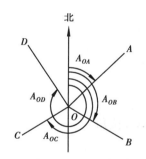

图 4.15　方位角

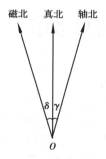

图 4.16　真子午线、磁子午线和坐标纵轴线

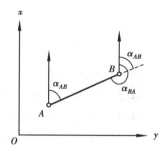

图 4.17　正反方位角

· 4.4.3　坐标正反算 ·

如图 4.18 所示,已知一点 A 的坐标 x_A,y_A,边长 D_{AB} 和坐标方位角 α_{AB},求 B 点的坐标 x_B,y_B,称为坐标正算问题。由图可知

$$x_B = x_A + \Delta x_{AB} \tag{4.27}$$
$$y_B = y_A + \Delta y_{AB}$$

式中 Δx 称为纵坐标增量,Δy 称为横坐标增量,是边长在坐标轴上的投影,即:

$$\Delta x_{AB} = D_{AB} \cos \alpha_{AB} \tag{4.28}$$
$$\Delta y_{AB} = D_{AB} \sin \alpha_{AB}$$

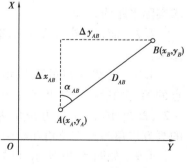

图 4.18　坐标正反算

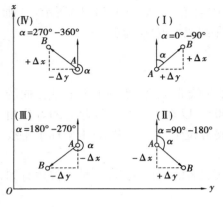

图 4.19　坐标增量的正负

$\Delta x, \Delta y$ 的正负取决于 $\cos \alpha, \sin \alpha$ 的符号，要根据 α 的大小、所在象限来判别，如图 4.19 所示。按式（4.28）又可写成：

$$x_B = x_A + D_{AB} \cdot \cos \alpha_{AB}$$

$$y_B = y_A + D_{AB} \cdot \sin \alpha_{AB} \qquad (4.29)$$

如图 4.19 所示，设已知两点 A, B 的坐标，求边长 D_{AB} 和坐标方位角 α_{AB}，称为坐标反算。由图可得

$$\alpha = \tan^{-1} \frac{\Delta y_{AB}}{\Delta x_{AB}} \qquad (4.30)$$

$$D_{AB} = \sqrt{\Delta x_{AB}^2 + \Delta y_{AB}^2} \qquad (4.31)$$

式中，$\Delta x_{AB} = x_B - x_A, \Delta y_{AB} = y_B - y_A$。

由式（4.30）求得的 α 可在 4 个象限之内，它由 Δy 和 Δx 的正负符号确定，如图 4.19 所示。

在第一象限时，$y_B - y_A > 0; x_B - x_A > 0, \alpha_{AB} = \alpha$。

在第二象限时，$y_B - y_A > 0; x_B - x_A < 0, \alpha_{AB} = \alpha + 180°$。

在第三象限时，$y_B - y_A < 0; x_B - x_A < 0, \alpha_{AB} = \alpha + 180°$。

在第四象限时，$y_B - y_A < 0; x_B - x_A > 0, \alpha_{AB} = \alpha + 360°$。

复习思考题 4

4.1　直线定线与直线定向有何区别？

4.2　直线的方向是用什么来表示的？

4.3　测量工作中作为定向依据的基本方向线有哪些？什么是坐标方位角？

4.4　真方位角、磁方位角、坐标方位角三者之间的关系是什么？

4.5　用钢尺丈量 AB 两点之间的距离，往测为 172.32 m，返测为 172.35 m，计算直线 AB 丈量结果的相对误差。

4.6　有一钢尺，其尺长方程式为：$l_t = 30 - 0.010 + 1.25 \times 10^{-5} \times 30 \times (t - 30℃)$，在标准拉力下，用该尺沿 5°30′ 的斜坡地面量得的名义距离为 400.354 m，丈量时的平均气温为 6 ℃，求实际平距为多少？

4.7　简述光电测距的基本原理。写出相位法测距的基本公式，并说明公式中各符号的意义。

4.8　已知 A 点的磁偏角为 $-5°15′$，过 A 点的真子午线与中央子午线的收敛角 $\gamma = +2′$，直线 AC 的坐标方位角为 110°16′，求 AC 的真方位角与磁方位角并绘图说明。

4.9　如图 4.20 所示，已知 1—2 边的坐标方位角为 A_{1-2} 及各转点处的水平角，试推算各

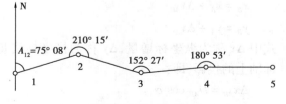

图 4.20　题 4.9 图

边的坐标方位角。

4.10 如图 4.21 所示,已知 1—2 边的坐标方位角为 A_{1-2} 和多边形的各内角,试推算其他各边的坐标方位角。

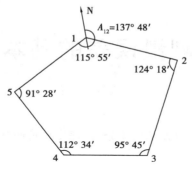

图 4.21 题 4.10 图

4.11 已知点 A 坐标(2 356.158,7 746.964),点 B 坐标(2 098.356,7 962.341),试计算:(1)A 到 B 的水平距离;(2)A 到 B 的正坐标方位角及反坐标方位角。

4.12 已知点 A 坐标(2 356.158,7 746.964),点 B 坐标(2 098.356,7 962.341),现有一点 C 位于 AB 连线的逆时针方向上,AC 边与 AB 边所夹水平角为 32°45′22″,AC 的水平距离为 145.872 m,计算 C 点坐标。

5 测量误差的基本知识

〖本章导读〗

主要内容：测量误差产生的原因及误差分类；评定精度的标准；误差传播定律。

学习目标：

(1)理解误差产生的原因；

(2)掌握评定精度的标准；

(3)掌握误差传播定律及其应用。

重点：评定精度的标准及误差传播定律。

难点：误差传播定律及其应用。

5.1 测量误差的分类

在测量工作中，由于主观和客观等诸多方面的原因，在对同一点的各观测值之间，或在各观测值与其理论值之间存在差异。例如，往返丈量某段距离若干次，或反复观察某一角度，每次观察结果往往不一致；对某一平面三角形的 3 个内角进行观测，其观测值之和不等于180°；所测闭合水准路线的高差闭合差不等于零等，这种误差实质上表现为观测值与其观测量的真值之间存在差异。研究误差的来源及规律，目的在于采取各种措施来减小或限制其对测量成果的影响。

· 5.1.1 测量误差产生的原因 ·

1)仪器设备

测量工作是利用测量仪器进行的，而每一种测量仪器的制造和校正都不可能十分完善，因此，会使测量结果的精度受到一定影响。例如，钢尺的实际长度和名义长度总存在差异，由此所测的长度总存在尺长误差。再如，水准仪的视准轴不平行于水准管轴，也会使观测的高差产生 i 角误差。

2)观测者

由于观测者感觉器官的鉴别能力存在一定的局限性，所以对于仪器的安置、照准及读数等操作都会产生误差。例如，在厘米分划的水准尺上，由观测者估读毫米数，则 1 mm 以下的估读误差是完全有可能产生的。另外，观测者的技术熟练程度、工作态度也会给观测成果带来不同程度的影响。

3）外界环境

观测时所处外界环境中的温度、风力、大气折光、湿度、气压等客观情况时刻在变化，也会使测量结果产生误差。例如，温度变化使钢尺产生伸缩变形，大气折光使望远镜的瞄准产生偏差等。

人、仪器和环境是测量工作进行的必要条件，因此，测量成果中的误差是不可避免的。

上述 3 个方面通常称为观测条件。在相同观测条件时进行的观测称为等精度观测，否则称为非等精度观测。这里所指的相同观测条件，通常是指观测仪器精度等级相同、观测者技术水平和鉴别能力相似、外界条件基本相同等。采用非等精度观测时，精度计算及平差较烦琐，在工程测量中大多采用等精度观测。

·5.1.2　测量误差的分类·

测量误差按其对观测成果的影响性质，可分为系统误差和偶然误差两大类。

1）系统误差

在相同的观测条件下，对观测量进行一系列的观测，若误差出现的大小及符号相同，或按一定的规律变化，那么这类误差称为系统误差。产生系统误差的主要原因是测量仪器和工具构造不完善或校正不完全准确。例如用一把名义为 30 m 长，而实际长度为 29.990 m 的钢尺丈量距离，每量一尺段就要多量 0.01 m，这 0.01 m 误差在数值上和符号上都是固定的，且随着尺段数的增加呈累积性。

系统误差对测量成果影响较大，且具有累积性，应尽可能消除或限制到最小限度，常用的处理方法有：

①检校仪器，把系统误差降低到最小限度，如降低指标差等。

②加改正数，在观测结果中加入系统误差改正数，如尺长改正等。

③采用适当的观测方法，使系统误差相互抵消或减弱，如测水平角时采用盘左、盘右观测消除视准误差，测竖直角时采用盘左、盘右观测消除指标差，采用前后视距相等来消除由于水准仪的视准轴不平行于水准轴带来的 i 角误差。

2）偶然误差

在相同的观测条件下，对观测量进行一系列的观测，若误差的大小及符号都表现出偶然性，即该误差的大小及符号没有规律，这类误差称为偶然误差，或随机误差。偶然误差是人力所不能控制的因素（例如人眼的分辨率、仪器的极限精度、气象因素等）综合引起的，是不可避免的。就单个偶然误差而言，从表面看没有任何规律性，但从对某量进行 n 次观测的测量误差来看，其总体具有一定的统计规律，并且是服从正态分布的随机变量。

例如，在相同的观测条件下，对一个三角形的内角进行 162 次观测，由于观测值带有偶然误差，故三角形内角的观测值之和不等于真值 180°，三角形内角和的真误差 Δ_i 由式（5.1）算出。

$$\Delta_i = X - l_i \tag{5.1}$$

式中　l_i——第 i 次三角形内角观测值之和；

　　　X——真值。

若取误差区间间隔为 0.2″,将上述 162 个真误差按其正负号与数值大小排列,统计误差出现在各个区间的个数见表 5.1。

从表 5.1 可以看出,误差分布情况具有以下性质:

①有界性。在一定观测条件下的有限次观测中,偶然误差的绝对值不会超过一定的限值。

②单峰性。绝对值较小的误差出现频率大,绝对值较大的误差出现的频率小。

③对称性。绝对值相等的正、负误差出现的频率大致相等。

④抵偿性。当观测次数无限增大时,偶然误差的算术平均值趋近于零。即:

$$\lim_{n \to \infty} \frac{\Delta_1 + \Delta_2 + \cdots + \Delta_n}{n} = \lim_{n \to \infty} \frac{[\Delta]}{n} = 0 \tag{5.2}$$

式中 [ ]——取和函数。

表 5.1 偶然误差的统计表

误差区间/(″)	负误差个数	正误差个数	总　和
0.0 ~ 0.2	21	21	42
0.2 ~ 0.4	19	19	38
0.4 ~ 0.6	12	15	27
0.6 ~ 0.8	11	9	20
0.8 ~ 1.0	8	9	17
1.0 ~ 1.2	6	5	11
1.2 ~ 1.4	3	1	4
1.4 ~ 1.6	2	1	3
1.6 以上	0	0	0
总　和	82	80	162

由偶然误差的特性可知,当对某量有足够多的观察次数时,其正的误差和负的误差可以相互抵消。因此,我们可以采用多次观测,取观测结果的算术平均值作为最终结果。

一般来说,在观测中,偶然误差和系统误差总是同时发生的。系统误差在一般情况下可以采取适当的方法加以消除或减弱,这使其与偶然误差相比处于次要地位,这样在观测成果中可以认为主要是存在偶然误差。因此,测量误差理论主要是对具有偶然误差特性的观测量误差进行精度的评定。

3)处理误差的原则

为了防止错误的发生和提高观测成果的精度,在测量工作中,一般需要进行多于必要观测的观测,称为多余观测。例如,一段距离用往、返丈量,如将往测作为必要观测,则返测就属于多余观测;又如,由 3 个地面点构成一个平面三角形,在 3 个点上进行水平角观测,其中两个角度属于必要观测,则第 3 个角度的观测就属于多余观测。有了多余观测,就可以发现观测值中的误差。

由于观测值中的偶然误差不可避免,有了多余观测,观测值之间必然产生误差(闭合差或不符值)。根据差值的大小,可以评定测量的精度,差值如果大到一定程度,就认为观测值中有的观测量有错误或误差超限,应予重测(返工);差值如果不超限,则按偶然误差的规律加以处理,称为闭合差的调整,以求得最可靠的数值。这项工作称为"测量平差"。

除此之外,提高仪器的精度等级,使观测值的精度提高,从而可以限制偶然误差的大小;降低外界因素的影响,选择有利的观测环境与观测时间,提高观测人员的技术修养与实践技能,以缩小观测值的波动范围。

粗差,即由于观测者本身疏忽造成的误差,如读错、记错。粗差不属于误差范畴,它会影响测量成果的可靠性,测量时必须遵守测量规范,要认真操作、随时检查,并进行结果校核。

5.2 观测值的算术平均值及改正值

·5.2.1 算术平均值·

在等精度观测条件下,对某未知量进行 n 次观测,其观测值分别为 $l_1, l_2, \cdots, l_n$,这些观测值取算术平均值 x,作为该量的最可靠数值,称为"最或是值"。设某一量的真值为 X,其观测值为 $l_1, l_2, \cdots, l_n$,则相应的真误差为 $\Delta_1, \Delta_2, \cdots, \Delta_n$,则

$$\Delta_1 = X - l_1$$
$$\Delta_2 = X - l_2$$
$$\vdots$$
$$\Delta_n = X - l_n$$

将上列等式相加,并且等式两边同时除以 n,得:

$$\frac{[\Delta]}{n} = X - \frac{[l]}{n}$$

根据偶然误差的第 4 个特性,当观察次数 $n \to \infty$ 时,$\dfrac{[\Delta]}{n}$ 就会趋于零,即:

$$\lim_{n \to \infty} \frac{[\Delta]}{n} = 0$$

故　$X = \dfrac{[l]}{n}$　　　　　　　　　　　　　　　　　　　　(5.3)

也就是说,当观测次数无限增大时,观测值的算术平均值趋近于该量的真值。但是,在实际工作中,不可能对某一量进行无限次观测,也没有必要进行无限次观测。因此,就把有限个观测值的算术平均值作为该量的最或是真值,即:

$$x = \frac{[l]}{n} \tag{5.4}$$

用式(5.4)计算算术平均值很麻烦,若引入一个观测值的近似值 l_0,则计算会简便许多。观测值与近似值之差为:

$$\Delta l_i = l_i - l_0 (i = 1, 2, \cdots, n)$$

上式求和得:

$$[\Delta l] = [l] - n l_0$$

两端除以 n 并移项后得简化公式:

$$x = l_0 + \frac{[\Delta l]}{n} \tag{5.5}$$

· 5.2.2　观测值的改正值 ·

算术平均值 x 与 l_i 观测值之差称为观测值的改正值,以 v_i 表示,即:

$$v_i = x - l_i \tag{5.6}$$

式中　x——算术平均值;

　　　l_i——观测值。

将上列等式相加,得:

$$[v] = 0 \tag{5.7}$$

即在相同观测条件下,一组观测值的改正值之和等于零。这一结论可用于计算工作的校核。

5.3　评定观测值精度的标准

测量工作不仅仅是对一个未知量进行多次观测求出其最后结果,还要对测量结果的精确程度做出评定。所谓精度,是指在对某个量的观测中,各观测值误差之间的离散程度,若观测值误差分布非常密集,则精度高,反之则低。衡量观测值精度的标准有多种,常用的有中误差、容许误差和相对误差 3 种。

· 5.3.1　中误差 ·

在相同观测条件下,对某未知量进行 n 次观测,其观测值分别为 $l_1, l_2, \cdots, l_n$,设该未知量的真值为 X,相应的 n 个观测值的真误差分别为 $\Delta_1, \Delta_2, \cdots, \Delta_n$。为了避免正、负误差互相抵消和明显地反映观测中较大误差的影响,通常以各个真误差的平方和的平均值再开方作为评定该组每一观测值的精度标准,即:

$$m = \pm \sqrt{\frac{[\Delta\Delta]}{n}} \tag{5.8}$$

式中　$[\Delta\Delta]$——各个真误差的平方和,即 $[\Delta\Delta] = \Delta_1^2 + \Delta_2^2 + \cdots + \Delta_n^2$;

　　　m——观测值的中误差,亦称均方误差。

从式(5.8)可以看出中误差与真误差的关系,中误差不等于真误差,它仅是一组真误差的代表值,中误差 m 值的大小能代表这组观测值精度的高低,m 值越大精度越低,而且它还能明显地反映出测量结果中较大误差的影响。因此,一般都采用中误差作为评定观测值精度的标准。

【例 5.1】　由两组对同一三角形的内角进行了 10 次观测,根据两组观测值中的偶然误差(三角形的闭合差),求中误差。

【解】　具体计算过程及结果见表 5.2。

表 5.2　观测值及其中误差

次　序	第一组观测			第两组观测		
	观测值	真误差 Δ	Δ^2	观测值	真误差 Δ	Δ^2
1	180°00′03″	−3″	9	180°00′00″	0″	0
2	180°00′02″	−2″	4	179°59′59″	+1″	1
3	179°59′58″	+2″	4	180°00′07″	−7″	49
4	179°59′56″	+4″	16	180°00′02″	−2″	4
5	180°00′01″	−1″	1	180°00′01″	−1″	1
6	180°00′00″	0″	0	179°59′59″	+1″	1
7	180°00′04″	−4″	16	179°59′52″	+8″	64
8	179°59′57″	+3″	9	180°00′00″	0″	0
9	179°59′58″	+2″	4	179°59′57″	+3″	9
10	180°00′03″	−3″	9	180°00′01″	−1″	1
$\sum$			72			130
中误差	$m_1 = \pm\sqrt{\dfrac{\sum\Delta^2}{10}} = \pm 2.7''$			$m_2 = \pm\sqrt{\dfrac{\sum\Delta^2}{10}} = \pm 3.6''$		

由此可见,第二组观测值的中误差大于第一组观测值的中误差,因此,第二组观测值精度较低。

应当指出的是,m_1,m_2 是指三角形内角和观测的中误差,不能理解为每一个观测角度的中误差。怎样由三角形内角和的中误差计算观测角的中误差将在 5.4 节讨论。

以上讨论的是观测值的真值已知的情况,但是,在很多情况下,观测值的真值是不知道的,例如,对地面上两点间的水平距离进行观测,观测值的真值 X 是不知道的,真误差 Δ_i 也就无法求得。因此,不能用式(5.8)求中误差,由上一节知道,在同样的条件下,对某量进行多次观测可以计算其最可靠值——算术平均值 x 及各个观测值的改正值 v_i,并且在观测次数无限增多时,算术平均值逐渐趋近于真值 X。这样,在观测次数有限时,以 x 代替 X,相当于就有 Δ_i,由此得到按观测值的改正值计算观测值中误差的实用公式:

$$m = \pm\sqrt{\frac{[vv]}{n-1}} \tag{5.9}$$

式(5.9)与式(5.8)相比,除了以 $[vv]$ 代替 $[\Delta\Delta]$ 之外,还以 $(n-1)$ 代替 n。其理由是,在真值已知的情况下,所有 n 个观测值均为多余观测,而在真值未知的情况下,则有一个观测值是必需的,其余 $(n-1)$ 个观测值是多余的。因此,$(n-1)$ 和 n 是代表两种不同情况下的多余观测数。

另外,算术平均值的中误差计算公式将在 5.4 节讨论。

· 5.3.2　容许误差 ·

容许误差又称极限误差或限差。由偶然误差的第一特性知道,在等精度观测条件下,偶然误差的绝对值不会超过一定的限值。根据误差理论和实践的统计证明:在大量等精度观测的一组误差中,绝对值大于 1 倍中误差的偶然误差,其出现的概率约为 32%;大于 2 倍中误差的偶然误差,其出现的概率只有约为 5%;大于 3 倍中误差的偶然误差,其出现的概率仅仅约为 0.3%,即大约 300 多次观测中,才可能出现一次大于 3 倍中误差的偶然误差。因此,在观测次数不多的情况下,可以认为大于 3 倍中误差的偶然误差实际上是不可能出现的。通常以 3 倍中误差作为偶然误差的限差,即:

$$\Delta_{容} = 3 \, m \tag{5.10}$$

在实际工作中,测量规范通常以 2 倍中误差作为偶然误差的极限值 $\Delta_{容}$,并称为容许误差或极限误差。即:

$$\Delta_{容} = 2 \, m \tag{5.11}$$

在测量工作中,如某观测量的误差超过了容许误差,就可以认为它是错误的,其观测值应舍去,并重测。因此容许误差是区分偶然误差和错误的标准。

· 5.3.3　相对误差 ·

前面提及的真误差、中误差及容许误差都是绝对误差,是衡量测量成果精度高低的标准,有时单靠这些绝对误差,还不能完全表达测量结果的好坏。例如,分别用钢尺丈量 100 m 和 200 m 的两段距离,中误差均为 ±2 cm。虽然它们的中误差相同,但考虑到丈量的长度不同,两者精度并不相同。因此当观测量的精度与观测量本身大小相关时,我们应用精度指标——相对误差来衡量。

相对误差是用误差的绝对值与观测值之比来衡量精度高低的,它是个无名数,在测量中一般用分子化为 1 的分数式表示,即:

$$K = \frac{|m|}{x} = \frac{1}{x/|m|} \tag{5.12}$$

在例(6.1)中第一段的相对误差为:

$$K_1 = \frac{0.02 \, m}{100 \, m} = \frac{1}{5\,000}$$

第二段的相对误差为:

$$K_1 = \frac{0.02 \, m}{200 \, m} = \frac{1}{10\,000}$$

显然,第二段的精度高于第一段。测量规范中也规定相对误差的限值,这些限值称为容许相对误差。

观测值的精度,按不同性质的误差有不同的概念描述,精确度表示测量结果中偶然误差大小的程度;正确度表示测量结果中系统误差大小的程度;准确度是测量结果中系统误差与偶然误差的综合,表示测量结果与真值的一致程度。

【例 5.2】　对于某一段基线长度,在等精度的条件下进行 4 次观测,数据见表 5.3。求其算术平均值 x,观测值的中误差 m,算术平均值的中误差 m_x 及相对误差 K。

【解】　具体计算过程及结果见表 5.3。

表5.3　计算过程及结果表

次　序	观测值 l_i /m	$\Delta l_i = l_i - l_0$ /mm	改正值 v_i /mm	vv /mm^2	计　算
1	316.509	+9	+2.5	6.25	$x = l_0 + \dfrac{[\Delta l]}{n} = 316.5115\ \text{m}$
2	316.514	+14	−2.5	6.25	校核 $[v] = 0$
3	316.516	+16	−4.5	20.25	$m = \pm\sqrt{\dfrac{[vv]}{n-1}} = \pm 4.2\ \text{mm}$
4	316.507	+7	+4.5	20.25	$m_x = \pm\dfrac{m}{\sqrt{n}} = \pm 2.1\ \text{mm}$
	$l_0 = 316.500$	+46	0	+53	$K = \dfrac{1}{x/|m|} = \dfrac{1}{75\ 360}$

5.4　误差传播定律及其应用

· 5.4.1　误差传播定律 ·

5.3节介绍了对于某一量(如一个角度、一段距离)直接进行多次观测,以求得其最或是值,计算观测值的中误差,作为衡量精度的标准。但是,在测量工作中,有一些需要知道的量并非直接观测值,而是根据一些直接观测值,用一定的数学公式(函数关系)计算而得,因此称这些量为观测值的函数。由于观测值中含有误差,使函数受其影响也含有误差,称之为误差传播。阐述观测值与它的函数值之间中误差关系的定律,称为误差传播定律。

设有一般函数:

$$Z = F(x_1, x_2, \cdots, x_n) \tag{5.13}$$

式中　$x_1, x_2, \cdots, x_n$——可直接观测的相互独立的未知量,设其中误差分别为 $m_1, m_2, \cdots, m_n$;

　　　Z——不便于直接观测的未知量。

则经过推导,有:

$$m_Z = \pm\sqrt{\left(\frac{\partial F}{\partial x_1}\right)^2 m_1^2 + \left(\frac{\partial F}{\partial x_2}\right)^2 m_2^2 + \cdots + \left(\frac{\partial F}{\partial x_n}\right)^2 m_n^2} \tag{5.14}$$

式(5.14)即为计算函数中误差的一般形式。应用时,注意各观测值必须是独立的变量。

对于线性函数:

$$Z = k_1 x_1 \pm k_2 x_2 \pm \cdots \pm k_n x_n \tag{5.15}$$

式(5.14)可简化为:

$$m_Z^2 = (k_1 m_1)^2 + (k_2 m_2)^2 + \cdots + (k_n m_n)^2 \tag{5.16}$$

如果某线性函数只有一个自变量,即:

$$Z = kx \tag{5.17}$$

那么,函数则成为倍函数。按照误差传播定律,得出倍函数的中误差为:

$$m_Z = km \tag{5.18}$$

在应用误差传播定律解题时,应按如下 3 个步骤进行:

第一步:根据实际工作所遇到的问题,正确地写出观测值的函数关系式,即列出函数关系式。

第二步:对函数式进行全微分。

第三步:将全微分式中的微分符号用中误差符号代替,各项平方,等式右边用加号连接起来,即将全微分式转换为中误差关系式。

【例 5.3】 在三角形 ABC 中,$\angle A$ 和 $\angle B$ 的观测中误差 m_A 和 m_B 分别为 $\pm 4''$ 和 $\pm 3''$,试计算 $\angle C$ 的中误差 m_C。

【解】 $\angle C = 180° - \angle A - \angle B$

因为 180° 是已知数,没有误差,得:

$$m_C^2 = m_A^2 + m_B^2$$

则 $\qquad m_C = \pm 5''$

【例 5.4】 在比例尺为 1:500 的地形图上量得某两点间的距离 $d = 120.2$ mm,图上量距的中误差 $m_d = 0.2$ mm,计算两点间的实地距离 D 及其中误差 m_D。

【解】 $D = Md = 500 \times 120.2$ mm $= 60.1$ m　　（M 为比例尺分母）

则有 $\qquad m_D = Mm_d = 500 \times 0.2$ mm $= \pm 0.1$ m

则这段距离及其中误差可以写成:

$$D = (60.1 \pm 0.1)\text{m}$$

【例 5.5】 设对某一未知量 Z,在相同观测条件下进行多次观测,观测值分别为 $l_1, l_2, \cdots, l_n$,其中误差均为 m,求算术平均值 x 的中误差 m_x。

【解】 $x = \dfrac{[l]}{n} = \dfrac{1}{n}l_1 + \dfrac{1}{n}l_2 + \cdots + \dfrac{1}{n}l_n$

由式(5.16),算术平均值的中误差 m 为:

$$m_x = \left(\frac{1}{n}m_1\right)^2 + \left(\frac{1}{n}m_2\right)^2 + \cdots + \left(\frac{1}{n}m_n\right)^2$$

因为 $\quad m_1 = m_2 = \cdots = m_n = m$

则有 $\qquad m_x = \pm \dfrac{m}{\sqrt{n}}$ $\hfill$ (5.19)

由式(5.19)可知,算术平均值的中误差是观测值中误差的 $1/\sqrt{n}$ 倍,观测次数越多,算数平均值的误差越小,精度也越高。但是,精度的提高仅与观测次数的平方根成正比,当观测次数增加到一定次数后精度就会提高得很少,因此,增加观测次数只能适可而止。

【例 5.6】 对某三角形的内角 a, b, c 做 n 次等精度观测,其三角形闭合差的中误差为 m_f,求测角中误差 m_β。

【解】 $f = a + b + c - 180°$

由误差传播定律得:

$$m_f^2 = m_a^2 + m_b^2 + m_c^2 = 3m_\beta^2$$

则有 $\qquad m_f = \pm m_\beta \sqrt{3}$ $\hfill$ (5.20)

由式(5.20)可知,一个三角形闭合差的中误差 m_f 是测角中误差 m_β 的 $\sqrt{3}$ 倍,而由观测值中误差的概念,得:

$$m_f = \pm\sqrt{\frac{[ff]}{n}}$$

则有 $\quad m_\beta = \pm\sqrt{\frac{[ff]}{3n}}$ $\hspace{4cm}$ (5.21)

式(5.21)称为菲列罗公式,用在三角测量中评定测角精度。

·5.4.2 误差传播定律的应用·

应用误差传播定律,可以讨论某些测量成果的精度及其限差规定的理论根据。

1)距离测量的精度

设用长度为 l 的钢尺丈量一尺段的中误差为 m,共量 n 个尺段,其水平距离为 D,由函数式

$$D = l_1 + l_2 + \cdots + l_n$$

按照等精度和差函数,得水平距离 D 的中误差 m_D 为:

$$m_D = \pm m\sqrt{n}$$

用尺段数 $n = D/l$ 代入上式,得:

$$m_D = \pm\frac{m}{\sqrt{l}}\sqrt{D}$$

令 $\quad \mu = \frac{m}{\sqrt{l}}$

μ 称为"单位长度的中误差",则距离 D 的量距中误差为:

$$m_D = \pm\mu\sqrt{D}$$ $\hspace{3cm}$ (5.22)

由此可见,距离丈量的中误差与距离的平方根成正比。

在实际工作中,通常采用两次丈量结果的较差与长度之比来评定丈量精度,则有较差 ΔD 的中误差 $m_{\Delta D}$ 为:

$$m_{\Delta D} = m_D\sqrt{2} = \pm\mu\sqrt{2}\sqrt{D}$$

则 ΔD 的容许误差 $\Delta D_容$ 为:

$$\Delta D_容 = 2m_{\Delta D} = \pm\mu 2\sqrt{2}\sqrt{D}$$

实践证明,在地形良好地区,$2\mu = \pm 0.005$ m

则有 $\quad \Delta D_容 = 2m_{\Delta D} = \pm 0.005\sqrt{2}\sqrt{D} = \pm 0.007\sqrt{D}$

其相对误差为:

$$K_容 = \frac{|\Delta D_容|}{D} = \frac{0.007\sqrt{D}}{D}$$

以常用长度 $D = 200$ m 代入上式得:

$$K_容 = \frac{|\Delta D_容|}{D} = \frac{1}{2\,000}$$ $\hspace{2.5cm}$ (5.23)

因此,在一般距离丈量中,在地形良好的地区,其相对误差应不大于 $\frac{1}{2\,000}$。

2)角度测量的精度

(1)水平角观测的精度

用 DJ$_6$ 经纬仪观测水平角,同一方向一测回观测的中误差 $m = \pm 6''$,则一个盘位照准一个方向的中误差为:

$$m_{方} = m\sqrt{2} = \pm 6''\sqrt{2} = \pm 8.5''$$

由于水平角值是取盘左、盘右两个半测回角值的平均值,故半测回水平角值的中误差为:

$$m_{\beta} = m_{方}\sqrt{2} = \pm 12.0''$$

而上、下两个半测回角度限差是以两个半测回角度值之差来衡量的,则两个半测回角度值之差 $m_{\Delta\beta}$ 的中误差为:

$$m_{\Delta\beta} = m_{\beta}\sqrt{2} = \pm 17.0'' \tag{5.24}$$

顾及其他影响,取 $m_{\Delta\beta}$ 为 $\pm 20''$,故用 DJ$_6$ 经纬仪观测水平角,盘左、盘右分别测得水平角值之差的允许值一般规定为 $\pm 20''$。

(2)多边形角度闭合差的规定

n 边形的内角(水平角 β)之和在理论上应为 $(n-2) \times 180°$,由于观测的水平角中存在误差,使测得的内角之和 $\sum\beta_{测}$ 不等于 $\sum\beta_{理}$ 而产生角度闭合差。

$$f_{\beta} = \sum\beta_{测} - \sum\beta_{理} = \beta_1 + \beta_2 + \cdots + \beta_n - (n-2) \times 180°$$

由此可见,角度闭合差为各角之和的和差函数,由于各个角度为等精度观测,其中误差为:

$$m_{\sum\beta} = \pm m_{\beta}\sqrt{n}$$

如果以 2 倍中误差为极限误差,则允许的角度闭合差为:

$$f_{\beta容} = \pm 2m_{\beta}\sqrt{n}$$

由式(5.24)得:

$$f_{\beta容} = \pm 2m_{\beta}\sqrt{n} = \pm 40''\sqrt{n} \tag{5.25}$$

3)水准测量的精度

(1)两次测定高差时的精度

一次测定两点间高差的公式为:

$$h = a - b$$

设前视或后视在水准尺上读数的中误差均为 ± 1 mm,则:

$$m_h = m\sqrt{2} = \pm 1.4 \text{ mm}$$

两次测定高差之差的计算公式为:

$$\Delta h = h_1 - h_2 = (a_1 - b_1) - (a_2 - b_2)$$

则高差之差的中误差为:

$$m_{\Delta h} = m_h\sqrt{2} = \pm 2 \text{ mm} \tag{5.26}$$

如果以 2 倍中误差为极限误差,则为 ± 4 mm。另外,考虑到在水准测量中还有水准管气泡置平误差的影响,故一般规定:用 DS$_3$ 级水准仪,两次测定高差之差不得超过 ± 5 mm。

(2)水准测量的精度

设在两水准点之间的一条水准路线上进行水准测量,共设 n 个测站,两点间的高差为各测站所测高差的总和。

$$\sum h = h_1 + h_2 + \cdots + h_n$$

设每测站所测高差的中误差为 $m_{站}$，由误差传播定律有高差总和中误差为：

$$m_{\sum} = m_{站}\sqrt{n}$$

设两水准点间的水准路线长度为 $L(\mathrm{km})$，每站的距离 $s(\mathrm{km})$，则有 $L = ns$，将 $n = L/s$ 代入上式，有：

$$m_{\sum} = m_{站}\sqrt{\frac{L}{s}} = m_{站}\sqrt{\frac{1}{s}}\sqrt{L}$$

式中　$1/s$——每千米的测站数；

$m_{站}\sqrt{1/s}$——每千米水准测量的中误差，即单位观测值中误差，用 μ 表示。

则上式可写为：

$$m_{\sum} = \pm \mu \sqrt{L} \tag{5.27}$$

即水准测量的高差中误差与水准路线的距离的平方根成正比。

已知四等水准测量每千米往返高差的平均值中误差 $\mu = \pm 5$ mm，则 L km 单程高差的中误差为：

$$m_{\sum} = \pm 5\sqrt{2}\sqrt{L}$$

往返测量高差较差的中误差为：

$$m_{\Delta h} = \pm m_{\sum}\sqrt{2} = \pm 10\sqrt{L}$$

取 2 倍中误差作为极限误差，则较差的容许值为：

$$f_{h容} = 2m_{\Delta h} = \pm 20\sqrt{L} \tag{5.28}$$

因此，《规范》规定：四等水准测量往返测量的较差在附合或闭合路线闭合差不应大于 $\pm 20\sqrt{L}$。

复习思考题 5

5.1　什么是测量误差？产生测量误差的原因有哪些？

5.2　系统误差与偶然误差有哪些不同？偶然误差具有哪些特性？

5.3　就下表所列的各项测量误差，分析判定其误差性质，并简述消除和减小误差的方法。

表 5.4　题 5.3 表

测量类别	误差名称	误差性质	消除和减小的方法
钢尺量距	尺子弯曲 尺长不准 定线不准 温度变化的影响 读数误差 测钎插得不准		

续表

测量类别	误差名称	误差性质	消除和减小的方法
水准测量	视差的影响 符合水准气泡两半像不严密重合 水准尺立的不直 前后视距不等 估读不准 水准管轴不平行于视准轴 地球曲率 尺垫下沉		
水平角测量	对中误差 目标偏心误差 照准误差 读数误差 仪器未整平 度盘刻度不均匀误差 视准轴不垂直于横轴 照准部偏心误差		

5.4 什么是多余观测？多余观测有何实际意义？

5.5 等精度观测的算术平均值为什么是最可靠值？

5.6 什么是观测值精度？"观测值精度高，即观测值的准确度高"，这句话对吗？为什么？

5.7 何谓中误差、容许误差和相对误差？三者分别在什么情况下使用？为什么容许误差规定为中误差的 2 倍或 3 倍？

5.8 相同观测条件下，对同一量进行有限次观测，各观测值的精度是否相同？为什么？

5.9 等精度观测条件下，求观测值中误差的两个公式 $m = \pm\sqrt{\dfrac{[\Delta\Delta]}{n}}$ 和 $m = \pm\sqrt{\dfrac{[vv]}{n-1}}$ 有何区别与联系？

5.10 对某个水平角以等精度观测 4 个测回，观测值列于下表。计算其算术平均值、观测值的中误差及算术平均值的中误差。

表 5.5 题 5.10 表

次 序	观测值 β_i	$\Delta\beta_i = \beta_i - \beta_0$ /(")	改正值 v_i /(")	vv	计 算
1	67°45′10″				
2	67°45′00″				
3	67°45′15″				
4	67°45′20″				
	$\beta_0 = 67°45′00″$ （近似值）				

5.11 对某线段丈量 6 次的结果分别为:132. 992 m,132. 988 m,132. 990 m,132. 995 m,132. 999 m,132. 995 m,133. 001 m,试求该线段丈量结果的算术平均值、观测值中误差、算术平均值的中误差及其相对误差。

5.12 丈量两段距离 $D_1 = (110. 24 \pm 0. 08)$ m 和 $D_2 = (93. 57 \pm 0. 06)$ m,问哪一段距离丈量的精度高? 两段距离之和的中误差及其相对误差各是多少?

5.13 已知 DJ$_6$ 型光学经纬仪一测回的方向中误差 $m_方 = \pm 6''$,问该类型仪器一测回角值的中误差是多少? 如果要求某角度的算术平均值的中误差 $M_角 = \pm 5''$,用这种仪器需要观测几个测回?

5.14 观测两点间的高差时共设 20 个测站,每测站高差中误差均为 ± 3 mm,求:(1)两水准点间的高差中误差是多少? (2)若其高差中误差不大于 ± 12 mm,应设几个测站?

5.15 设有一个 n 边多边形,每个角的测角中误差 $m_\beta = \pm 8''$,试求 n 边多边形内角和的中误差。

5.16 在一个平面三角形中,观测其中两个水平角(内角),其测角中误差均为 $\pm 20''$。根据 α 角和 β 角可以计算第三个水平角,试计算 γ 角的中误差。

5.17 对于某一矩形场地,量得其长度 $a = (134. 32 \pm 0. 10)$ m,宽度 $b = (82. 45 \pm 0. 05)$ m,计算该矩形场地的(1)面积 A 及其中误差 m_A;(2)周长 L 及其中误差 m_L。

5.18 设在图上量得一圆的半径 $R = 35. 4$ mm,其中误差 $m_R = \pm 0. 3$ mm,试求圆周长及其中误差。

5.19 某一三角网共有 4 个三角形,按等精度观测得三角形内角和闭合差为: $+ 10''$,$+ 8''$,$- 6''$,$- 8''$,试求:(1)三角形内角和的中误差;(2)三角形内角的中误差(即测角中误差)。

5.20 在普通水准测量中,每观测一次,取得一个读数的中误差约为 ± 2 mm,若仪器与水准尺的正常距离平均为 50 m,容许误差为中误差的 2 倍,试求用往返测量的方法,单程路线为 L km 的高差允许闭合差为多少?

5.21 在斜坡上丈量距离,其斜距为: $S = 247. 50$ m,中误差 $m_s = \pm 5$ mm,倾斜角 $\alpha = 10°30'43''$,其中误差 $m_a = \pm 20''$,求水平距离 d 及其中误差 $m_d = ?$

6　小区域控制测量

〖**本章导读**〗

主要内容:控制测量的概念;导线测量的内外业;高程控制测量;GPS 原理及应用简介。

学习目标:

(1)理解控制测量的相关概念;

(2)掌握导线测量的外业、内业计算;

(3)掌握高程控制测量:三四等水准测量(第 2 章内容)、三角高程测量;

(4)了解 GPS 测量原理及应用。

重点:导线测量的外业及内业;三角高程测量。

难点:导线测量的内业计算;三角高程测量的观测方法及误差来源。

6.1　概　述

在测量工作中,为了限制误差的累积与传播,满足测图和施工的精度需要,就必须遵循测量工作的基本原则,即"从整体到局部""先控制后碎部"。也就是说,在做局部测量或碎部测量之前,要先进行整体的控制测量。控制测量是指在整个测区范围内,选定若干个具有控制作用的点(称为控制点),设想用直线连接相邻的控制点,组成一定的几何图形(称为控制网),用精密的测量仪器和工具进行外业测量,并根据外业资料,用准确的计算方法确定控制点的平面位置和高程的工作。

控制测量分为平面控制测量和高程控制测量两种。测定控制点平面位置(平面坐标 x,y)的工作,称为平面控制测量。按照控制点之间组成几何图形的不同,平面控制测量又分为导线控制测量(导线测量)和三角控制测量(三角测量)。测定控制点高程的工作,称为高程控制测量。根据采用测量方法的不同,高程控制测量又分为水准测量和三角高程测量。

在全国范围内建立的控制网,称为国家控制网,它是由国家专门的测量机构布设的,用于全国各种测绘和工程建设以及施工的基本控制,为空间科学技术和军事提供精确的点位坐标、距离和方位资料,并为确定地球的形状和大小、地震预报等提供重要的研究资料。

通常认为在小于 10 km² 范围内建立的控制网,称为小区域控制网。在这个范围内,水准面可视为水平面,不需将测量成果换算到高斯坐标上,而是采用直角坐标直接在平面上计算点的坐标。小区域控制网建网时,应尽量与国家已建立的高级控制网联测,将高级控制点的坐标和高程作为小区域控制网的起算数据。如果附近没有国家控制点,或虽有但不便联测,也可以建立独立控制网,独立控制网的起算数据可以自行假定。

·6.1.1 平面控制测量·

国家平面控制网的常规布设方法有两种:用于导线测量的导线网和用于三角测量的三角网。按其精度分成一、二、三、四等。其中一等网精度最高,逐级降低;而控制点的密度,则是一等网最小,逐级增大。除此以外,国家控制网还有惯性大地测量、卫星大地测量(即 GPS)等多种形式。

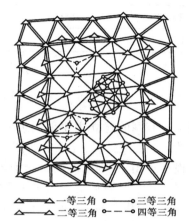

图 6.1　三角网(锁)的布设　　　　图 6.2　导线网的布设

如图 6.1 所示,一等三角网一般称为一等三角锁,它是在全国范围内,沿经纬线方向布设的,是国家平面控制网的骨干,它除了用作扩展低等级平面控制网的基础之外,还为测量学科研究地球的形状和大小提供精确数据;二等三角网布设于一等三角锁环内,是国家平面控制网的基础;三、四等三角网是二等三角网的进一步加密,以满足测图和各项工程建设的需要。在某些局部地区,如果采用三角测量困难时,也可用同等级的导线测量代替。如图 6.2 所示,其中一、二等导线测量又称为精密导线测量。

用于工程的平面控制测量一般是建立小区域平面控制网,它可根据工程的需要和测区面积的大小分级建立测区首级控制和图根控制。公路工程平面控制网,常规上一般采用三角测量或导线测量等方法,其等级为:当采用三角测量时,依次为二、三、四等和一、二级小三角;当采用导线测量时,依次为三、四等和一、二、三级导线。其等级的确定应符合表 6.1 的规定。随着社会的发展和科技的进步,工程上逐渐采用了三边测量和全球定位系统(GPS)等更加先进、方便、高精度、高工作效率的测量方法。

表 6.1　平面控制测量等级

等　级	公路路线控制测量	桥梁桥位控制测量	隧道洞外控制测量
二等三角	—	>5 000 m 特大桥	>6 000 m 特长隧道
三等三角(导线)	—	2 000～5 000 m 特大桥	4 000～6 000 m 特长隧道
四等三角(导线)	—	1 000～2 000 m 特大桥	2 000～4 000 m 特长隧道
一级小三角(导线)	高速公路、一级公路	500～1 000 m 特大桥	1 000～2 000 m 中长隧道
二级小三角(导线)	二级及二级以下公路	<500 m 大中桥	<1 000 m 隧道
三级导线	三级及三级以下公路	—	—

直接用于测图的控制点,称为图根控制点。测定图根控制点位置的工作,称为图根控制测量。图根控制测量可直接在三角点或高级控制点的控制下,布设图根小三角或图根导线,此为一级图根点。若测区面积较大,可利用一级图根点再发展图根点,称为二级图根点。包括高级控制点在内,图根点的密度与测图比例尺和地形的复杂程度有关,平坦开阔地区图根点的密度一般不宜低于表 6.2 的规定。

表6.2　图根点密度

测图比例尺	1:5 000	1:2 000	1:1 000	1:500
图根点密度/(点·km^{-2})	5	15	50	150

·6.1.2　高程控制测量·

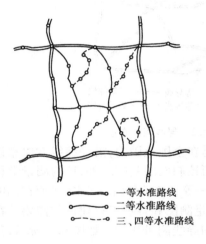

一等水准路线
二等水准路线
三、四等水准路线

图6.3　水准网

国家高程控制网的建立主要采用水准测量的方法,按其精度分为一、二、三、四、五等。如图 6.3 所示是国家水准网布设示意图,一等水准网是国家最高级的高程控制骨干,它除用作扩展低等级高程控制网的基础以外,还为科学研究提供依据;二等水准网为一等水准网的加密,是国家高程控制网的基础;三、四等水准网为在二等水准网的基础上进一步加密,直接为各种测量提供必要的高程控制;五等水准点又可视为图根水准点,它直接用于工程测量中,其精度要求最低。

用于工程的小区域高程控制网,亦应根据工程施工的需要和测区面积的大小,采用分级建立的方法。一般情况下,是以国家水准点为基础在整个测区建立三、四等水准路线或水准网,再以三、四等水准点为基础,测定图根水准点的高程。各等级公路及构造物的水准测量的等级应按表6.3选定。

表6.3　各级公路及构造物的水准测量等级

测量项目	等级	水准路线最大长度/km
4 000 m 以上特长隧道、2 000 m 以上特大桥	三等	50
高速公路、一级公路、1 000~2 000 m 特大桥、2 000~4 000 m 长隧道	四等	16
二级及二级以下公路、1 000 m 以下桥梁、2 000 m 以下隧道	五等	10

对于山区或困难地区,还可以采用三角高程测量的方法建立高程控制网。

本章主要介绍小区域控制网建立的有关问题,包括导线测量、小三角测量建立平面控制网的方法,三、四等水准测量和三角高程测量建立高程控制网的方法。另外,还将对卫星全球定位系统(GPS)进行简要的介绍。

6.2　导线测量

·6.2.1　基本概念·

将测区内的相邻控制点用直线连接而构成的连续折线,称为导线,如图 6.4 所示。这些转折点(控制点)A,B,C,E,F 称为导线点;相邻导线点间的距离,称为导线边长;相邻导线边之间的水平角,称为转折角;其中 β_B,β_E 在导线前进方向的左侧称为左角,β_C 在导线前进方向的右侧称为右角。

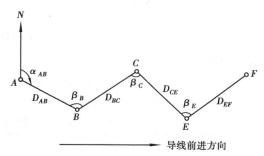

图 6.4　导线测量简图

导线测量就是依次量测各导线边的长度和各转折角,然后根据起算边的方位角和起算点的坐标,推算出各导线点的坐标。

若用经纬仪测量转折角,用钢尺丈量边长,这样的导线称为经纬仪导线。若用测距仪或全站仪测量边长,这样的导线称为电磁波测距导线。

导线测量是建立小区域平面控制网的一种常用方法,主要用于隐蔽地区、带状地区、城市建设、公路工程、地下工程、铁路工程和水利工程建设等的控制测量。

·6.2.2　导线的形式及等级·

1)导线的形式

根据测区的不同情况和要求,导线的布设有 3 种不同的形式:

(1)闭合导线

从一个已知点和已知方向出发,经过若干导线点以后,又回到原已知点和已知方向,这样的导线称为闭合导线,如图 6.5(a)所示。闭合导线虽然也有图形自行检核,但由于它起、止于一点,产生图形整体偏转不易发现,所以它不及附合导线图形强度好,但仍然是小区域控制和图根控制测量中常用的布设形式。

(2)附合导线

从一个已知点和已知方向出发,经过若干个导线点以后,附合到另一个已知点和已知方向上,这样的导线称为附合导线,如图 6.5(b)所示。由于附合导线附合在两个已知点和两个已知方向上,所以具有自行检核条件,图形强度较好,是小区域带状测区常用的控制形式,被广泛用于公路、铁路、水利等工程的勘测和施工中。

(3)支导线

从一个已知点和已知方向出发,经过 1 或 2 个导线点,既不回到原起始点,也不附合到另一个已知点上,这样的导线称为支导线,如图 6.5(c)所示。由于支导线缺乏自行检核条件,故一条支导线上导线点不宜超过 2 个,最多不超过 4 个,它仅作为图根控制补点时使用。

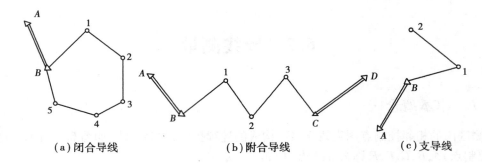

图 6.5　导线的布置形式

2) 导线的等级

根据《工程测量规范》(GB 50026—2007)。公路工程的导线按精度可划分为三等、四等、一级、二级和三级导线,其主要技术指标列于表 6.4 中。

表 6.4　导线测量的技术要求

等级	导线长度/km	平均边长/km	每边测距中误差/mm	测角相中误差	测角中误差/(")	导线全长相对闭合差	方位角/角度闭合差/(")	测回数 DJ$_1$	测回数 DJ$_2$	测回数 DJ$_6$
三等	14	3	20	1/150 000	1.8	1/ 55 000	$\pm3.6\sqrt{n}$	6	10	—
四等	9	1.5	18	1/80 000	2.5	1/35 000	$\pm5\sqrt{n}$	4	6	—
一级	4	0.5	15	1/30 000	5.0	1/15 000	$\pm10\sqrt{n}$	—	2	4
二级	2.4	0.25	15	1/14 000	8.0	1/10 000	$\pm16\sqrt{n}$	—	1	3
三级	1.2	0.1	15	1/7 000	12.0	1/5 000	$\pm24\sqrt{n}$	—	1	2
首级图根导线	$\leq a \times M$	—	—	—	20	$\leq 1/(2\,000 \times a)$	$\pm40\sqrt{n}$	—	—	1

注:① a 为比例系数,取值宜为 1,当采用 1:500、1:1 000 比例尺测图时,其值可在 1~2 采用。

② M 为测图比例尺分母。

③ n 为角度个数。

·6.2.3　导线测量的外业工作·

导线测量的外业工作主要包括:踏勘选点及建立标志、测边、测角和联测。

1) 踏勘选点及建立标志

首先调查收集测区已有的地形图和控制点的成果资料,先在已有的地形图上拟定导线布设方案,然后到野外踏勘、核对、修改和落实点位。如果测区没有以前的地形资料,则须详细踏勘现场,根据已知控制点的分布、地形条件以及测图和施工需要等具体情况,合理地选定导线点的位置,并建立标志。

选点时应注意以下几点:

①相邻导线点间要通视。对于钢尺量距导线,相邻点间还要地势较平坦,便于丈量边长。

②导线点应选在土质坚硬、稳定的地方,便于保存点的标志和安置仪器。

③导线点应选在地势较高、视野开阔的地方,便于进行碎部测量或加密以及施工放样。

④导线各边的长度应按表6.4的规定尽量接近于平均边长,且不同导线各边长不应相差过大。导线点的数量要足够,以便控制整个测区。

⑤所选的导线点,必须满足观测视线超越(或旁离)障碍物1.3 m以上。

⑥路线平面控制点的位置应沿路线布设,距路中心的位置宜大于50 m且小于300 m,同时应便于测角、测距及地形测量和定线放样。

⑦在桥梁和隧道处,应考虑桥隧布设控制网的要求,在大型构造物的两侧应分别布设一对平面控制点。

确定导线点后,应在地面上打下一大木桩,桩顶钉一小铁钉作为导线点的标志,若导线点需长期保存,可埋置水泥混凝土桩或石桩,桩顶刻凿"十"字或嵌入锯成"十"字的钢筋作为点的标志,如图6.6所示。为便于寻找,导线点应按顺序统一编号,并对每个导线点绘制"点之记",即量测出导线点与其附近明显构造物上点的距离,绘出草图,注明尺寸,如图6.7所示。

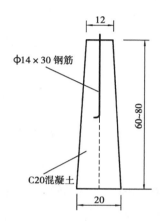

图 6.6 导线点标石(单位:cm)

2)测边

导线边长一般用光电测距仪测定,对于一、二、三级导线边长的量测,受设备限制时,也可以用检定过的钢尺丈量。若用测距仪测定,应测定导线边的水平长度;若用钢尺丈量,对于三级以上的导线,应按钢尺量距的精密方法进行丈量,并满足表6.4所列的要求。

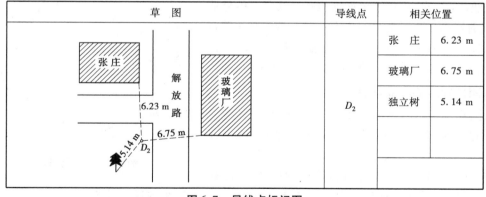

图 6.7 导线点标记图

3)测角

导线的转折角有左角和右角之分,以导线为界,按编号顺序方向前进,在前进方向左侧的角称为左角,在前进方向右侧的角称为右角。在闭合导线中,一般均测其内角,闭合导线若按顺时针方向编号,其内角均为右角,反之均为左角。在附合导线中,可测其左角或右角(在公路测量中一般测右角),但全线要统一。各等级的导线测角,均应满足表6.4的要求。

4)联测

导线联测是指新布设的导线与周围已有的高级控制点的联系测量,以取得新布设导线的起算数据,即起始点的坐标和起始边的方位角。联测的方法通常有:导线法、测角交会法、测边交会法。

导线法:如图6.8所示,(a)为附合导线,(b)为闭合导线,A,B,C,D为已知的高级控制点,1,2,3,4,5为新布设导线点,则导线联测为测定联接角(水平角)β_1,β_2和联接边D_1,D_2。方法与上述导线的测边、测角方法相同。如果测区周围找不到已知的高级控制点,则可用罗盘仪测定导线起始边的磁方位角,并假设起始点的坐标作为起算数据。

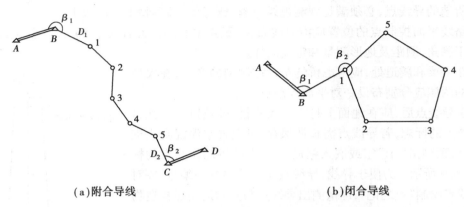

(a)附合导线   (b)闭合导线

图6.8　导线的联测角和联测边

· 6.2.4　导线测量的内业工作 ·

导线测量内业工作的目的,是根据已知的起算数据和外业的观测资料,通过平差,最后计算出各导线点的平面坐标。

内业计算之前,应仔细全面地检查导线测量的外业记录,检查数据是否齐全,有无记错、算错,成果是否符合精度要求,起算数据是否准确;然后绘出导线草图,并把各项数据标注在图中的相应位置,如图6.9所示。

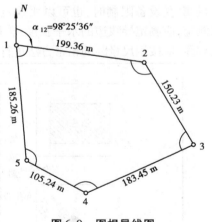

图6.9　图根导线图

1)闭合导线的内业计算

以图6.9所示的图根导线为例,介绍闭合导线坐标计算的步骤(具体运算过程及结果参见表6.5)。计算前,首先将导线草图中的点号、角度的观测值、边长的量测值以及起始边的方位角、起始点的坐标等已知数据填入"闭合导线坐标计算表"(表6.5)中。然后按以下步骤进行计算:

(1)角度闭合差的计算与调整

闭合导线在几何上是一个n边形,其内角和的理论值为:

$$\sum \beta_{理} = (n-2) \times 180° \tag{6.1}$$

在实际观测过程中,由于不可避免地存在误差,使得实测多边形的内角和不等于上述理论值,两者的差值称为闭合导线的角度闭合差,习惯以f_β表示。即有:

$$f_\beta = \sum \beta_{测} - \sum \beta_{理} = \sum \beta_{测} - (n-2) \times 180° \tag{6.2}$$

式中　$\beta_{测}$——转折角的外业观测值。

计算者：×××　　检查者：×××

表6.5　闭合导线计算表

点号或点名	观测角β	改正数 v_β /(")	改正后角值 $\beta_右$	方位角 α	边长 /m	纵坐标增量 Δx/m 计算值	改正值	改正后的值	纵坐标 x/m	横坐标增量 Δy/m 计算值	改正值	改正后的值	横坐标 y/m
1				98°25'36"	199.36	−29.21	+0.03	−29.18	500.00	197.21	+0.01	197.22	500.00
2	128°39'34"	−12	128°39'22"	149°46'14"	150.23	−129.80	+0.03	−129.77	470.82	75.64	+0.01	75.65	697.22
3	85°12'33"	−12	85°12'21"	244°33'53"	183.45	−78.79	+0.03	−78.76	341.05	−165.67	+0.01	−165.66	772.87
4	124°18'54"	−12	124°18'42"	300°15'11"	105.42	53.11	+0.02	53.13	262.29	−91.06	+0.01	−91.05	607.21
5	125°15'46"	−12	125°15'34"	354°59'37"	185.26	184.58	+0.03	184.58	315.42	−16.17	+0.01	−16.16	516.16
1	76°34'13"	−12	76°34'01"	98°25'36"					500.00				500.00
2													
Σ	540°01'00"	−60	540°00'00"		823.76	−0.14	+0.14	0		−0.05	+0.05	0	

辅助计算：

角度闭合差及改正数的计算：

$$f_\beta = \sum\beta - (n-2)\times180°$$
$$= 0°01'00" = 60"$$
$$f_{\beta容} = \pm40"\sqrt{n} = \pm89"$$
$$f_\beta < f_{\beta容}（合格）$$
$$v_\beta = -\frac{f_\beta}{n} = -\frac{60"}{5} = -12"$$

坐标增量闭合差及改正数的计算：

计算：
$$f_x = \sum\Delta x = -0.14$$
$$f_y = \sum\Delta y = -0.05$$
$$v_{\Delta x12} = -\frac{-0.14\ \text{m}}{823.76\ \text{m}}\times199.36\ \text{m}$$
$$= +0.03\ \text{m}$$
$$v_{\Delta y12} = -\frac{-0.05\ \text{m}}{823.76\ \text{m}}\times199.36\ \text{m}$$
$$= +0.01\ \text{m}$$

导线相对闭合差的计算：

$$f_D = \sqrt{f_x^2+f_y^2} = 0.1487$$
$$K = \frac{f_D}{\sum D} = \frac{0.1487}{823.76} \approx \frac{1}{5\,500}$$
$$K < K_容 = \frac{1}{2\,000}$$

计算草图：

89

各等级导线角度闭合差的容许值 $f_{\beta容}$ 列于表 6.4 中。若 $f_\beta > f_{\beta容}$，则说明角度闭合差超限，不满足精度要求，应返工重测，直到满足精度要求；若 $f_\beta \leq f_{\beta容}$，则说明所测角度满足精度要求，在此情况下，可对角度闭合差进行调整。由于各角观测均在相同观测条件下进行，故可认为各角产生的误差相等。因此，角度闭合差调整的原则是：将 f_β 以相反的符号平均分配到各观测角中，即各角度的改正数为：

$$v_\beta = -f_\beta/n \qquad (6.3)$$

则各角调整以后的值（又称为改正值）为：

$$\beta = \beta_测 + v_\beta \qquad (6.4)$$

注：若不能均分，一般情况下，将余数分配给短边的夹角。

（2）导线边坐标方位角的推算

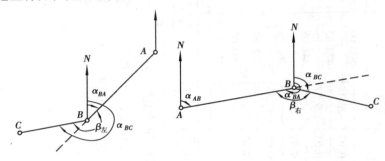

图 6.10 坐标方位角的推算简图

根据起始边的已知坐标方位角及调整后的各内角值，参考图 6.10，由简单的几何推导便可得出，前一边的坐标方位角 $\alpha_前$ 与后一边的坐标方位角 $\alpha_后$ 的关系式（导线前后边的关系如图 6.11 所示）：

$$\alpha_前 = \alpha_后 \pm 180° \pm \beta \qquad (6.5)$$

式中　$\alpha_后 \pm 180°$——前一条边的反方位角；

　　　　$\pm\beta$——根据所测角来定，如所测角为左角，则取"＋"，反之则取"－"，即左"＋"右"－"。

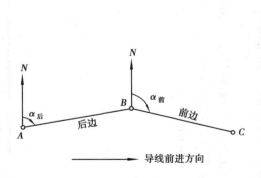

图 6.11 导线前后边的关系

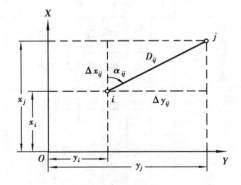

图 6.12 坐标增量及坐标的推算

（3）坐标增量的计算

一导线边两端点的纵坐标（或横坐标）之差，称为该导线边的纵坐标（或横坐标）增量，习惯以 Δx（或 Δy）表示，如图 6.12 所示。设 i，j 为两相邻的导线点，两点之间的边长为 D_{ij}，已推出的

坐标方位角为 α_{ij}，则由三角几何关系可计算出 i，j 两点之间的坐标增量 $\Delta x_{ij测}$ 和 $\Delta y_{ij测}$ 分别为：

$$\left.\begin{array}{l} \Delta x_{ij测} = D_{ij} \cos \alpha_{ij} \\ \Delta y_{ij测} = D_{ij} \sin \alpha_{ij} \end{array}\right\} \tag{6.6}$$

（4）坐标增量闭合差的计算与调整

因闭合导线从起始点出发经过若干个导线点以后，最后又回到了起始点，显然，其坐标增量之和的理论值为零，如图 6.13（a）所示，即：

$$\left.\begin{array}{l} \sum \Delta x_{ij理} = 0 \\ \sum \Delta y_{ij理} = 0 \end{array}\right\} \tag{6.7}$$

但实际上，从式（6.6）中可以看出，坐标增量由边长 D_{ij} 和坐标方位角 α_{ij} 计算而得，尽管坐标方位角经过角度闭合差的调整以后已能闭合，但是边长还存在误差，从而导致坐标增量仍带有误差，即：坐标增量的实测值之和 $\sum \Delta x_{ij}$ 与 $\sum \Delta y_{ij}$ 不等于理论值，这就是坐标增量闭合差，通常以 f_x 和 f_y 表示。即：

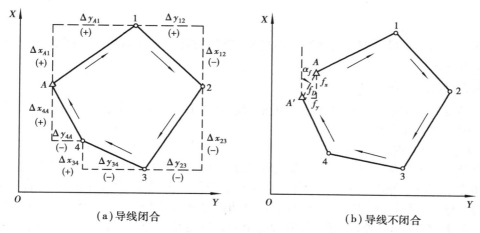

（a）导线闭合　　　　　　　　　　　（b）导线不闭合

图 6.13　闭合导线增量及闭合差

$$\left.\begin{array}{l} f_x = \sum \Delta x_{ij测} \\ f_y = \sum \Delta y_{ij测} \end{array}\right\} \tag{6.8}$$

由于坐标增量闭合差的存在，根据计算结果绘制出来的闭合导线图形不能闭合，如图 6.13（b）所示，此不闭合的缺口距离，称为导线全长闭合差，通常以 f_D 表示。按几何关系，用坐标增量闭合差可求得导线全长闭合差 f_D。

$$f_D = \sqrt{f_x^2 + f_y^2} \tag{6.9}$$

导线全长闭合差 f_D 是一个绝对闭合差，它随着导线长度的增大而增大，所以，导线测量的精度必须用导线全长相对闭合差 K（即导线全长闭合差 f_D 与导线全长 $\sum D$ 之比值）来衡量，即：

$$K = \frac{f_D}{\sum D} = \frac{1}{\sum D / f_D} \tag{6.10}$$

导线全长相对闭合差 K 通常用分子是 1 的分数式表示，不同等级的导线全长相对闭合差的容许值 $K_容$ 列于表 6.4 中，用时可查阅。

若 $K \leqslant K_{容}$，表明测量结果满足精度要求，则可将坐标增量闭合差反符号后，按与边长成正比的方法分配到各坐标增量上去，得到各纵、横坐标增量的改正值，以 $\Delta x_{ij测}$ 和 $\Delta y_{ij测}$ 表示，即：

$$\left.\begin{array}{l} \Delta x_{ij} = \Delta x_{ij测} + v_{\Delta x_{ij}} \\ \Delta y_{ij} = \Delta y_{ij测} + v_{\Delta y_{ij}} \end{array}\right\} \tag{6.11}$$

式中 $v_{\Delta x_{ij}}, v_{\Delta y_{ij}}$ ——分别称为纵、横坐标增量的改正数，且

$$\left.\begin{array}{l} v_{\Delta x_{ij}} = -\dfrac{f_x}{\sum D} D_{ij} \\ v_{\Delta y_{ij}} = -\dfrac{f_y}{\sum D} D_{ij} \end{array}\right\} \tag{6.12}$$

（5）导线点坐标计算

根据起始点的已知坐标和改正后的坐标增量 Δx_{ij} 和 Δy_{ij}，即可参考图6.12，按式（6.13）依次计算各导线点的坐标。

$$\left.\begin{array}{l} x_j = x_i + \Delta x_{ij} \\ y_j = y_i + \Delta y_{ij} \end{array}\right\} \tag{6.13}$$

直到用式（6.13）最后推导出起始点的坐标，推算值应与已知值相等，以此可校核整个计算过程是否有误。

2）附合导线的内业计算

附合导线的内业计算步骤和前述的闭合导线基本相同，所不同的是两者的角度闭合差及坐标增量闭合差的计算方法不一样。

（1）角度闭合差的计算

附合导线首尾各有一条已知坐标方位角的边，如图6.5（b）中的 AB 边和 CD 边，这里称之为始边和终边。由于外业工作已测得导线各个转折角的大小，所以，可根据起始边的坐标方位角及测得的导线各转折角，由式（6.5）推算出终边的坐标方位角。这样导线终边的坐标方位角除有一个原已知值 $\alpha_{终}$ 外，还有一个由始边坐标方位角和测得的各转折角推算出的值 $\alpha'_{终}$。由于测角存在误差，导致两值不相等，两值之差即为附合导线的角度闭合差 f_{β}。

$$f_{\beta} = \alpha'_{终} - \alpha_{终} = (\alpha_{始} \pm \sum \beta \mp n \times 180°) - \alpha_{终} \tag{6.14}$$

（2）坐标增量闭合差的计算

附合导线的首尾各有一个已知坐标值的点，如图6.5（b）中的 B 点和 C 点，这里称之为始点和终点。附合导线的纵、横坐标增量之代数和，在理论上应等于终点与始点的纵、横坐标差值，即：

$$\left.\begin{array}{l} \sum \Delta x_{ij理} = x_{终} - x_{始} \\ \sum \Delta y_{ij理} = y_{终} - y_{始} \end{array}\right\} \tag{6.15}$$

但是由于量边和测角有误差，因此根据观测值推算出来的纵、横坐标增量之代数和 $\sum \Delta x_{ij测}$ 和 $\sum \Delta y_{ij测}$，与上述的理论值通常是不相等的，两者之差即为纵、横坐标增量闭合差。

$$\left.\begin{array}{l} f_x = \sum \Delta x_{ij测} - (x_{终} - x_{始}) \\ f_y = \sum \Delta y_{ij测} - (y_{终} - y_{始}) \end{array}\right\} \tag{6.16}$$

表6.6为附合导线坐标计算全过程的一个算例，请参考。

表 6.6　附合导线计算表

计算者：×××　　检查者：×××

点号或点名	观测角β	改正数 v_β/(")	改正后值 $\beta_左$	方位角 α	边长/m	纵坐标增量 Δx/m 计算值	改正值	改正后的值	纵坐标 x/m	横坐标增量 Δy/m 计算值	改正值	改正后的值	横坐标 y/m
A				218°36′24″									
B	63°47′26″	+15	63°47′41″	102°24′05″	267.22	−57.39	+0.03	−57.36	875.44	260.98	−0.06	260.92	946.07
1	140°36′06″	+15	140°36′21″	63°00′26″	103.76	47.09	+0.01	47.10	818.08	92.46	−0.02	92.44	1 206.99
2	235°25′24″	+15	235°25′39″	118°26′05″	154.65	−73.64	+0.02	−73.62	865.18	135.99	−0.03	135.96	1 299.43
3	100°17′57″	+15	100°18′12″	38°44′17″	178.43	139.18	+0.02	139.20	791.56	111.65	−0.04	111.61	1 435.39
C	267°33′17″	+15	267°33′32″	126°17′49″					930.76				1 547.00
D													
Σ	807°40′10″	+75			704.06	55.24	+0.08	55.32		601.08	−0.15	600.93	

计算草图：

辅助计算

角度闭合差及改正数的计算：

$$\alpha'_{CD} = \alpha_{AB} - 5 \times 180° + \sum \beta$$
$$= 126°16′34″$$
$$f_\beta = \alpha'_{CD} - \alpha_{CD} = -75″$$
$$f_{\beta容} = \pm 40″\sqrt{5} = \pm 89″$$
$$f_\beta < f_{\beta容}（合格）$$
$$v_\beta = -\frac{f_\beta}{n} = +15″$$

坐标增量闭合差及改正数的计算：

计算：
$$f_x = \sum \Delta x - (x_C - x_B)$$
$$= 55.24 \text{ m} - 55.32 \text{ m}$$
$$= -0.08 \text{ m}$$
$$f_y = \sum \Delta y - (y_C - y_D)$$
$$= 601.08 \text{ m} - 600.93 \text{ m}$$
$$= +0.15 \text{ m}$$
$$v_{\Delta xB1} = -\frac{0.08 \text{ m}}{704.06 \text{ m}} \times 267.22 \text{ m}$$
$$= +0.03 \text{ m}$$
$$v_{\Delta yB1} = +\frac{0.15 \text{ m}}{704.06 \text{ m}} \times 267.22 \text{ m}$$
$$= -0.06 \text{ m}$$

导线相对闭合差的计算：

$$f_D = \sqrt{f_x^2 + f_y^2} = 0.17 \text{ m}$$
$$K = \frac{f_D}{\sum D} = \frac{0.17 \text{ m}}{704.06 \text{ m}}$$
$$\approx \frac{1}{4\,100}$$
$$< K_容 = \frac{1}{2\,000}（合格）$$

表 6.7　以坐标为观测值的导线平差计算表

点号	坐标观测值/m			边长/m	坐标改正值/mm			坐标平差值/m			点号
	x'	y'	H'		v_x	v_y	v_H	x	y	H	
A								31 242.685	19 631.274		A
B				1 573.261				27 654.173	16 814.216	462.874	B
1	26 861.436	18 173.156	467.102	865.360	−5	+4	+6	26 861.431	18 173.160	467.108	1
2	27 150.098	18 988.951	460.912	1 238.023	−8	+6	+9	27 150.090	18 988.957	460.921	2
3	27 286.434	20 219.444	451.446	1 821.746	−12	+9	+13	27 286.422	20 219.453	451.459	3
4	29 104.742	20 331.319	462.178	507.681	−18	+14	+20	29 104.724	20 331.333	462.198	4
C	29 564.269	20 547.130	468.518		−19	+16	+22	29 564.250	20 547.146	468.540	C
D								30 666.511	21 880.362		D

计算草图

辅助计算

$f_x = x'_C - x_C = 29\ 564.269\ \text{m} - 29\ 564.250\ \text{m} = +0.019\ \text{m}$
$\quad = +19\ \text{mm}$

$f'_y = y'_C - y_C = 20\ 547.130\ \text{m} - 20\ 547.146\ \text{m} = -0.016\ \text{m}$
$\quad = -16\ \text{mm}$

$f_D = \sqrt{f_x^2 + f_y^2} = 24\ \text{mm}$

$K = \dfrac{f_D}{\sum D} = \dfrac{0.024\ \text{m}}{6\ 006.071\ \text{m}} \approx \dfrac{1}{250\ 000}$

$f_H = H'_C - H_C = 468.518\ \text{m} - 468.540\ \text{m} = -0.022\ \text{m}$
$\quad = -22\ \text{mm}$

3) 全站仪导线测量

目前, 全站仪作为先进的测量仪器已在公路工程测量中得到了广泛的应用。由于全站仪具有坐标测量的功能, 因此在外业观测时, 可直接得到观测点的坐标。在成果处理时, 可将坐标作为观测值。

全站仪导线测量的外业工作除踏勘选点及建立标志外, 主要应测得导线点的坐标和相邻点间的边长, 并以此作为观测值。其观测步骤如下[以图 6.5(b)所示的附合导线为例]: 将全站仪安置于起始点 B(高级控制点), 按距离及三维坐标的测量方法测定控制点 1 与 B 点的距离 D_1 及 1 点的坐标(x_1, y_1); 再将仪器安置在已测坐标的 1 点上, 用同样的方法测得 1,2 点间的距离 D_2 及 2 点的坐标(x_2, y_2); 依此方法进行观测, 最后测得终点 C(高级控制点)的坐标观测值(x'_C, y'_C)。由于 C 为高级控制点, 其坐标已知。而在实际测量中, 由于各种因素的影响, C 点的坐标观测值一般不等于其已知值, 因此, 需要进行观测成果的处理。

下面简要介绍以坐标为观测值的导线近似平差计算过程。

在图 6.5(b)中, 设 C 点坐标的已知值为(x_C, y_C), 由于其坐标的观测值为(x'_C, y'_C), 则纵、横坐标闭合差为:

$$\left. \begin{array}{l} f_x = x'_C - x_C \\ f_y = y'_C - y_C \end{array} \right\} \tag{6.17}$$

由此可计算出导线全长闭合差:

$$f_D = \sqrt{f_x^2 + f_y^2} \tag{6.18}$$

导线测量的精度同样用导线全长相对闭合差 K(即导线全长闭合差 f_D 与导线全长 $\sum D$ 之比值)来衡量, 即:

$$K = \frac{f_D}{\sum D} = \frac{1}{\sum D / f_D} \tag{6.19}$$

式中　D——导线边长, 在外业观测时已测得。

导线全长相对闭合差 K 通常用分子是 1 的分数式表示, 不同等级的导线全长相对闭合差的容许值列于表 6.4 中, 用时可查阅。若 $K \leqslant K_{容}$, 表明测量结果满足精度要求, 则可按式(6.20)计算各点坐标的改正数:

$$\left. \begin{array}{l} v_{xi} = -\dfrac{f_x}{\sum D} \sum D_i \\ v_{xj} = -\dfrac{f_y}{\sum D} \sum D_j \end{array} \right\} \tag{6.20}$$

式中　$\sum D$——导线的全长;

　　　$\sum D_i$——第 i 点之前导线边长之和。

根据起始点的已知坐标和各点坐标的改正数, 可按式(6.21)依次计算各导线点的坐标。

$$\left. \begin{array}{l} x_i = x'_i + v_{xi} \\ y_i = y'_i + v_{yi} \end{array} \right\} \tag{6.21}$$

式中　x'_i, y'_i——第 i 点的坐标观测值。

另外,由于全站仪测量可以同时测得导线点的坐标和高程,因此,高程的计算可与坐标计算一起进行,高程闭合差为:

$$f_H = H'_C - H_C \tag{6.22}$$

式中　H'_C——C 点的高程观测值;

　　　H_C——C 点的已知高程。

各导线点的高程改正数为:

$$v_{H_i} = -\frac{f_H}{\sum D} \sum D_i \tag{6.23}$$

式中符号意义同前。

改正后各导线点的高程为:

$$H_i = H'_i + v_{H_i} \tag{6.24}$$

式中　H'_i——第 i 点的高程观测值。

表 6.7 为以坐标为观测量的近似平差计算全过程的一个算例,请参考。

6.3　交会定点法

在进行平面控制测量时,如果控制点的密度不能满足测图或工程的要求,则需要进行控制点加密。控制点的加密除了可以采用导线测量与小三角测量外,还可以采用交会法进行单点或双点加密。因此,交会定点法是与高级控制点联测和加密控制点常用的方法。

交会法定点分为:测角交会和测边交会两种方法。

1)测角交会

测角交会又分为前方交会、侧方交会和后方交会3 种。

如图 6.14(a)所示,分别在两个已知点 A 和点 B 上安置经纬仪测出图示的水平角 α 和 β,从而根据几何关系求算出 P 点的平面坐标的方法,称为前方交会。

侧方交会与前方交会所不同的是:所测的两个角中有一个是在未知点上测得的。如图 6.14(b)所示,分别在一个已知点(如 A 点)和待定坐标的控制点 P 上安置经纬仪,测出图示的水平角 α 和 γ,从而求算出 P 点的平面坐标的方法,称为侧方交会。

如图 6.14(c)所示,仅在待定坐标的控制点 P 上安置经纬仪,分别照准3 个已知点(图中的 A,B,C 3 点)测出图示的水平角 α 和 β,并根据已知点坐标求算出 P 点的平面坐标的方法,称为后方交会。本节仅介绍图6.14(a)所示的前方交会。

设已知 A 点的坐标为 x_A,y_A,B 点的坐标为 x_B,y_B。分别在 A,B 两点处设站,测出图示的水平角 α 和 β,则未知点 P 的坐标可按以下方法进行计算。

(1)按导线推算 P 点坐标

①用坐标反算公式计算 AB 边的坐标方位角 α_{AB}和边长 D_{AB}。

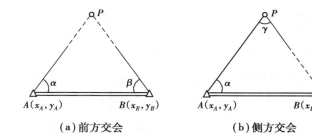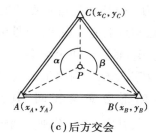

（a）前方交会　　　　　　　（b）侧方交会　　　　　　　（c）后方交会

图 6.14　交会定点

$$\left.\begin{array}{l} \alpha_{AB} = \arctan \dfrac{y_B - y_A}{x_B - x_A} \\[3mm] D_{AB} = \sqrt{(x_B - x_A)^2 + (y_B - y_A)^2} \end{array}\right\} \qquad (6.25)$$

②计算 AP,BP 边的坐标方位角 α_{AB},α_{BP} 及边长 D_{AP},D_{BP}。

$$\left.\begin{array}{l} \alpha_{AP} = \alpha_{AB} - \alpha \\[2mm] \alpha_{BP} = \alpha_{AB} \pm 180° + \beta \\[2mm] D_{AP} = \dfrac{D_{AB}}{\sin \gamma} \sin \beta \\[3mm] D_{BP} = \dfrac{D_{AB}}{\sin \gamma} \sin \alpha \end{array}\right\} \qquad (6.26)$$

式中　$\gamma = 180° - \alpha - \beta$，且应有 $\alpha_{AB} - \alpha_{BP} = \gamma$（可用作检核）。

③按坐标正算公式计算 P 点的坐标。

$$\left.\begin{array}{l} x_P = x_A + D_{AP}\cos \alpha_{AP} \\[2mm] y_P = y_A + D_{AP}\sin \alpha_{AP} \end{array}\right\} \qquad (6.27)$$

或

$$\left.\begin{array}{l} x_P = x_B + D_{BP}\cos \alpha_{BP} \\[2mm] y_P = y_B + D_{BP}\sin \alpha_{BP} \end{array}\right\} \qquad (6.28)$$

由式（6.26）和式（6.27）计算的 P 点坐标应相等，可用作校核。由于计算中存在小数位的取舍，可能有微小差异，可取其平均值。

（2）按余切公式计算 P 点坐标

略去推导过程，P 点的坐标计算公式为：

$$\left.\begin{array}{l} x_P = \dfrac{x_A\cot \beta + x_B\cot \alpha + (y_B - y_A)}{\cot \alpha + \cot \beta} \\[4mm] y_P = \dfrac{y_A\cot \beta + y_B\cot \alpha - (x_B - x_A)}{\cot \alpha + \cot \beta} \end{array}\right\} \qquad (6.29)$$

在利用式（6.29）计算时，三角形的点号 A,B,P 应按逆时针顺序排列，其中 A,B 为已知点，P 为未知点。

为了校核和提高 P 点精度,前方交会通常是在 3 个已知点上进行观测,如图 6.15 所示,测定 α_1,β_1 和 α_2,β_2,然后由两个交会三角形各自按式(6.29)计算 P 点坐标。因测角误差的影响,求得的两组 P 点坐标不会完全相同,其点位较差为:$\Delta D = \sqrt{\delta_x^2 + \delta_y^2}$,其中 δ_x,δ_y 分别为两组 x_P,y_P 坐标值之差。当 $\Delta D \leq 2 \times 0.1 \ M(\mathrm{mm})$ 时,可取两组坐标的平均值作为最后的结果。

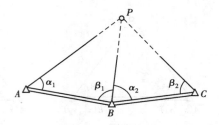

图 6.15　三点前方交会

在实际应用中具体采用哪一种交会法进行观测,需要根据现场的实际情况而定。为了提高交会的精度,在选用交会法的同时,还要注意交会图形的好坏。一般情况下,当交会角(要加密的控制点与已知点所成的水平角),如图 6.14(a)中的 $\angle APB$ 接近于 90°~120°时,具有较高的交会精度(在此不做推导)。

2)距离交会

在求算要加密控制点的坐标时,也可以采用测量边长,利用几何关系,求算加密控制点的平面坐标的方法,这种方法称为距离(测边)交会法。与测角交会一样,距离交会也能获得较高的精度。由于全站仪和光电测距仪在公路工程中普遍采用,这种方法在测图或工程中已被广泛地应用。

在图 6.16 中 A,B 为已知点,测得两条边长分别为 a,b,则 P 点的坐标可按下述方法计算。

首先利用坐标反算公式计算 AB 边的坐标方位角 α_{AB} 和边长 s,再根据余弦定理可求出 $\angle A$。

$$\angle A = \arccos\left(\frac{s^2 + b^2 - a^2}{2bs}\right) \tag{6.30}$$

而:$\alpha_{AP} = \alpha_{AB} - \angle A \tag{6.31}$

于是有:$\left.\begin{array}{l} x_P = x_A + \cos\alpha_{AP} \\ y_P = y_A + \sin\alpha_{AP} \end{array}\right\} \tag{6.32}$

以上是两边交会法。工程中为了检核和提高 P 点的坐标精度,通常采用三边交会法,如图 7.27 所示。三边交会观测三条边,分两组计算 P 点坐标进行核对,最后取其平均值。

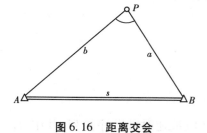

图 6.16　距离交会　　　　图 6.17　三边距离交会

6.4 高程控制测量

高程控制测量包括三、四等水准测量,图根水准测量和三角高程测量。小区域地形图的测绘与施工测量中,常采用三、四等水准测量作为高程控制测量的首级控制,精度较高;但在山区或位于高建筑物上的控制点,常采用三角高程测量方法。而图根水准测量是用于测定测区首级平面控制点和图根点的高程,其精度低于四等水准测量,故又称为等外水准测量。等外水准测量的水准点布设为附合路线、闭合路线,其观测方法和内业计算参阅第2章。本节主要讲解三角高程测量。

· 6.4.1 三角高程测量的原理 ·

三角高程测量是应用三角学的原理,根据两点间的水平距离 D 和竖直角 α,计算出两点间的高差,再求出所求点的高程的方法。如图 6.18 所示,欲测定 A,B 两点的高差,可在 A 点安置经纬仪,用望远镜中丝瞄准觇标顶端,测出竖直角。量取桩顶至仪器横轴的高度 i(仪器高)和觇标高 v,若 A,B 两点间的水平距离 D_{AB}(可以通过光电测距仪测得)为已知,则根据三角学原理,可按式(6.33)求得两点的高差:

$$h_{AB} = D_{AB} \tan \alpha + i - v \qquad (6.33)$$

若已知点 A 的高程,则 B 点高程为:

$$H_B = H_A + h_{AB} \qquad (6.34)$$

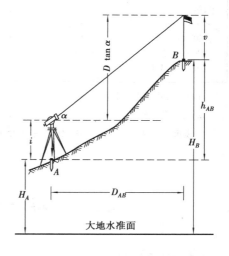

图 6.18 三角高程测量原理

· 6.4.2 三角高程测量的实施与计算 ·

1)三角高程测量的实施

在三角高程路线的各边上,一般应进行往返测,又称为对向观测(或称为双向观测),即由 A 向 B 观测(称为直觇),又由 B 向 A 观测(称为反觇)。对向观测可消除地球曲率和大气折光的影响。具体步骤如下:

①安置经纬仪在测站 A 上,用钢尺两次量取仪器高 i 及觇标高 v,读数至 0.5 cm,两次之差值不超过 1 cm 时,取其平均值至厘米记入手簿。

②瞄准 B 点觇标顶端,用中丝法观测竖直角一测回。

③置经纬仪于 B 点,同法对 A 点进行观测一测回。竖盘指标差之差不应超过 25″。

2)高程计算

外业观测结束后,首先应检查外业成果有无错误,观测精度是否合乎要求,所需的各项数据如竖直角、仪器高、觇标高、水平距离及起算点高程等是否齐全。经检查无误后,即可按式

(6.33)计算高差。同一边往、返测高差较差应符合表 6.8 所列技术标准。若同一边往、返测高差较差符合要求,则取两次高差的平均值作为该边的高差。三角高程路线应起、闭合于与水准点联测的高程点上,路线中各边均应对向观测。

路线闭合差应符合表 6.8 所列技术标准。若闭合差在容许范围内时,则按边长成正比例的原则,反号分配到各高差之中,然后用改正后的高差计算各点的高程。

表 6.8　三角高程测量技术标准

等　级	仪　器	测距边测回数	竖直角测回数		指标差较差	竖直角较差	对向观测高差较差 /mm	附合或环线闭合差 /mm
			三丝法	中丝法				
四等	DJ_2	1		3	$\leqslant 7''$	$\leqslant 7''$	$40\sqrt{D}$	$20\sqrt{\sum D}$
五等	DJ_2	1	1	2	$\leqslant 10''$	$\leqslant 10''$	$60\sqrt{D}$	$30\sqrt{\sum D}$
图根	DJ_6			1			$\leqslant 400D$	$0.1H_d\sqrt{n}$

注:①D 为光电测距边长度(km),n 为边数。

②H_d 为等高距。

③边长大于 400 m 时,应考虑地球曲率和大气折光的影响。

6.5　卫星全球定位系统(GPS)简介

全球定位系统(Global Positioning System,简称 GPS)是美国国防部于 1973 年 12 月正式批准陆、海、空三军共同研制的第二代卫星导航定位系统。该系统可提供一天 24 h 全球定位服务。它是利用导航卫星发射的信号来进行测时和测距,具有在海、陆、空全方位实时三维导航与定位能力的新一代卫星导航与定位系统,能为用户提供高精度的七维信息(三维位置、三维速度、一维时间)。全球定位系统(GPS)的建成是导航与定位史上的一项重大成就,它是美国继"阿波罗"登月飞船、航天飞机后的第三大航天工程。

GPS 系统自产生以来得到了迅速发展,并以其优越性能特点,引起了各国军事部门和民用部门的普遍关注。近十多年来,GPS 技术的高度自动化及其所能达到的精度,使其在大地测量、工程测量和车辆、船舶及飞机的导航等方面得到了广泛应用。

·6.5.1　GPS 系统的组成·

GPS 系统主要包括三大组成部分,即空间星座部分、地面监控部分和用户设备部分。三者有各自独立的功能和作用,但又是有机配合且缺一不可的整体系统。

1)空间星座部分

如图 6.19 所示,空间星座部分由 21 颗工作卫星和 3 颗在轨备用卫星组成,记作(21 + 3)

GPS 星座。每颗卫星的质量为 774 kg(包括 310 kg 燃料),直径 1.5 m,设计寿命为 7.5 年,卫星内安装有 4 台高精度原子钟、微电脑、电子存储器的信号接收/发送设备,两侧设有两块 7 m² 的双叶太阳能翼板(能自动对日定向,以保证卫星正常工作用电)以及其他设备。这些卫星采用先进的扩频技术(Spread Spectrum),以 L_1,L_2 两个频率,将定位信号 24 h 不停地发射给用户,覆盖全球表面。

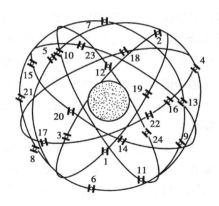

图 6.19　空间星座

GPS 卫星发射 3 种信号,即精密的 P 码、非精密的 C/A 捕获码以及导航电文。

每颗卫星以两个 L 波段频率发射载波无线电信号:

$$L_1 = 1\ 575.42\ \text{MHz}(波长约 19\ \text{cm})$$

$$L_2 = 1\ 227.60\ \text{MHz}(波长约 24\ \text{cm})$$

24 颗卫星均匀分布在 6 个轨道平面内,轨道平面相对于赤道平面的倾角为 55°,各个轨道平面之间交角为 60°。每个轨道平面内的各卫星之间的交角为 90°,任一轨道平面上的卫星比西边相邻轨道平面上的相应卫星超前 30°。在 20 183 km 高空的 GPS 卫星,同时位于地平线以上的卫星数量随着时间和地点的不同而不同,最少可见到 4 颗,最多可见到 11 颗。在用 GPS 信号导航定位时,为了计算观测站的三维坐标,必须观测 4 颗 GPS 卫星,称为定位星座。这 4 颗卫星在观测过程中的几何位置分布对定位精度有一定的影响。对于某地某时,甚至不能测得精确的点位坐标,这种时间段称为"间隙段"。但这种时间间隙段是很短暂的,并不影响全球绝大多数地方的全天候、高精度、连续实时的导航定位测量。

空间卫星的主要功能有:

①接收和存储由地面监控站发来的导航信号,接收并执行监控站的控制指令。

②卫星上设有微处理机,可进行必要的数据处理。

③通过星载的高精度原子钟产生基准信号,提供精确的时间标准。

④向用户连续不断地发送导航定位信号。

⑤接收地面主控站通过注入站送给卫星的调度指令。

2)地面监控部分

GPS 工作卫星的地面监控系统,目前主要由分布在全球的 1 个主控站,3 个信息注入站和 5 个监测站组成,是整个系统的中枢,由美国国防部管理。主控站设在美国科罗拉多(Colorado Springs)的联合空间执行中心 CSCO(Consolidated Space Operation Center),负责对地面监控站全面控制。3 个信息注入站分别设在大西洋、印度洋和太平洋的 3 个美军基地上,即大西洋的阿松森(Ascension)、印度洋的狄哥·伽西亚(Diego Garcia)和太平洋的卡瓦加兰(Kwajalein)。5 个监测站,除了位于主控站和 3 个信息注入站之处的 4 个站外,还在夏威夷设立 1 个监测站。监测站内装备有接收机、原子钟、气象传感器及数据处理计算机,其任务是追踪及预测

GPS 卫星轨道,控制 GPS 卫星状态及轨迹偏差,维护 GPS 系统的正常运作。对于导航定位来说,GPS 卫星是一动态已知点,星的位置是依据卫星发射的星历——描述卫星运动及其轨道的参数算得的。每颗 GPS 卫星所播发的星历,是由地面监控系统提供的。

地面监控系统的主要功能有:

①跟踪观测 GPS 卫星。各监测站所设 GPS 接收机对卫星进行连续观测,同时收集当地的气象数据。

②收集数据。主控站收集各监测站所测得的伪距和积分多普勒等观测值、气象要素、卫星时钟和工作状态的数据,监测站自身的状态数据以及海军水面兵器中心发来的参考星历。

③编算导航电文。根据所收集的数据,计算每颗 GPS 卫星的星历、时钟改正、状态数据和信号的电离层延迟改正等参数,并按一定格式编制成导航电文,传送给注入站。

④诊断状态。主控站还担负着监测整个地面监控系统是否正常工作,检验注入给卫星的导航电文是否正确,监测卫星是否将导航电文发送给用户等任务。

⑤注入导航电文。注入站在主控站的控制下,将卫星星历、卫星时钟钟差等参数和其他控制指令注入给各个 GPS 卫星。

⑥调度卫星。主控站能够对 GPS 卫星轨道进行改变和修正,还能进行卫星调度,让备用卫星取代失效卫星。

GPS 的空间部分和地面监控部分是用户广泛应用该系统进行导航和定位的基础,均被美国国防部所控制。

3)用户设备部分

用户设备部分则是适用于各种用途的 GPS 接收机。GPS 用户接收机是由主机、电源和天线组成。主机的核心部件是信道电路、基带处理电路和中央处理器,在专用软件的控制下,进行作业卫星选择、数据搜集、加工、传输、处理和存储。其天线则接收来自各方位的导航卫星信号。GPS 接收机接收到从卫星传来的连续不断的编码信号后,再根据这些编码辨认相关卫星,从导航电文中获取卫星的位置和时间,然后计算出接收机(即用户)所在的准确地理位置。

GPS 信号接收机的任务是:能够捕获到按一定卫星高度截止角所选择的待测卫星的信号,并跟踪这些卫星的运行,对所接收到的 GPS 信号进行变换、放大和处理,以便测量出 GPS 信号从卫星到接收机天线的传播时间,解译出 GPS 卫星所发送的导航电文,实时地计算出观测站的三维位置,甚至三维速度和时间,最终实现利用 GPS 进行导航和定位的目的。

静态定位中,GPS 接收机在捕获和跟踪 GPS 卫星的过程中固定不变,接收机高精度地测量 GPS 信号的传播时间,利用 GPS 卫星在轨的已知位置,解算出接收机天线所在位置的三维坐标。而动态定位则是用 GPS 接收机测定一个运动物体的运行轨迹。GPS 信号接收机所位于的运动物体称为载体(如航行中的船舰、空中的飞机、行走的车辆等)。载体上的 GPS 接收机天线在跟踪 GPS 测量卫星的过程中相对地球而运动,接收机用 GPS 信号实时地测得运动载体的状态参数(瞬间三维位置和三维速度)。

接收机硬件和机内软件以及 GPS 数据的后处理软件包,构成完整的 GPS 用户设备。GPS 接收机的结构分为天线单元和接收单元两大部分。对于观测地形接收机来说,两个单元一般分成两个独立的部件,观测时将天线单元安置在观测站上,接收单元置于观测站附近的适当地方,用电缆线将两者连接成一个整机。也有的将天线单元和接收单元制作成一个整体,观测时将其安置在测站点上。GPS 接收机一般用蓄电池做电源,同时采用机内/机外两种直流电源。目前,各种类型 GPS 接收机体积越来越小,质量越来越轻,便于野外观测。

GPS 接收机的主要功能是接收 GPS 卫星播发的定位信息。

· 6.5.2 GPS 轨道的大地参考坐标系 ·

1)WGS—84 坐标系

美国国防部制图局(DMA)继世界大地坐标系(World Geodetic System)WGS— 60,WGS—66,GS—72 后,于 1984 年开始,经过多年修正、完善、发展了一种新的世界大地坐标系,称之为美国国防部 1984 年世界大地坐标系(WGS—84),该系统于 1985 年启用。1986 年开始生产出第一批相对该系统的地图、航图及大地成果。GPS 系统从 1987 年开始使用 WGS—84 系统,为广播星历和精密星历提供准确的参考坐标系,这样用户可以从 GPS 定位测量中得到更精密的地心坐标,也可通过相似变换得到精度较高的局部大地坐标系坐标。

2)GPS 坐标转换

在区域性的测量工作中,往往需要将 GPS 测量成果换算到用户所采用的区域性坐标系统,即需进行 GPS 坐标转换,或者为了改善已有的经典地面控制网,确定 GPS 网与经典地面网之间的转换参数,需要进行两网的联合平差。

· 6.5.3 GPS 定位的概念及主要特点 ·

1)GPS 系统确定地面点位的思路

GPS 系统确定地面点位的思路是:根据空中卫星发射的信号,确定空间卫星的轨道参数,计算出锁定的卫星在空间的瞬时坐标,然后将卫星看作分布于空间的已知点,利用 GPS 地面接收机,接收从某几颗(4 颗或 4 颗以上)卫星在空间运行轨道上同一瞬时发出的超高频无线电信号,再经过系统的处理,获得地面点至这几颗卫星的空间距离,用空间后方距离交会的方法求得地面点的空间位置。GPS 系统所采用的坐标为 WGS—84 坐标系。如图 6.20 所示,地面上 A,B 两点的空间三维坐标分别为:$A(x_A,y_A,z_A)$,$B(x_B,y_B,z_B)$。

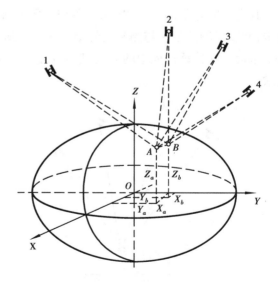

图 6.20 地面点为坐标示意图

由于空间卫星的时钟与地面接收机的时钟不可能同步,因此,需要观测 4 颗或 4 颗以上的卫星,才能确定 4 个变量的值,即 x, y, z 和时间 t。GPS 系统采用高轨测距体制,以观测站至 GPS 卫星之间的距离作为基本观测量。为了获得距离观测量,主要采用两种方法:

(1)伪距测量

伪距测量,即根据接收机接收到的 GPS 卫星发射的测距 A/C 码和电文内容,通过信号从发射到达用户接收机的传播时间,从而计算出卫星和接收机天线间的距离。但由于 GPS 卫星时钟与用户接收机时钟难以保持严格的同步,存在有时钟差,所以观测的卫星与接收机天线间的距离均含有受到卫星钟与用户接收机钟同步差的影响,并不是真实值,因此习惯上称所测距离为"伪距"。

(2)载波相位测量

载波相位测量,即测定 GPS 卫星载波信号在传播路径上的相位变化值,以确定信号传播距离的方法。采用伪距测量定位速度最快,而采用载波相位测量定位精度最高。通过对 4 颗或 4 颗以上的卫星同时进行伪距或相位测量即可推算出接收机的三维位置。

2)绝对定位与相对定位

按定位方式,GPS 定位分为绝对定位(单点定位)和相对定位(差分定位)。

(1)绝对定位

绝对定位又称单点定位,是指在一个观测点上,利用 GPS 接收机观测 4 颗以上的 GPS 卫星,根据 GPS 卫星和用户接收机天线之间的距离观测量和已知卫星的瞬时坐标,独立确定特定点在地固坐标系(坐标系固定在地球上,随地球一起转动)中的位置,称为绝对定位,如图 6.21 所示。

绝对定位的优点是,只需一台接收机便可独立定位,观测的组织与实施简便,数据处理简单。其主要问题是,由于 GPS 采用单程测距原理,卫星钟与用户接收机的钟难以保持严格的同步,所以观测的卫星与测站间的距离含有受到卫星钟与用户接收机钟同步差,以及卫星星历和卫星信号在传播过程中的大气延迟误差的影响,定位精度较低,不能满足工程定位测量的要求。

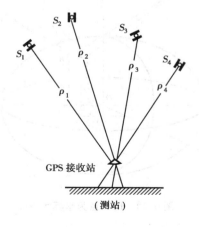

图 6.21　绝对定位(单点定位)

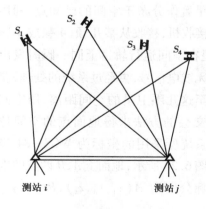

图 6.22　相对定位

（2）相对定位

相对定位又称差分定位，是指在两个或若干个观测站上设置 GPS 接收机，同步跟踪观测相同的 GPS 卫星，测定它们之间的相对位置，根据不同接收机的观测数据来确定观测点之间的相对位置的方法，称为相对定位，如图 6.22 所示。

在相对定位中，至少有一个点的位置是已知的，称之为基准点。由于相对定位是在几个点同步观测 GPS 卫星数据进行的，因此，可以有效地消除或减弱许多相同的或基本相同的误差，如卫星钟的误差、卫星星历误差、信号的传播延迟误差等，从而可以获得很高的相对定位精度。但相对定位要求各站接收机必须同步跟踪观测相同的卫星，因而作业组织和实施比较复杂，而且两点的距离受到限制，一般在 1 000 km 以内。

3）静态定位与动态定位

按待定点相对于地固坐标系的运动状态来划分，GPS 定位可以分为静态定位和动态定位。

（1）静态定位

若观测站相对于地固坐标系没有察觉到运动，或者有微小的运动，但是在一次观测期间（数小时或若干天）无法觉察到，这样确定待定点位置的方法，称为静态定位。其基本特点是，在 GPS 观测数据处理中，待定点的坐标是个常量，没有速度分量。在静态定位中，可以进行大量的重复观测，以提高定位精度。

（2）动态定位

若观测站相对于地固坐标系有显著的运动，则对这样点的定位称为动态定位。动态定位可以分为两种情况：一是导航动态定位，它要求在用户运动时，实时地确定用户的位置和速度，并根据预先选定的终点和运动路线，引导用户沿预定航线到达目的地；另一种是精密动态定位，其主要目的不是导航，而是精确确定用户各个时刻的位置和速度。目前，后者比较广泛地应用于工程测量中。

4）GPS 主要特点

GPS 系统与其他导航技术相比，以"多星、高轨、高频测量—测距"为体制，以高精度的原子钟为核心。其主要特点有以下几个方面：

①全方位、全天候连续导航定位。由于 GPS 有 24 颗卫星，且分布合理，轨道高达 20 183 km，所以地球上任何地方的用户在任何时间至少可以同时观测到 4 颗 GPS 卫星（我国领土上一般为 5 或 6 颗），因而该系统可以为全球任何地点及近地空间的用户提供全天候的导航定位服务，而且可同时容纳无数用户，还具有良好的隐蔽性能。

②高精度三维定位、测速及授时。GPS 能连续为各类用户提供三维位置、三维速度和精确的时间信息。目前一般测地型 GPS 接收机的标称精度为 $(5 \pm 1 \times 10^{-6})$ mm。实践表明：平面位置精度相当好，GPS 相对定位精度在 50 km 以内可达 1×10^{-6} mm，100 ~ 500 km 可达 1×10^{-7} mm，1 000 km 可达 1×10^{-9} mm，仅高程方面稍逊一些。我国于 1991—1994 年完成了国家 GPS 一级网的建立，平面相对定位精度达 3×10^{-8} mm，测速精度可达 0.1 m/s，授时精度可达 1 μs。

③观测速度快。随着 GPS 系统的不断完善,软件的不断更新,目前,20 km 以内相对静态定位仅需 15～20 min。快速静态相对定位测量时,当每个流动站与基准站相距在 15 km 以内时,流动站观测时间只需 1～2 min,然后可随时定位,每站观测只需几秒钟,实时定位速度快。目前 GPS 接收机的一次定位和测速工作在 1 s 甚至更短的时间内便可完成,这对高动态用户来讲尤其重要。

④自动化程度高,经济效益好。随着 GPS 接收机不断改进,自动化程度越来越高,接收机的体积越来越小,质量越来越轻,极大地减轻了测量工作者的工作紧张程度和劳动强度,使野外工作变得轻松愉快。大量的实践已经证明,在工程中应用 GPS 测量的费用仅为常规测量费用的 1/3。主要原因是:GPS 测量观测、定位速度快,使得工期缩短;GPS 测量自动化程度高,节约一定的人力;GPS 测量不要求通视,不必建立大量的费时、费力、费钱的觇标台。

⑤能提供全球统一的三维坐标信息。GPS 定位可提供 WGS—84(协议地球坐标系)中的三维坐标,这无疑为全球测量成果的统一提供了方便。

⑥抗干扰能力强,保密性能好。由于 GPS 系统采用了伪随机噪声码技术,使 GPS 信号深埋于噪声之中,因而 GPS 卫星所发送的信号具有良好的抗干扰能力和保密性。

·6.5.4 RTK 测量·

在 20 世纪 80 年代中期,人们在静态测量中引入事后差分技术,成功地利用载波相位测量把精度提高到毫米级,加上 GPS 测量不受通视条件限制,具有全天候作业等特点,因此首先应用于测绘控制专业,而且动摇了测绘专业传统、经典的测绘方法,把测绘控制测量提高到一个全新的阶段。但是,这种突破性的变革仍在继续,近几年,人们又利用载波相位实时动态差分技术,即 RTK 技术,把实时测量精度又提高到分米甚至厘米级,几乎相当于先期的静态事后差分精度,从而使测绘专业的碎部测量、高精度工程放样测量成为现实。

1)RTK 的概念

因为在实时动态测量中,最先在码相位测量上引入差分技术,所以把实时动态码相位差分测量称为常规差分 GPS 测量—RTD(Real Time Differential)。常规实时动态差分 GPS 由于是采用码相位测量,其精度不可能进一步提高,而且三维坐标中的高程误差是水平误差的 2 倍,即高程误差在 2～15 m。这在某些要求高程精度三维坐标的作业中是难以满足要求的。

RTK 测量是实时动态载波相位差分 GPS 测量,是指在运动状态下通过跟踪处理接收卫星信号的载波相位,从而获得比 RTD 高得多的定位精度。为了和 RTD 相区别,称实时动态载波相位差分 GPS 为 RTK,也有称为 RTK/OTF(Real Time Kinematics/on The Fly)。

RTK 是在载波相位上进行测量,所以精度很高,可以达到几分米甚至几厘米的精度,而且是实时,无需事后处理,因此它已使当前 GPS 技术发展到最高点。与此同时,它的应用领域已扩大到许多方面。

(1)RTK 系统用户部分的组成

RTK 系统主要由一个基准站、若干个流动站、通信系统和 RTK 测量的软件系统 4 大部分组成。其中,基准站包括 GPS 接收机(接收机通常具有数据传输参数、测量参数、坐标系统等设置功能）、GPS 天线、无线电通信发射设备、电源、基准站控制器等设备。流动站,包括 GPS 天线、GPS 接收机、无线电通信接收设备、电源、流动站控制器。RTK 系统的工作流程如图 6.23 所示。

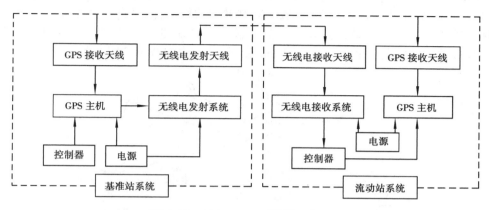

图 6.23　GPS—RTK 系统的工作流程

（2）RTK 突出的优点

①高精度。采用高性能双频机可达到 $2\ cm \pm 2 \times 10^{-6} \times D$,性能差的也可达到分米级。

②实时性能。在现场即可得到三维坐标,并能实时放样出设计坐标。

③轻便灵活。设备都非常轻便,不包括电源基准台只有 10 多千克,移动台只有几千克,搬迁安装非常灵活。

（3）应用领域

RTK 技术是大地测量、空间技术、卫星技术、无线电通信与计算机技术的综合集成,在许多领域发挥着重大作用。可用于高精度的工程测量,如航道测量、地形测图、道路工程的测设等。地震测线放样,可以根据设计测线的检波点及炮点位置在实地确认。由于有很高的三维坐标精度,在控制测量中,可以同时得到点位的平面位置和高程。几厘米或几分米的精度可以满足一般工程测量中控制精度的要求,而且无需长时间静态测量事后处理,因此可以用 RTK 代替常规的 GPS 静态控制测量。

（4）RTK 的局限性

①作用距离有限。RTK 测量在解算整周未知数时,需要一个近似的估值,该估值是以码相位常规差分测量求得的,作用距离太大时,该估值的误差就大,有可能在运动状态下无法搜索到可靠的整周数解,导致作业失败。因此,作用距离就非常有限,一般要得到厘米级精度,作用距离不能大于 10 ~ 15 km;要得到分米级精度,作用距离不能大于 50 km。随着今后研究的深入和技术的不断完善,作用距离可能放宽。

②初始化时间的等待在动态下求解整周模糊度。即初始化需要一定时间（几秒到几分钟）,因此在连续动态作业过程中,一旦信号失锁,需要重新进行初始化,在初始化过程中,精度将降低到常规差分 GPS 的精度,只有等待初始化完成,精度才能恢复到原有的精度。

2) RTK 系统工作及数据处理流程示意图

(1) GPS—RTK 系统工作示意图

在 RTK 作业模式下,基准站通过数据调制解调器,将其观测值及站点的坐标信息用电磁信号一起发送给流动站。流动站不仅接收来自基准站的数据,同时自身也要采集 GPS 卫星信号,并取得观测数据,在系统内组成差分观测值进行实时处理,瞬时地给出精度为厘米级(相对于参考站)的流动站点位坐标。GPS—RTK 系统外业工作如图 6.24 所示。

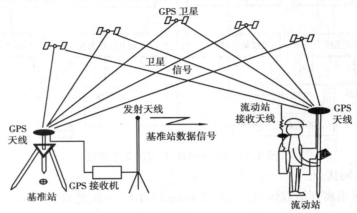

图 6.24   GPS—RTK 系统工作示意图

流动站可在一固定点上先进行初始化后再进入动态作业,也可在动态条件下直接开机,并在动态环境下完成整周未知数的搜索求解,在整周未知数解集固定下来以后,即可进行每一历元的实时处理。只要能保持 4 颗以上卫星相位观测值的连续锁定和它们具有必要的几何图形强度,则测程在 10 km(本系统精度保证范围)以内的流动站可随时给出厘米级精度的点位成果。

(2) GPS—RTK 数据处理流程示意图

在 RTK 作业模式下,基准站通过数据链将其观测值(伪距和载波相位观测值)和测站坐标信息(如基准站坐标和天线高度)一起传送给流动站,流动站在完成初始化后,一方面通过数据链接接收来自基准站的数据,另外自身也采集 GPS 观测数据,并在系统内组成差分观测值进行实时处理,再经过坐标转换、高程拟合和投影改正,即可给出实用的厘米级定位结果,如图 6.25 所示。

·6.5.5   GPS 测量的作业模式·

GPS 测量的作业模式,是指利用 GPS 定位技术确定观测站之间相对位置所采用的作业方式,它与 GPS 接收设备的硬件和软件密切相关。不同的作业模式,其作业方法、观测时间及应用范围亦不同。近年来,由于 GPS 测量数据处理软件系统的发展,目前已有多种作业模式可供选择。作业模式主要有静态定位、快速静态定位、准动态定位及动态定位等。

1) 静态定位模式

静态定位模式是将 GPS 接收机安置在基线端点上,观测中保持接收机固定不动,以便能通过重复观测取得足够的多余观测数据,以提高定位的精度。这种作业模式一般是采用两套或两套以上 GPS 接收设备,分别安置在一条或数条基线的端点上,同步观测 4 颗以上卫星,可观测数个时段,每时段长 1 ~ 3 h。静态定位一般采用载波相位观测量。

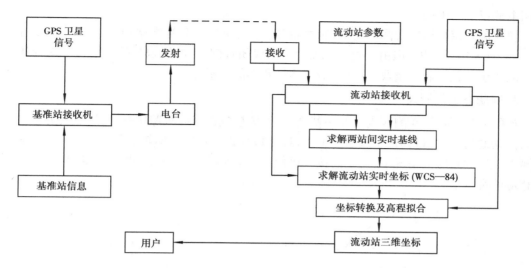

图 6.25　GPS—RTK 数据处理流程示意图

　　静态定位模式所观测的基线边,一般应构成某种闭合图形,如图 6.26 所示。这样有利于观测成果的检核,提高成果的可靠性及平差后的精度。静态定位测量一般需要有几套接收设备进行同步观测,同步观测所构成的几何图形称为同步环路。若有 3 套接收设备,同步环路可构成三边形,如图 6.27(a)所示;若有 4 套接收设备,则可构成四边形或中点三边形,如图 6.27(b)或(c)所示。GPS网是由若干个同步环路构成。

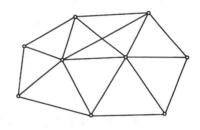

图 6.26　GPS 闭合环

　　静态定位测量是当前 GPS 定位测量中精度最高的作业模式,基线测量的精度可达$(5\pm1\times10^{-6}\times D)$ mm,其中 D 为基线长度。因此,静态定位测量被广泛应用于大地测量、精密工程测量及其他精密测量中。

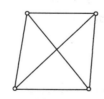

(a)三边形同步环路　　　(b)四边形同步环路　　　(c)中点三边形同步环路

图 6.27　GPS 三边形与四边形

2)快速静态定位模式

　　如图 6.28 所示,快速静态定位模式是在测区的中部选择一个基准站,并安置一台接收机,连续跟踪所有可见卫星;另一台接收机依次到各点流动设站,并且在每个流动站上静止观测数分钟,以快速解算法解算整周未知数。

　　快速静态定位模式要求在观测中必须至少跟踪 4 颗卫星,而且流动站距基准站一般不应超过 15 km。由于流动站的接收机在迁站过程中无须保持对所测卫星的连续跟踪,因而可以关闭电源以节约电能。

快速静态定位模式观测速度快,精度也较高,流动站相对基准站的基线中误差可达$(5 \sim 10) \text{mm} \pm 1 \times 10^{-6} \times D$。但由于直接观测边不构成闭合图形,所以缺少检核条件。这种作业模式一般用于工程控制测量及其加密、地籍测量和碎部测量等。

3)准动态定位模式

如图 6.29 所示,在测区内选择一基准站,安置接收机连续跟踪所有可见卫星,另一台接收机为流动的接收机,将其置于起始点 1 上,观测数分钟,以便快速确定整周未知数。在保持对所测卫星连续跟踪的情况下,流动的接收机依次迁到测点 2,3,…,7 点上各观测数秒钟,以获得相应的观测值。

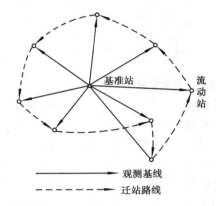

观测基线
迁站路线

图 6.28　快速静态定位模式

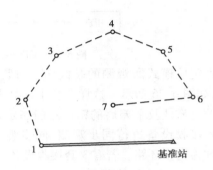

图 6.29　准动态定位模式

准动态定位模式在作业时,必须至少有 4 颗以上的卫星可供观测。在观测过程中,流动接收机对所测卫星信号不能失锁,如果发生失锁现象,应在失锁后的流动点上,将观测时间延长至数分钟。流动点与基准站相距应不超过 15 km。

准动态定位模式工作效率高。在作业过程中,虽然偶尔会发生失锁现象,只要在失锁的流动站点上,延长观测时间数分钟,即可向前继续观测。各流动站点相对于基准点的基线精度一般可达$(10 \sim 20) \text{mm} \pm 1 \times 10^{-6} \times D$。准动态定位适用于开阔地区的控制点加密、路线测量、工程定位及碎部测量等。

4)动态定位模式

如图 6.30 所示,先建立一个基准站,并在其上安置接收机,连续跟踪观测所有可见卫星。另一台接收机安置在运动的载体上,在出发点静止观测数分钟,以便快速解算整周未知数。然后从出发点开始,载体按测量路线运动,其上的接收机就按预定的采用间隔自动进行观测。

该作业模式要求在作业过程中,必须至少能同时跟踪观测到 4 颗以上卫星,运动路线与基准站的距离不能超过

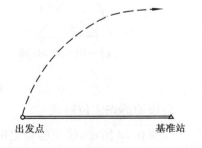

出发点　　　　　基准站

图 6.30　动态定位模式

15 km。动态定位的观测速度快,并可实现载体的连续实时定位。运动点相对基准站的基线精度一般可达$(10 \sim 20) \text{mm} \pm 1 \times 10^{-6} \times D$。适用于测定运动目标的轨迹、路线中线测量、开阔地区的横断面测量和航道测量等。

复习思考题 6

6.1 测绘地形图和施工放样为什么要建立控制网？控制网分为哪几种？

6.2 导线有哪几种布设形式？各在什么情况下采用？

6.3 导线测量的外业工作包括哪些？导线选点时应注意哪些问题？

6.4 若在导线测量时分别观测导线前进方向的左角和右角,则在推算导线边的方位角时所采用的公式有何区别？

6.5 在什么情况下宜采用三角高程测量？三角高程采用对向观测有何好处？

6.6 GPS 全球定位系统由哪几部分组成？简述应用 GPS 进行平面控制测量有哪些优越性？

6.7 如图 6.31 所示,已知 AB 边的坐标方位角为 $\alpha_{AB} = 149°40'00''$,又测得 $\angle 1 = 168°03'14''$, $\angle 2 = 145°20'38''$,BC 边长为 236.02 m,CD 边长为 189.11 m。且已知 B 点的坐标为:$x_B = 5\,806.00$ m,$y_B = 9\,785.00$ m,求 C,D 两点的坐标。

6.8 闭合导线 $ABCDA$ 的观测数据如图 6.32 所示,其已知数据为:$X_A = 500.00$ m,$y_A = 1\,000.00$ m,AD 边的方向角 $\alpha_{AD} = 133°47'$。列表计算 B,C,D 3 点的坐标。

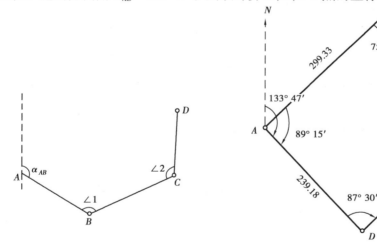

图 6.31 题 6.7 图   图 6.32 题 6.8 图

6.9 附合导线 $AB12CD$ 的观测数据如图 6.33 所示,试列表计算 1,2 两点的坐标。已知数据为:$X_B = 200.00$ m,$y_B = 200.00$ m,$X_C = 155.37$ m,$y_C = 756.06$ m,DA 边的坐标方位角 $\alpha_{AB} = 45°00'00''$,$\alpha_{CD} = 116°44'48''$。

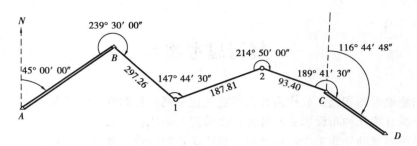

图 6.33 题 6.9 图

6.10 用前方交会法测得某高大建筑物顶部中心坐标为:$X_o' = 1\ 058.346$ m, $y_o' = 2\ 379.774$ m,测得建筑物底部中心坐标为:$X_o = 1\ 058.338$ m, $y_o = 2\ 379.783$ m,已知建筑物高 35 m,求它倾斜度与倾斜方向。

6.11 三角高程测量中,已知水平距离 $D = (100.08 \pm 0.05)$ m,竖直角 $\alpha = 15°30'00'' \pm 30''$,仪器高 $i = (1.48 \pm 0.01)$ m,目标高 $V = (1.00 \pm 0.01)$ m,试求两点间的高差 h 及其中误差 m_h。

7 地形图的测绘与应用

〖**本章导读**〗

主要内容:比例尺的概念;地形的表示方法;大比例尺地形图测量的作业流程及地形图的应用;GIS 及其应用。

学习目标:

(1)掌握地形的表示方法、比例尺及其精度的意义;

(2)掌握大比例尺地形图的测绘方法;

(3)掌握地形图的应用;

(4)了解 GIS 的相关概念及应用。

重点:比例尺及其精度的意义;大比例尺地形图的测绘方法。

难点:大比例尺地形图的测绘及应用。

7.1 概 述

地球表面有高低起伏的各种地貌,还有人工和自然的各种地物。在测区建立控制网后,根据控制点的位置,通过实地测量,按照一定的比例尺和规定的符号,测定测区内地物和地貌的平面位置和高程,并缩绘在图纸上,制成地形图,这种测量工作就是地形图的测绘。

1)地形图比例尺

在测绘地形图之前,首先要明确地形图比例尺的概念。所谓地形图比例尺就是指图上某一线段的长度 d 与地面上相应线段的水平距离 D 之比,通常以分子等于 1 的分数形式表示,即:

$$\frac{d}{D} = \frac{1}{M} \qquad\qquad (7.1)$$

式中 M——比例尺分母。

由于地形图的服务对象不同,其比例尺可分为大、中、小 3 种。1:500 ~ 1:5 000 比例尺的地形图称为大比例尺地形图,通常采用经纬仪或平板仪进行野外测绘而得,现代的方法是利用电磁波测距仪、光电测距仪或全站仪,从野外测量、计算到内业一体化的数字化测量,主要用于公路、城市道路、铁路、水利设施等各种工程建设的详细规划和设计以及工程量计算等;1:10 000 ~ 1:100 000 比例尺的地形图称为中比例尺地形图,采用航空摄影测量或航天遥感数字摄影测量方法测绘而成,是国家基尺地形图及各种资料编绘而成的。

根据比例尺的定义,在测图时可将实地的水平距离 D 换算为图上长度 d,在用图时也可将

图上长度 d 换算为实地上相应的水平距离 D,其公式为:

$$d = \frac{D}{M} \quad \text{或} \quad D = dM \tag{7.2}$$

这种比例尺称为数字比例尺,分母 M 越大,比例尺越小。为了用图方便以及减小由于图纸伸缩变化而产生的误差影响,常在图上绘制图示比例尺,如图 7.1 所示。

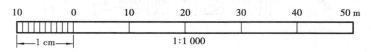

图 7.1 图示比例尺

2)比例尺精度

通常人眼在图纸上能分辨出的最小距离为 0.1 mm,即当图纸上两点的间距小于 0.1 mm 时,人眼就无法再分辨。因此,在地形图上 0.1 mm 所代表的实地水平距离称为地形图的比例尺精度。即:

$$比例尺精度 = 0.1 M \tag{7.3}$$

比例尺精度的概念对测图与用图都具有十分重要的意义。首先,根据测图的比例尺,可以知道在地面上量距应准确到什么程度,例如测绘 1:2 000 比例尺的地形图时,其比例尺的精度为 $0.1 \times 2\,000 = 0.2$ m,因此测量地面上距离的绝对精度只需 0.2 m;其次,也可按照地面距离的规定精度来确定采用多大比例尺的地形图,如果要求在图上能表示出地面上 0.5 m 的细节,则由比例尺精度可知所用的测图比例尺不应小于 $0.1/(0.5 \times 1\,000) = 1/5\,000$,也就是用 1:5 000 比例尺来测绘地形图就能满足要求,由此可知比例尺越大,表示地形变化的状况越详细,精度越高。所以测图比例尺应根据用图的需要来确定,工程常用的几种大比例尺地形图的比例尺精度,见表 7.1。

表 7.1 常用比例尺的精度

比例尺	1:500	1:1 000	1:2 000	1:5 000	1:10 000
比例尺精度/m	0.05	0.1	0.2	0.5	1.0

地形图测绘的工作程序是采取"从整体到局部,先控制后碎部"的原则,根据测图的目的和要求,并结合测区具体情况,首先逐级建立平面和高程控制,然后利用控制测量的成果来详细测绘地形图。在测绘过程中都应遵守有关规范的规定。测图方法、仪器和地形取舍要满足测图的精度要求,以保证测图及用图的质量。

7.2 地物和地貌及其表示方法

· 7.2.1 地物及其表示方法 ·

凡地面上的自然形成物或人工构筑物统称为地物,如河流、湖泊、森林、房屋、道路等。地面上的地物在地形图上都是用简明、准确、易于判断实物的符号表示的,这些符号称为地形图图式,由国家测绘主管部门统一编制、印刷、发行。

地形图图式的符号按其特点分为比例符号、非比例符号、半比例符号和地物注记符号等。各种符号的图形和尺寸,对于不同比例尺的测图,在地形图图式中都有统一的规定。各种符号是地形图阅读的主要依据,测图时必须正确使用。表 7.2 列举了大比例尺地形图图式符号的部分内容。

（1）比例符号

有些地物的轮廓较大,如房屋、池塘、稻田等,这些地物按测图比例尺缩绘在图纸上所绘制的轮廓称为比例符号,也就是能表示地物位置以及它的形状和大小的符号。

表 7.2　地形图图式符号

编　号	符号名称	图　　例	编　号	符号名称	图　　例
1	坚固房屋 4. 房屋层数	坚4　　1.5	9	水稻田	0.2　1:20　10.0　10.0
2	普通房屋 2. 房屋层数	2　　1.5	10	旱　地	1.5 ‖　‖ 0.8　10.0 ‖　‖ 10.0
3	窑　洞 1. 住人的 2. 不住人的 3. 地面下的	1 ⊓ 2.5 20 3 ⌂	11	灌木林	0.5 1.0
4	台　阶	0.5 0.5　0.5	12	菜　地	⅄ 2.0　⅄ 2.0 ⅄ 10.0 ⅄ 10.0
5	花　圃	1.5 1.5 10.0 10.0	13	高压线	4.0
6	草　地	1.0 2.0 10.0 10.0	14	低压线	4.0
7	经济作物地	0.8　3.0 蔗 10.0 10.0	15	电　杆	1.0 ∘
8	水生经济作物地	藕 3.0 0.5	16	电线架	

续表

编 号	符号名称	图 例	编 号	符号名称	图 例
17	砖、石及混凝土围墙	10.0　　　　0.5　0.3　10.0	27	三角点 凤凰山-点名 394.486-高程	凤凰山 △ 394.468 3.0
18	土围墙	10.0　　0.5	28	图根点 1. 埋石的 2. 不埋石的	1　2.0⊡ N16/84.46 2　1.5◇ 25/62.74　2.5
19	栅栏、栏杆	1.0　10.0	29	水准点	2.0⊗ Ⅱ京石5/32.804
20	篱 笆	1.0　10.0	30	旗 杆	1.5 4.0□1.0/1.0
21	活树篱笆	3.5　0.5　10.0 1.0　0.8	31	水 塔	2.0 3.0□1.0 1.2
22	沟渠 1. 有堤岸的 2. 一般的 3. 有沟堑的	1　　　2　0.3　3	32	烟 囱	3.5 1.0
			33	气象站（台）	3.0 4.0 1.2
			34	消火栓	1.5 1.5 2.0
23	公 路	0.3 沥 砾 0.3	35	阀 门	1.5 1.5 2.0
24	简易公路	8.0　2.0	36	水龙头	3.5 1.2
25	大车路	0.15 碎石 0.3	37	钻 孔	3.0⊙1.0
26	小 路	4.0　1.0 0.3	38	路 灯	1.5 1.0

编　号	符号名称	图　例	编　号	符号名称	图　例
39	独立树 1. 阔叶 2. 针叶	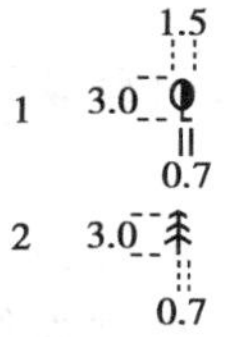	43	高程点及其注记	 0.5 .163.2　▲75.4
40	岗亭、岗楼	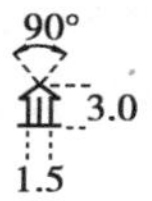	44	滑　坡	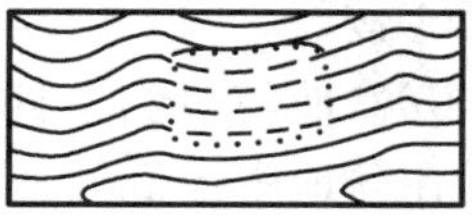
41	等高线 1. 首曲线 2. 计曲线 3. 间曲线	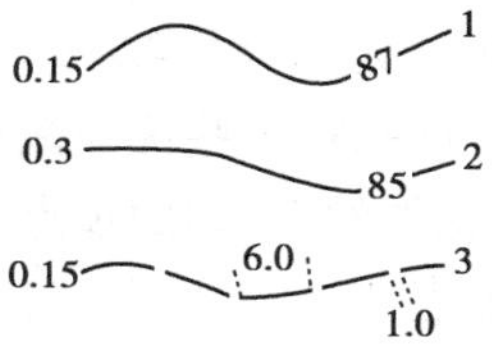	45	陡　崖 1. 土质的 2. 石质的	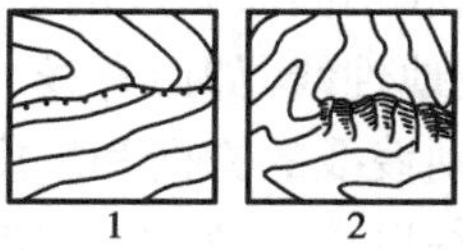
42	示坡线		46	冲　沟	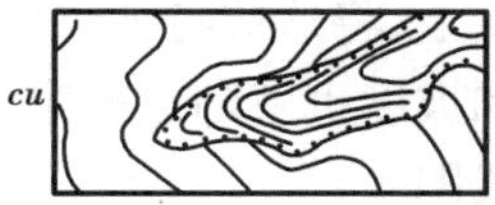

（2）非比例符号

有些地物较小，如水井、独立树、旗杆、宝塔、测量控制点等，这些地物按测图比例尺缩小后在图上无法表示出来，必须采用一种特定的、统一尺寸的符号表示它的中心位置，这种符号称为非比例符号。

（3）半比例符号

有些呈线状延伸的地物，如铁路、道路、管线、河流、渠道、围墙、篱笆、城墙等，长度可按比例绘出，而宽度则不能，这种表示地物的符号称为半比例符号。

（4）地物注记符号

用文字、数学或特殊的标记对地物加以说明的符号称为地物注记符号，如城镇名、道路名、高程注记、平面控制点、点号等。

在不同比例尺的地形图上表示地面上同一地物，由于测图比例尺的变化，所使用的符号也会变化。某一地物在大比例尺地形图上用比例符号表示，而在中、小比例尺地形图上则可能变成非比例符号或半比例符号。

· 7.2.2　地貌及其表示方法 ·

1）地貌的概念

地貌是指地球表面的各种起伏形态，它包括山地、丘陵、高原、平原、盆地等。一般可归纳为以下 5 种基本形状：

①山。较四周显著凸起的高地称为山,大的称为山峰。山的侧面称为山坡(斜坡)。山坡的倾斜度在 20°~45° 的称为陡坡,几乎成竖直形态的称为峭壁(陡坡)。下部凹入的峭壁称为悬崖。山峰与平地相交处称为山脚。

②山脊。山的凸棱,由山顶延伸到山脚的称为山脊,山脊最高的棱线称为分水线(或山脊线)。

③山谷。两山脊之间的凹部称为山谷。两侧称为谷坡,两谷坡相交部分称为谷底。谷底最低点连线称为山谷线(或称集水线)。谷地与平地相交处称为谷口。

④鞍部。两个山顶之间的低洼处,形状像马鞍,称为鞍部或垭口。

⑤盆地(洼地)。四周高中间低的地形称为盆地,最低处称为盆底,盆地没有泄水道,水都停滞在盆地中最低处,湖泊实际上是汇集有水的盆地。

地貌的形状,虽然千差万别,但实际都可以看作是一个不规则的曲面。这些曲面是由不同方向和不同倾斜度的平面所组成。两相邻倾斜面相交处即为棱线,这些棱线就是地貌的特征线或地性线,如山脊线、山谷线、山脚线、变坡线等。如果将这些棱线端点的高程和平面位置测出,则棱线的方向和坡度也就确定。在地面坡度变化处的点,如山顶点、盆地中心点、鞍部最低点、谷口点、山脚点、坡度变换点等,都称为地貌特征点。

这些特征点和特征线就构成地貌的轮廓特征。在地貌测绘中,立尺点就应选择在这些特征点上,将这些特征点的平面位置测绘在图上,并注记它们的高程,这样地貌特征线的平面位置和坡度也就随之确定下来。然后根据坡度、平距和等高距的关系便可勾绘出表示地貌的等高线图。

2)地貌在图上的表示方法

在地形测绘中,表示地貌的方法很多,对于大比例尺地形图通常用等高线表示。下面就等高线的概念、特性做简要介绍。

(1)等高线的概念

用不同高程而间隔相等的一组水平面 P_1,P_2,P_3 与地面相截,在各平面上得到相应的截线,将这些截线沿垂直方向正射投影到水平投影面上,便得到表示该地貌的一组闭合曲线,即等高线。如图 7.2 即是地面高程为 90 m,95 m,100 m 的等高线,所以等高线就是地面上高程相等的相邻点的连线。图 7.3 所示是用等高线表示的几种典型地貌。

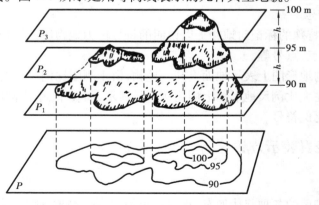

图 7.2 等高线

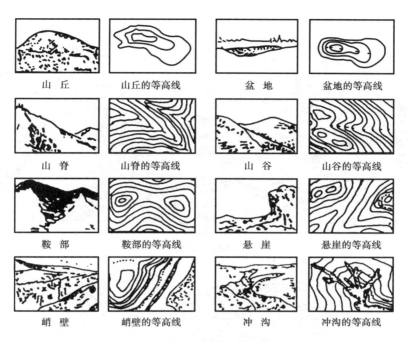

图 7.3 典型地貌的等高线图

值得注意的是,悬崖的等高线,其凹入部分投影到水平面后与其他等高线相交,俯视时隐蔽的等高线用虚线表示。峭壁的等高线一般要配有特定的符号来完成。而地面上由于各种自然和人为原因形成的其他形态,如冲沟、陡坎、滑坡、雨裂、梯田坎等,难以用等高线表示,绘图时可参照《地形图图式》规定的符号使用。

识别上述典型地貌的图例后,基本上就能认识地形图上较复杂的地貌形态,如图 7.4 所示为某一地区综合地貌的等高线形态图,读者可对照识别。

(2)等高距和等高线平距

两条相邻等高线高差为等高距,相邻等高线间的水平距离称为等高线平距。等高距越小,显示地貌就越详细,但等高距过小,图上等高线将很密,会使地形图不清晰。因此,要根据测图比例尺和地面倾斜角及其用图目的来选择等高距,但在同一幅图内,等高距通常取定值。测图基本等高距见表 7.3。

表 7.3 测图基本等高距表

地形类别	不同比例尺的基本等高距/m			
	1:500	1:1 000	1:2 000	1:5 000
平原区	0.5	0.5	1.0	2.0
微丘区	0.5	1.0	2.0	5.0
重丘区	1.0	1.0	2.0	5.0
山岭区	1.0	2.0	2.0	5.0

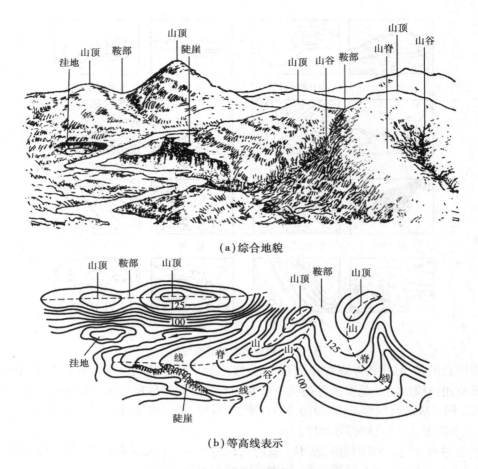

（a）综合地貌

（b）等高线表示

图 7.4　综合地貌及其等高线表示

（3）等高线的分类

等高线按其用途可分为首曲线、计曲线、间曲线和助曲线，如图 7.5 所示。

①基本等高线。在同一幅图上，按所选定的等高距描绘的等高线称为基本等高线（首曲线），用实线表示。

②半距等高线。在局部地区用基本等高线不足以表示地貌的实际状态时，可用 1/2 等高距的等高线，称为半距等高线（间曲线），用长虚线表示。

③辅助等高线。在局部地区还用 1/4 等高距的等高线，称为辅助等高线（助曲线），用短虚线表示。

④计曲线。为了读图方便，从高程 0 m 起算每隔 4 根基本等高线需加粗 1 根，称为计曲线。

（4）等高线的特性

①等高性。在同一条等高线上各点的高程相等。

②闭合性。每条等高线必为闭合曲线，如不在本幅图内闭合，也在其他图幅内闭合。

③不相交性。不同高程的等高线不能相交。当等高线重叠时，表示陡坎或绝壁。

④山脊线（分水线）、山谷线（集水线）均与等高线垂直相交。

⑤密陡疏缓性。等高线平距与坡度成反比。在同一幅图上，平距小表示坡度陡，平距大表

示坡度缓,平距相等表示坡度相同。换句话说,坡度陡的地方等高线就密,坡度缓的地方等高线就稀疏。

⑥正交性。等高线跨河时,不能直穿河流,须绕经上游正交于河岸线,中断后再从彼岸折向下游,如图7.6所示。

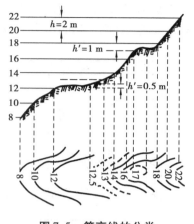

图7.5　等高线的分类

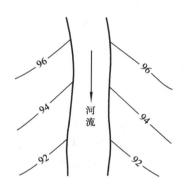

图7.6　等高线的正交性

h—高等距;h'—$\frac{1}{2}$等高距;h''—$\frac{1}{4}$等高距

等高线的这些特性是相互联系的,在测绘地形图时,正确运用等高线的特性,才能较逼真地显示地貌的形状。

7.3　测图前的准备工作

· 7.3.1　资料、仪器及图纸的准备 ·

1)资料和仪器的准备

在测图前要明确任务和要求,抄录测区内控制点的成果资料,并进行测区踏勘,拟定施测方案;根据方案所要求的测图方法准备仪器、工具和所用物品,并配备技术人员;对主要仪器应进行检查和校正,尤其是竖盘的指标差要经常进行检校。

2)图纸的准备

为了保证测图质量,必须采用优质图纸。对于较小地区临时性的测图,可将图纸直接固定在图板上进行测绘;对于需要长期保存的地形图,为了减少图纸变形,采用聚酯薄膜测图,其优点是透明度好、伸缩性小、不怕潮湿、牢固耐用,并可直接在底图上上墨,复晒成蓝图或直接照相制板,加快出图速度;其缺点是易燃、易折和易老化,故在使用保管过程中应注意防火、防折,使用时,先将膜面打毛去光后平铺在图板上,膜下衬上白纸,然后用涂上浆糊的纸条或胶布粘在图板边上,即成测图板。

为了测绘、保管和使用上的方便,测绘单位采用的图幅尺寸大小一般有 50 cm × 50 cm、40 cm × 50 cm、40 cm × 40 cm 几种,测图时可根据测区情况选择所需的图幅尺寸。

· 7.3.2 坐标格网的绘制 ·

如图 7.7 所示，先用直尺在图纸上画两条相互垂直的对角线 AC，BD，再以对角线交点为圆心量画出长度相等（此长度可根据图幅尺寸计算求得）的 4 段线段，得 a，b，c，d 4 点，连接各点即得正方形图廓。在图廓各边上，标出每隔 10 cm 的点，将上下和左右两边相对应的点一一连接起来，即构成直角坐标格网。连线时，纵、横线不必贯通，只画出 2 cm 长的正交短线即可。

坐标格网绘成后，必须检查绘制的精度。用直尺检查各方格网的交点是否在同一直线上，其偏离值不应超过 0.2 mm；小方格网的边长与理论值 10 cm 相差不应超过 0.2 mm；小方格网对角线长度与其理论值 14.14 cm 相差不应超过 0.3 mm，如超过限值应重新绘制。方格网检查合格后，根据测区控制网各控制点的坐标(x,y)，按照尽量把各控制点均匀分布在格网图中间的原则，选取本幅图的原点坐标，在图廓外注明格网的纵横坐标(x,y)值，并在格网上边注明图号，下边注明比例尺。

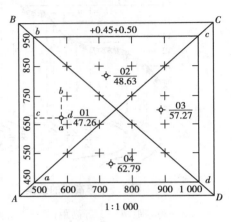

图 7.7 直角坐标格网

· 7.3.3 展绘控制点 ·

绘出坐标格网后，根据控制点的坐标值先确定点所在的方格，然后计算出对应格网的坐标差数 Δx 和 Δy，按比例在格网和相对边上截取与此坐标差相等的距离，最后对应连接相交即得点的位置。如图 7.7 中，要展绘 1 号点，其坐标 $x_1 = 679.12$ m，$y_1 = 580.08$ m，测图比例尺为 1∶1 000。由坐标值可知 1 点所在方格（$x = 650 \sim 750$ m，$y = 500 \sim 600$ m），其纵坐标差 $\Delta x = 29.12$ m，按比例在方格内截取 29.12 cm 得到横线 cd；横坐标差 $\Delta y = 80.08$ m，按比例在本格内截取 80.08 cm 得纵线 ab，将相应截取的横线 cd 与纵线 ab 相交，其交点即为 1 点在图上的位置。在此点的右侧平画一短横线，在横线上方注明点号，横线下方注明此点的高程。控制点展绘好后应检查各控制点之间的图上长度与按比例尺缩小后的相应实地长度之差，其差数不应超过图上长度的 0.3 mm，合格后才能进行测图。

7.4 地形图的测绘

· 7.4.1 测站点的加密 ·

测站点是地形碎部测量过程中安置仪器的点，如果测区地形较复杂，在碎部测量中需要增设测站点时，以已知图根控制点为基础，用图解交会法或视距支点法测设临时测站点，以满足测图需要。下面以视距支点法为例做一阐述，交会定点法参考第 6.3 节。

视距支点法的做法是：在已知点上，用极坐标法向待定点测绘方向线，量测水平距离，定出待定点在图上的位置。由于此待定点是选作施测地形的测站点，故要求待定点至已知点间距离及高差均应往返施测,其往返较差符合限差后取平均值作为成果。另外,支点缺乏校核条件,当测图比例尺大于1:5 000时,只能作一个支点,即不得从支点再引测支点。1:5 000及以下比例尺测图时可连续做两个支点。

· 7.4.2 地形点(碎部点)的选择与跑尺 ·

1)地形点的选择

对于地物而言,其地形点应选在地物轮廓线的方向变化处,如房屋应选屋角为地形点,水塘应选有棱角或弯曲的地方为地形点。测完一个地物后再转向另一个地物,以便在图上绘出它们的位置。由于地物形状极不规则,一般规定:凡地物凸凹长度大于 $0.4M$ 时(以 mm 为单位,M 为比例尺分母)都要进行施测。

对于地貌来说,地形点应选在山脊线、山谷线、山脚线、坡度变换点和方向变换点及山顶、鞍部等地貌特征点处。为正确而详细地表示实地情况,一般规定地形点间在图上的最大距离不应超过 3 cm。对于各种比例尺的地形点间距以及最大视距长度,见表7.4。

2)跑尺

在地形图测绘中地形点就是立尺点,因此跑尺是一项很重要的测图工作。立尺点和跑尺路线的选择对地形图的质量和测图效率都有直接影响。测图开始前,观测员、绘图员和跑尺员应先在测站上研究需要立尺和跑尺的方案。一般在地性线明显地区,可沿地性线和坡度变换点依次立尺,也可沿等高线跑尺;在平坦地区,一般常用环形法和迂回路线法来跑尺。地物点跑尺最好是沿地物轮廓逐点立尺,以方便绘图。

表 7.4　地形碎部点间距与测距最大长度表

测图比例尺	地面上地形点间距/m	测距最大长度/m			高程注记/m
		测记法	测绘法		
			地物点	次要地物和地形点	
1:500	15	300	60	100	0.01 或 0.10
1:1 000	30	450	100	150	0.10
1:2 000	50	700	180	250	0.10
1:5 000	100	1 000	300	350	0.10

· 7.4.3 地形碎部点的测绘方法 ·

根据所用仪器不同,地形碎部点测绘的传统方法有大平板仪(光电测距照准仪)测图法、经纬仪测绘(测记)法及小平板仪联合经纬仪测图法等。下面仅阐述经纬仪测绘(测记)法的具体做法。

(1)安置仪器

将经纬仪安置于测站点(已展绘到图纸上的控制点)A 上,如图7.8所示,量取仪器高 i,并测定竖直度盘的指标差 x,然后照准另一控制点 B 作为起始方向,并在该方向上使水平度盘读数配置成 $0°00'00''$。

（2）观测

照准立在地形点 1 上的视距尺,读取水平度盘读数或直接读取水平角、中丝读数（一般使中丝对准尺上仪器高 i 处）和视距间隔,并读出竖盘读数,分别记入地形点测量记录表中,见表 7.6。观测 20 个左右的地形点后,应检查起始方向,归零差不得大于 $1.5'$。

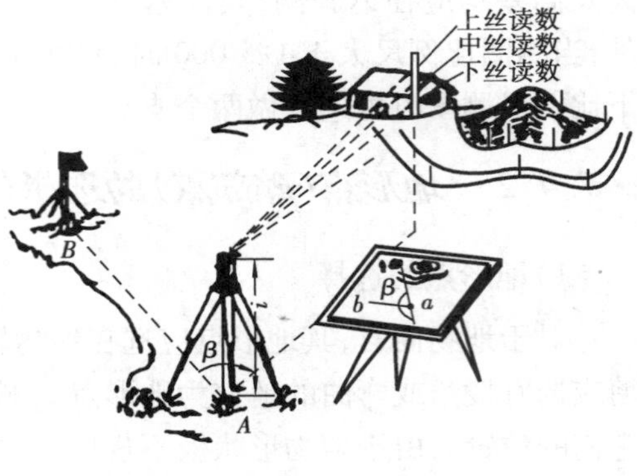

（3）计算

按表 4.3 所列公式计算测站点到碎部点的水平角、水平距离和地形点的高程。

（4）展绘碎部点

绘图员将裱有图纸的绘图板安置在测站边,根据计算出的测站点到碎部点的水平角、水平距离,按照极坐标法,仍以图上的 ab 方向为零方向,用透明半圆仪量测水平角,得到自测站点到碎部点 1 的方向线,沿此方向线从 A 点截取水平距离在图上的长度,即得地形点 1 的点位,展绘碎部点 1。碎部点的高程标注在该点位的右侧,同时还要避免与地物符号重叠,也不要标注在图廓外。用同样方法可测绘其他碎部点。

图 7.8　经纬仪测绘（测记）法

表 7.5　地形碎部点测量记录表

测站 A；后视点 B；仪器高 $i = 1.42$ m；指标差 $x = 0$；测站高程 $H_A = 207.40$ m										
点　号	视距 $kn/$cm	中丝读数	竖盘读数	竖直角	初算高差/m	$\Delta = i - v/$m	高差/m	水平角	水平距离/m	高程/m	备　注
1	76.0	1.42	$93°28'$	$-3°28'$	-4.95	0	-4.95	$275°25'$	75.7	202.8	屋角
2	75.0	2.42	$93°00'$	$-3°00'$	-3.92	-1.00	-4.92	$372°30'$	74.7	202.5	
3	51.4	1.42	$91°45'$	$-1°45'$	-1.57	0	-1.57	$7°40'$	51.4	205.9	鞍部
4	25.7	1.42	$87°26'$	$+2°34'$	$+1.15$	0	$+1.15$	$178°20'$	25.6	208.6	

绘图员应边展绘点边对照实物进行检查核对,按照规定的地物、地貌图式绘图。在技术人员不足的情况下,也可在野外用经纬仪观测碎部点的数据,做好记录并画出草图,然后在室内根据记录数据和草图来绘制地形图。

经纬仪测绘法测图,操作简单、方便,工作效率高,任务紧迫时可分组进行,因此得到了广泛的应用。其缺点是因在室内绘图不能对照实地及时发现问题,因此,成图后应到现场核对,以保证成图质量。

· 7.4.4　等高线与地物的勾绘 ·

1）等高线的勾绘

等高线的勾绘就是在两相邻地形点间，先插绘出基本等高线通过点，再将相邻各高程相等的点连接起来，形成基本等高线，然后进行整饰、加工，清绘出等高线图。实际工作中，常用目估法和图解法勾绘等高线。目估法简捷、实用，而图解法则较少采用。下面仅以目估法为例阐述。

目估法是根据目估来确定基本等高线通过点位置的一种方法。其要领是"先取头定尾，再中间等分"。

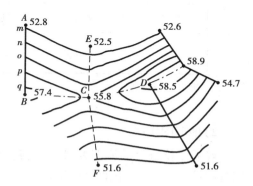

图 7.9　目估法勾绘等高线图

如图 7.9 所示，A, B 两点的地形点高程分别为52.8 m 和57.4 m。设基本等高距为 1 m，则首尾两基本等高线的高程为 53 m 和 57 m，其中间还有 54 m，55 m，56 m 等高线的通过点，为了用目估确定这些等高线的通过点，首先算出 A, B 两地形点的高差为4.6 m，然后将 AB 线目估分成 4.6 份，每份高差为1 m。在两端各画出一份的长度，如虚线所示，由 A 目估出 0.2 份来确定 53 m 等高线的通过点 B，称为"取头"；再由 B 目估 0.4 份来确定 57 m 等高线的通过点 q，称为"定尾"；其次在首尾 m, q 两等高线通过点间分成 4 等分，即得中间等高线的通过点 n, o, p。

按上述方法在各相邻地形点间确定出等高线通过点之后，参照实际地形，考虑地性线的走向弯曲程度，将相同高程点用曲线连接起来，即得等高线图，如图 7.9 所示。

2）地物的勾绘

相对而言，地物的勾绘要简单、容易些。根据所测得的地物特征点，按照《地形图图式》规定的符号和要求，将地物表示出来即可。

· 7.4.5　地形图的检查、拼接与整饰 ·

为了保证地形测图的质量，在地形图测绘完成后，必须对地形图进行全面的检查，然后进行拼接和整饰。

1）地形图的检查

地形图检查的方式包括室内图面检查和外业检查。

（1）室内图面检查

室内图面检查主要检查控制点的分布、展绘是否符合规范；地物、地貌的位置和形状绘制是否正确；图式符号使用是否符合规定；等高线高程和地形点高程是否存在矛盾；名称注记是否有遗漏或错误。一旦发现问题，先检查记录、计算和展绘有无错误，如果不是由于记录、计算和展绘所造成的错误，不得随意修改，待野外检查后再确定。

（2）外业检查

①野外巡查。在野外将地形图与实际地形对照，核对地物和地貌的表示是否清晰合理，检查是否存在遗漏、错误等。对图面检查发现的疑问必须重点检查。如果等高线表示的与实际地貌略有差异，可立即修改，重大错误必须用仪器检查后再修改。

②设站检查。检查在图面和野外检查时发现的重大疑问，找出问题后再进行修改。对漏测、漏绘的，补测后填入图中。另外为评判测图的质量，还应重新设站，挑选一定数量的点进行观测，其精度应符合表7.6的规定，仪器抽查量不应少于测图总量的10%。

表7.6 地形图的精度

图上地物点位置中误差/mm		等高线的高程中误差/mm			
主要地物	一般地物	平原区	微丘区	重丘区	山岭区
~6	~8	$\frac{1}{3}H_d$	$\frac{1}{2}H_d$	$\frac{2}{3}H_d$	$1H_d$

注：H_d——等距。

2）地形图拼接

经质量检查后的原图要进行拼接。由于测量误差的影响，相邻图幅拼接时，接图边上的地物和等高线一般会出现接边差，如图7.10所示。若接边差小于表7.6规定值的$2\sqrt{2}$倍时，两幅图才可以拼接；若超过此限值，必须用仪器检查、纠正图上的错误后再拼接。拼接时用宽5 cm的透明纸作为接边纸，先蒙在相邻的某幅图上，将要拼接图边的坐标格网线、图边的地物轮廓线、表示地貌的等高线等用铅笔透绘在透明纸上。再将透明纸蒙在要拼的另幅图边上，使透明纸与底图的坐标格网线对齐，透绘地物轮廓、地貌的等高线。若接边差不超限，则在透明纸上用彩色笔平均分配，纠正接边差，并将接图边上纠正后的地物、地貌位置用针刺于相邻的接边图上，以此修正图内的地物和地貌。若超限，则应持图到现场检查核对。

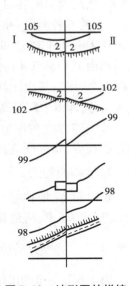

图7.10 地形图的拼接

3）地形图的整饰

拼接后的原图需要进行清绘和整饰，使图面清晰、整洁、美观，以便验收和原图的保存。整饰的顺序是："先图内后图外，先地物后地貌，先注记后符号"。具体做法是：

①擦去多余的线条，如坐标格网线，只保留交点处纵横1.0 cm的"+"字。

②靠近内图廓保留0.5 cm的短线，擦去用实线和虚线表示的地性线，擦去多余的碎部点，只保留制高点、河岸重要图的转折点、道路交叉点等重要的碎部点。

③加深地物轮廓线和等高线，加粗计曲线并在计曲线上注记高程，注记高程的数字应成列，字头朝向高处。

④按照图式规范要求填注符号和注记，各种文字注记标在适当位置，一般要求字头朝北，

字体端正。在等高线通过注记和符号时,等高线必须断开。

⑤最后应按照图式要求,绘制内、外图廓线,相邻图幅接边示意图,填写图名、图号、比例尺、等高距、坐标及高程系统、图例、施测单位、测绘者及测量日期等。

7.5 全站仪数字化测图

利用全站仪能同时测定距离、角度、高差,提供待测点三维坐标,将仪器野外采集的数据,结合计算机、绘图仪以及相应软件,实现自动化测图。

· 7.5.1 全站仪测图模式 ·

结合不同的电子设备,全站仪数字化测图主要有如图 7.11 所示三种模式。

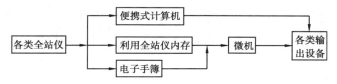

图 7.11 全站仪地形测图模式

1)全站仪结合电子平板模式

该模式是以便携式计算机作为电子平板,通过通讯线直接与全站仪通讯、记录数据,实时成图。因此,它具有图形直观、准确性强、操作简单等优点,即使在地形复杂地区,也可现场测绘成图,避免野外绘制草图。目前这种模式的开发与研究相对比较完善,由于便携式计算机性能和测绘人员综合素质的不断提高,因此比较符合今后的发展趋势。

2)直接利用全站仪内存模式

该模式使用全站仪内存或自带记忆卡,把野外测得的数据通过一定的编码方式,直接记录,同时野外现场绘制复杂地形草图,供室内成图时参考对照。因此,它操作过程简单,无需附带其他电子设备;对野外观测数据直接存储,纠错能力强,可进行内业纠错处理。随着全站仪存储能力的不断增强,此方法进行小面积地形测量时具有一定的灵活性。

3)全站仪加电子手簿或高性能掌上电脑模式

该模式通过通讯线将全站仪与电子手簿或掌上电脑相联,把测量数据记录在电子手簿或便携式计算机上,同时可以进行一些简单的属性操作,并绘制现场草图。内业时把数据传输到计算机中,进行成图处理。它携带方便,掌上电脑采用图形界面交互系统,可以对测量数据进行简单的编辑,减少了内业工作量。随着掌上电脑处理能力的不断增强,科技人员正进行针对全站仪的掌上电脑二次开发工作,此方法会在实践中进一步完善。

· 7.5.2 全站仪数字测图过程 ·

全站仪数字化测图,主要分为准备工作、数据获取、数据输入、数据处理、数据输出 5 个阶段。在准备工作阶段,包括资料准备、控制测量、测图准备等,与传统地形测图一样,在此不再赘述。现以实际生产中普遍采用的全站仪加电子手簿测图模式为例,从数据采集到成图输出介绍全站仪数字化测图的基本过程。

1)野外碎部点采集

一般用"解算法"进行碎部点测量采集,用电子手簿记录三维坐标(x,y,H)及其绘图信息。既要记录测站参数、距离、水平角和竖直角的碎部点位置信息,还要记录编码、点号、连接点和连接线形 4 种信息,在采集碎部点时要及时绘制观测草图。

2)数据传输

用数据通信线连接电子手簿和计算机,把野外观测数据传输到计算机中,每次观测的数据要及时传输,避免数据丢失。

3)数据处理

数据处理包括数据转换和数据计算。数据处理是对野外采集的数据进行预处理,检查可能出现的各种错误;把野外采集到的数据编码,使测量数据转化成绘图系统所需的编码格式。数据计算是针对地貌关系的,当测量数据输入计算机后,生成平面图形、建立图形文件、绘制等高线。

4)图形处理与成图输出

编辑、整理经数据处理后所生成的图形数据文件,对照外业草图,修改整饰新生成的地形图,补测重测存在漏测或测错的地方。然后加注高程、注记等,进行图幅整饰,最后成图输出。

· 7.5.3   数据编码 ·

野外数据采集,仅测定碎部点的位置并不能满足计算机自动成图的需要,必须将所测地物点的连接关系和地物类别(或地物属性)等绘图信息记录下来,并按一定的编码格式记录数据。编码按照《1∶500 1∶1 000 1∶2 000 地形图要素分类与代码》(GB/T 14804—93)进行,地形信息的编码由 4 部分组成:大类码、小类码、一级代码、二级代码,分别用一位十进制数字顺序排列。第一大类码是测量控制点,又分平面控制点、高程控制点、GPS 点和其他控制点 4 个小类码,编码分别为 11、12、13 和 14。小类码又分若干一级代码,一级代码又分若干二级代码。如小三角点是第三个一级代码,5 秒小三角点是第一个二级代码,则小三角点的编码是 113,5秒小三角点的编码是 1132。

野外观测,除要记录测站参数、距离、水平角和竖直角等观测量外,还要记录地物点连接关系信息编码。现以一条小路为例(图 7.12),说明野外记录的方法。记录格式见表7.7,表中连接点是与观测点相连接的点号,连接线形是测点与连接点之间的连线形式,有直线、曲线、圆弧和独立点 4 种,分别用 1、2、3 和空为代码,小路的编码为 443,点号同时也代表测量碎部点的顺序,表中略去了观测值。

图 7.12   小路的数字化测图记录

表7.7 小路的数字化测图编码

单 元	点 号	编 号	连 接 点	连接线性
第一单元	1	443	1	2
	2	443		
	3	443		
	4	443		
第二单元	5	443	5	−2
	6	443		
	7	443	−4	
第三单元	8	443	5	1

目前开发的测图软件一般是根据自身特点的需要、作业习惯、仪器设备和数据处理方法制定自己的编码规则。利用全站仪进行野外测设时,编码一般由地物代码和连接关系的简单符号组成。如代码 F0,F1,F2,⋯ 分别表示特种房、普通房、简单房⋯⋯("F"为"房"的第一个拼音字母,以下类同),H1,H2,⋯ 表示第一条河流、第二条河流的点位⋯⋯

7.6 地形图的阅读

·7.6.1 地形图的分幅与编号·

为了便于管理和使用不同比例尺的地形图,地形图实行统一的分幅与编号。具体方法有梯形分幅编号法(国际上通用)和矩形分幅编号法。

图幅的名称即图名,均以所在图幅内主要的地名命名,如图7.13 的图名为"大王庄"。

为便于贮存、检索和使用系列地图,每幅地图都有代号,每张地形图也有一定的图号。图号是该图幅相应分幅办法的编号,标注于图幅上方正中处。我国基本地图的编号是以 1∶100 万地形图的编号为基础进行系统编号的。1∶100 万地形图为国际统一的分幅与编号,按经纬线分幅。分幅与编号方法为:

1∶50 万地形图的编号是 1∶100 万地形图图号后加上大写字母 A,B,C,D;1∶20 万地形图图号是在 1∶100 万地形图图号后加上带方括号的自然序数[1],[2],⋯,[36];1∶10 万地形图图号是在 1∶100 万地形图图号后加上自然序数 1,2,⋯,144;1∶5 万地形图图号是在 1∶10 万地形图图号后加上大写字母 A,B,C,D;1∶2.5 万地形图图号是在 1∶5 万地形图图号后加上自然序数 1,2,3,4;1∶1 万地形图图号是在 1∶10 万地形图图号后加上带圆括号的自然序数(1),(2),⋯,(64);1∶5 000 地形图图号是在 1∶1 万地形图图号后加上小写字母 a,b,c,d;1∶2 000 地形图图号是在 1∶5 000 地形图图号后加上本比例尺的代号 1,2,⋯,9。

为了说明本幅图与相邻图幅的联系,供索取和拼接相邻图幅用,通常把相邻图幅的图号

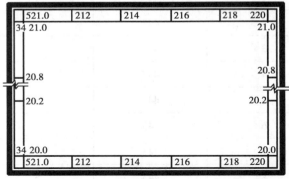

1:2 000

图 7.13　大王庄地形图

（或图名）标注在邻接图表中。中间绘有斜线的是本图幅,其余方格注以相邻图的图名（或编号）,如图 7.13 所示。图廓是地形图的边界线,有内、外图廓之分,内图廓线就是坐标格网线,外图廓为图幅最外边界线,以较粗的实线描绘,两图廓线之间的短线用来标记坐标值,以 km 为单位。图中左下角的 3 420.0 表示本图的起始纵坐标为 3 420 km,中间横线上 34 两字省去不写,521.0 表示本图的起始横坐标为 521 km。

表 7.8　地形图的图幅

比例尺	图幅大小/（cm×cm）	实地面积/km²	一张 1:5 000 的地形图所含图幅数
1:5 000	40×40	4	1
1:2 000	50×50	1	4
1:1 000	50×50	0.25	16
1:500	50×50	0.062 5	64

　　土建工程使用的大比例尺地形图一般均为按坐标格网划分的正方形分幅编号法。1:5 000,1:2 000,1:1 000 和 1:500 比例尺地形图的图幅见表 7.8。1:5 000 的地形图的图幅为 40 cm×40 cm,其他比例尺的地形图图幅均为 50 cm×50 cm,这样,较小比例尺的地形图恰好为较大比例尺地形图的 4 幅。

　　地形图的编号一般采用图幅西南角坐标千米数编号法。编号时,对于 1:5 000 的地形图,西南角坐标值取至整千米,如图 7.14 其图号为 20—30;对于 1:2 000 和 1:1 000 的地形图,坐标值取至 0.1 km;而对于 1:500 的地形图,坐标值取至 0.01 km。例如,某 1:2 000 的地形图,西南角坐标值为 $x=46\,500$ m,$y=19\,000$ m,其图号为 46.5—19.0。

　　按照表 7.8 中一幅 1:5 000 图中包含该比例尺图幅数,将一幅 1:5 000 的地形图做 4 等分,便得 4 幅 1:2 000 比例尺的地形图,分别以 Ⅰ,Ⅱ,Ⅲ,Ⅳ 表示,其图的编号可在 1:5 000 图编号后加上各自的代号 Ⅰ,Ⅱ,Ⅲ,Ⅳ 作为 1:2 000 图的编号,例如图 7.14 中左下角阴影部分为:20—30—Ⅲ。依次类推,一幅 1:2 000 图又可分成 4 幅 1:1 000 图;1:1 000 图可再分成 4 幅 1:500 图,其后附加各自的代号均为罗马字 Ⅰ,Ⅱ,Ⅲ,Ⅳ。如图 7.14 中,其他阴影部分

1:1 000的编号为20—30—Ⅱ—Ⅰ,1:500的编号为20—30—Ⅰ—Ⅰ—Ⅰ。

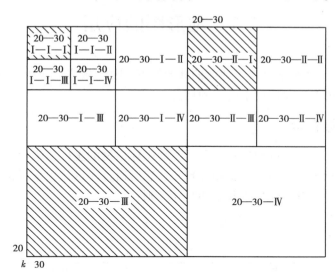

图7.14 正方形分幅与编号

当测区较小时,可根据工程条件和要求,采用自然序号或行列编号法,也可采用其他编号法。总之应本着从实际出发,根据测图、用图和管理方便及用图单位的要求灵活运用。

除正方形分幅外,也有采用矩形分幅的,图幅大小一般为 40 cm × 50 cm。图号也可以采用图幅西南角坐标千米数编号法。

·7.6.2 地物和地貌的识别·

在地形图完成后,随着时间的推移,原来图上的地形会发生变化,例如草原变成农田、公路的改线以及等级提高等,因而在阅读地形图时有必要了解地形图的测绘日期,掌握地形图的新旧程度。

地形图阅读是根据测图比例尺、图式符号和测绘地形图的取舍原则来识别地物和地貌的。为便于阅读,要参考有关行政部门发行的地形图图式,或地形图在图廓外所绘的图式符号。

(1)地物的识别

地物的识别通常是按照地物符号先找出大的居民区、厂矿、大坝、铁路和主要道路(如国道、省道),再进一步识别各种道路(如县、乡路、马车道等)、居民点、植被和水系等情况。

(2)地貌的识别

地貌的识别,应根据等高线性质来判别,有的地形图上等高线比较稠密,尤其是山区的等高线更为复杂,不易识别地貌。一般的方法是:

①首先依据河流找出主要山谷线,再在其两侧找出次一级的山谷线,各级山谷线就形成树杈一样。

②然后在相邻山谷线间找出山脊线,它们连接起来也好像树杈一样。找到山谷线和山脊线,则该地区的基本地貌就掌握了。

③再由等高线的疏密程度及其变化情况来分辨斜坡的状态和坡度的缓急。

④根据等高线的形状和特征识别山头、盆地和鞍部等来详细了解地貌。

7.7 地形图的应用

由于地形图全面、客观地反映了地面的地形情况,因此,被广泛应用于各种工程建设中,利用地形图可以获取很多工程建设中所需的信息。

· 7.7.1 求点的坐标 ·

如图 7.15 所示,图上 A 点的坐标可利用图廓坐标格网的坐标值来求出。首先找出 A 点所在方格的西南角坐标 $x_0 = 5\ 200$ m, $y_0 = 1\ 200$ m。然后通过 A 点作出坐标格网的平行线 ab, cd,再按测图比例尺(1∶2 000)量取 aA 和 cA 的长度,则:

$$x_A = x_0 + cA$$
$$y_A = y_0 + aA \tag{7.4}$$

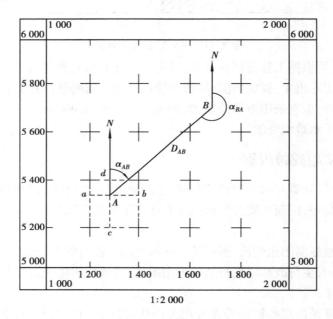

图 7.15 确定点的坐标

考虑到图纸伸缩的影响及检核量测的误差,还应量取 ab, cd 的长度。从理论上讲, $ab = cd = l$, l 为坐标格网边长(一般为 10 cm)。由于图纸伸缩,以及量测长度有一定误差,式(7.4)一般不成立,则 A 的坐标应按式(7.5)计算:

$$x_A = x_0 + \frac{l}{cd} cA \atop y_A = y_0 + \frac{l}{ab} aA \Bigg\} \tag{7.5}$$

如图 7.15 所示,根据比例尺量出 $aA = 80.4$ m, $cA = 135.2$ m, $ab = 200.2$ m, $cd = 200.4$ m,已知坐标网边长的名义长度为 $l = 200$ m,则有:

$$x_A = 5\ 200\ \text{m} + \frac{200\ \text{m}}{200.4\ \text{m}} \times 135.2\ \text{m} = 5\ 334.9\ \text{m}$$

$$y_A = 1\ 200\ \text{m} + \frac{200\ \text{m}}{200.2\ \text{m}} \times 80.4\ \text{m} = 1\ 280.3\ \text{m}$$

· 7.7.2　求两点间的水平距离 ·

求图上两点的水平距离有以下两种方法：

1）解析法

在图 7.15 中，求 AB 的水平距离，先按式（7.4）分别求出 A，B 两点的坐标值 x_A，y_A 和 x_B，y_B，然后用式（7.6）计算 AB 的水平距离。

$$D_{AB} = \sqrt{(x_B - x_A)^2 + (y_B - y_A)^2} \tag{7.6}$$

由此算得的水平距离不受图纸伸缩的影响。

2）图解法

图解法即在图上直接量取 A，B 两点的长度，或用卡规卡出 AB 线段的长度，再与图示比例尺比量即可得出 AB 间水平距离。

· 7.7.3　确定直线的方位 ·

1）解析法

如图 7.15 所示，欲求 AB 直线的坐标方位角，可按式（7.4）分别求出 A，B 两点的坐标，再利用坐标反算求得坐标方位角。

2）图解法

当精度要求不高时，可用图解法在图上直接量取角度：分别过 A，B 两点做坐标纵轴的平行线，然后用量角器分别量取 AB，BA 的坐标方位角 α_{AB} 和 α_{BA}，此时，若两角相差 180°，可取此结果为最终结果，否则取两者平均值作为最终结果。

· 7.7.4　求点的高程 ·

在地形图上求任何一点的高程，都可根据等高线和高程注记来完成。如图 7.16 所示，A 点恰好位于等高线上，则其高程就等于该等高线的高程，即 51 m。如果所求点位于两条等高线之间时，则可以按比例关系求得其高程。如 B 点位于 54 m 和 55 m 两条等高线之间，可通过 B 点做一大致与两条等高线相垂直的直线，交两条等高线于 m，n 两点，从图上量得：$mn = d$，$mB = l$，设等高线的等高距为 h（该图 $h = 1$ m），则 B 点的高程为：

图 7.16　确定点的高程

$$H_B = H_m + h\frac{l}{d} \tag{7.7}$$

式中　H_m——m 点的高程（在图中为 54 m）。

·7.7.5　求直线的坡度·

地面上两点的高差与其水平距离的比值称为坡度,用 i 表示。欲求图上直线的坡度,可按前述方法求出直线段的水平距离 D 与高差 h,再用式(7.8)计算其坡度。

$$i = \frac{h}{dM} \times 100\% = \frac{h}{D} \times 100\% \qquad (7.8)$$

式中　　d——图上两点间的长度;

　　　　M——比例尺分母。

坡度常用百分率(%)或千分率(‰)表示,通常直线段所通过的地形有高低起伏,是不规则的,因而,若直线两端点位于相邻等高线上,则求得的坡度可认为符合实际坡度;若直线较长中间通过许多条等高线,且等高线平距不等,则所求的直线坡度只是两端点间的平均坡度。

·7.7.6　按坡度限值选定最短路线·

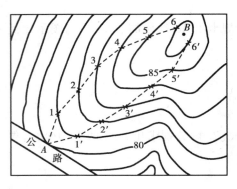

图 7.17　选定等坡路线

在山地或丘陵地区进行道路、管线等工程设计时,常遇到坡度限值的问题,为了减小工程量,降低施工费用,要求在不超过某一坡度限值 i 的条件下选择一条最短线路,如图 7.17 所示,在比例尺为 1∶2 000 的地形图上,等高线的等高距为 1 m,需从公路旁 A 点到高地 B 点选出一条最短路线,要求坡度限制为 4%。为了满足坡度限值的要求,先按式(7.8)求出符合该坡度限值的两等高线间的最短平距为:

$$D = \frac{h}{i} = \frac{1\ \text{m}}{4\%} = 25\ \text{m}$$

也可用　$d = \frac{h}{iM} = \frac{1\ \text{m}}{0.04 \times 2\ 000} = 12.5\ \text{mm}$

用两脚规截取 1.25 cm,然后在地形图上以 A 点为圆心,以 1.25 cm 长为半径做圆弧,圆弧与高程为 81 m 的等高线相交,得到 1 点;再以 1 点为圆心,用同样的方法截交高程为 82 m 的等高线,得到 2 点;依此进行直至 B 点;然后将相邻点连接,便得到 4% 的等坡度路线为:
A—1—2—3—…—B。在该图上,按同样方法尚可沿另一方向定出第两条路线 A—1′—2′—3′—…—B,可以作为一个比较方案。在实际工作中,还需考虑工程上其他因素,如少占或不占良田、避开不良地质、工程费用最少等,最后确定一条合理路线。

·7.7.7　按一定的方向绘制纵断面图·

所谓路线纵断面图,就是过一指定方向(如路线方向)的竖直面与地面的交线,它反映了在这一指定方向上地面的高低起伏形态。在进行道路等工程设计时,为了合理地设计竖向曲线和坡度,或为了对工程的填挖土石方进行概算,均需要了解路线上地面的起伏情况,这时可根据大比例尺地形图中的等高线来绘制纵断面图。

如图 7.18 所示,欲绘制地形图上 MN 方向的断面图,首先在毫米方格纸上绘出两条互相垂直的坐标轴线,横坐标轴 D 表示水平距离,纵坐标轴 H 表示高程。然后,用两脚规在地形图

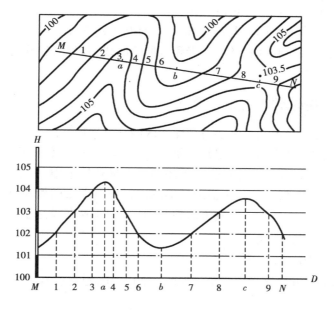

图 7.18 纵断面图的绘制

上自 M 点起沿 MN 方向依次量取两相邻等高线的平距 $M,1,2,\cdots,N$，并以同一比例尺或按需要重新选定比例尺绘在横轴上，得 $M,1,2,3,\cdots,N$，再根据各点的高程，按高程比例尺做垂线，即得各点在断面图上的位置，最后用圆滑的曲线连接各相邻点，即为直线 MN 的地形断面图。

为了更明显地表示地面的高低起伏情况，纵断面图上的高程比例尺一般比平距比例尺大 10 倍。

·7.7.8 确定汇水面积·

当修筑的铁路、公路要跨越河流或山谷时，就必须建桥或修涵洞。桥梁、涵洞过水面积的大小与形式，都要取决于这个区域的水流量，而水流量又是根据汇水面积来计算的。所谓汇水面是指降雨时有多大面积的雨水汇集起来，并通过设计的桥涵排泄出去。

由于雨水是在山脊线（又称分水线）处向其两侧山坡分流，所以汇水面积边界线是自选定的断面起，沿一系列的山脊线，并且通过山顶和鞍部连接而成的闭合曲线。如图 7.19 所示，一条公路经过一个山谷，拟在 M 处架桥或修涵洞，要确定汇水面积。由图中可以看到山脊线 bc,cd,de,ef,fg,ga 与公路中线 ab 线段所围成的区域，就是这个山谷的汇水区，此区域的面积为汇水面积，通常可使用透明方格纸、绘有等距平行线的透明纸、解析法或专用求积仪确定其大小。

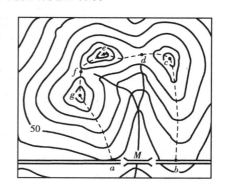

图 7.19 确定汇水面积

求出汇水面积后，再依据当地的最大降雨量，便可确定最大的洪水流量，作为设计桥涵孔径及管径尺寸的参考。

确定汇水面积的边界时,应注意以下几点:

①边界线(除公路 ab 段外)应与山脊线一致,且与等高线垂直。

②边界线是经过一系列的山脊线、山头和鞍部的曲线,并与河谷的指定断面(公路或水坝的中心线)闭合。

· 7.7.9　土地平整时的土石方计算 ·

在工业与民用建筑工程中,通常要对拟建地区的自然地貌加以改造,整理成为水平或倾斜的场地,使改造后的地貌适于布置和修建建筑物,便于排泄地面水,满足交通运输和敷设地下管线的需要。这些改造地貌的工作称为平整场地。在平整场地中,为了使场地的土石方工程合理,即填方与挖方基本平衡,往往先借助地形图进行土石方量的概算,以便对不同方案进行比较,从而选出最优方案。场地平整的方法很多,其中设计等高线法是应用最广泛的一种,下面着重介绍这种方法。

1)设计成水平场地的土石方计算

对于大面积的土石方估算常用此法。如图 7.20 所示,要将原有一定起伏的地形平整成一水平场地,其步骤如下:

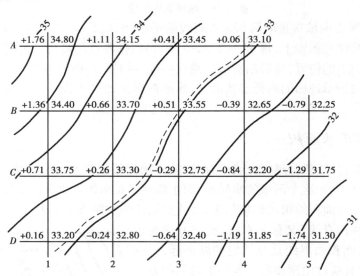

图 7.20　水平场地土石方计算示例图

(1)绘方格网并求各方格顶点的高程

在地形图的拟平整场地内绘制方格网。方格网的大小取决于地形的复杂程度、地形图比例尺大小以及土石方概算精度,一般为 10 m 或 20 m。然后根据等高线目估,内插各方格顶点地面高程,并注记在格点右上方。

(2)计算设计高程

设计高程应根据工程的具体要求来确定。大多数工程要求挖填土石方量大致平衡,这时设计高程的计算方法是:将每一方格 4 个顶点的高程加起来除以 4,得到各方格的平均高程 H_i,再把每个方格的平均高程相加除以方格总数 n,就得到设计高程 H_0,即:

$$H_0 = \frac{H_1 + H_2 + \cdots + H_n}{n}$$

实际计算时并非这样,而是根据方格顶点的地面高程及各方格顶点在计算每格平均高程时出现的次数来进行计算的。从图中可以看出:方格网的角点 A_1,D_1,D_5,B_5,A_4 的地面高程,在计算平均高程时只用到 1 次,边点 $A_2,A_3,B_1,C_4,C_5,D_2,D_3,D_4$ 的高程用了 2 次;拐点 B_4 的高程用了 3 次,而中间点 B_2,B_3,C_2,C_3,C_4 的高程用了 4 次。因此,将上式按各方格顶点的高程在计算中出现的次数进行整理,则:

$$H_0 = \frac{\sum H_角 + 2\sum H_边 + 3\sum H_拐 + 4\sum H_中}{4n} \tag{7.9}$$

现将图中各方格顶点的高程及方格总数代入式(7.9)得设计高程为 33.04 m。在地形图内插入 33.04 m 等高线(图中虚线),这就是不挖不填的边界线,称为填、挖边界线,又叫零线。

（3）计算填、挖高度

各方格顶点填挖高度为该点的地面高程与设计高程之差,即:

$$h = H_地 - H_设 \tag{7.10}$$

h 为"+"表示挖深,为"－"表示填高。并将 h 值注于相应方格顶点的左上方。

（4）计算挖、填土石方量

填、挖土石方量可分别以角点、边点、拐点和中点计算。

$$\left.\begin{array}{l} 角点:填(挖)高 \times \dfrac{1}{4}方格面积 \\[2mm] 边点:填(挖)高 \times \dfrac{2}{4}方格面积 \\[2mm] 拐点:填(挖)高 \times \dfrac{3}{4}方格面积 \\[2mm] 中点:填(挖)高 \times 1 \ 方格面积 \end{array}\right\} \tag{7.11}$$

如图 7.20 所示,设每一方格面积为 400 m^2,计算的设计高程是 33.04 m,每一方格的填高或挖深数据已分别按式(7.10)计算出来,并注记在相应方格顶点的左上方。于是可按式(7.11)计算出挖方量和填方量。

实际计算时,可按方格线依次计算挖、填方量,然后再计算挖方量总和及填方量总和。图 7.20 中土石方量计算如下:

A：$V_T = \dfrac{1}{4} \times 400 \ m^2 \times (1.76 \ m + 0.06 \ m) + \dfrac{2}{4} \times 400 \ m^2 \times (1.11 \ m + 0.41 \ m) = +486 \ m^3$

　　$V_w = \dfrac{2}{4} \times 400 \ m^2 \times 1.36 \ m + 400 \ m^2 \times (0.66 \ m + 0.51 \ m) = +740 \ m^3$

B：$V_T = \dfrac{1}{4} \times 400 \ m^2 \times (-0.79 \ m) + \dfrac{3}{4} \times 400 \ m^2 \times (-0.39 \ m) = -196 \ m^3$

　　$V_w = \dfrac{2}{4} \times 400 \ m^2 \times 0.71 \ m + 400 \ m^2 \times 0.26 \ m = +246 \ m^3$

C：$V_T = \dfrac{2}{4} \times 400 \ m^2 \times (-1.29 \ m) + 400 \ m^2 \times (-0.84 \ m - 0.29 \ m) = -710 \ m^3$

$$V_w = \frac{1}{4} \times 400 \text{ m}^2 \times 0.16 \text{ m} = +16 \text{ m}^3$$

D:

$$V_T = \frac{1}{4} \times 400 \text{ m}^2 \times (-1.74 \text{ m}) + \frac{2}{4} \times 400 \text{ m}^2 \times (-0.24 \text{ m} - 0.64 \text{ m} - 1.19 \text{ m}) = -588 \text{ m}^3$$

总挖方量为：$V_w = +1\ 488 \text{ m}^3$

总填方量为：$V_T = -1\ 494 \text{ m}^3$

实际计算时，也可按式（7.11）列表计算（特别是当方格网较复杂时，表格更适用）。图7.20计算结果见表7.9。

从计算结果可以看出，总挖方量和总填方量相差 6 m^3，主要原因是：一是计算取位的关系；二是实际上在 400 m^2 的方格内，地面还有较多起伏变化，而我们计算土石方时则将表面近似认为是一个平面。若算出的填、挖土石方之差小于总土石方的 7%，在工程实际中是允许的，可认为满足"填、挖方平衡"的要求。因此我们认为图7.20满足"填、挖方平衡"的要求。

表7.9 填挖方量计算表

点 号	挖 深/m	填 高/m	所占面积/m²	挖方量/m³	填方量/m³
A_1	+1.76		100	176	
A_2	+1.11		200	222	
A_3	+0.41		200	82	
A_4	+0.06		100	6	
B_1	+1.36		200	272	
B_2	+0.66		400	264	
B_3	+0.51		400	204	
B_4		-0.39	300		117
B_5		-0.79	100		79
C_1	+0.71		200	142	
C_2	+0.26		400	104	
C_3		-0.29	400		116
C_4		-0.84	400		336
C_5		-1.29	200		258
D_1	+0.16		100	16	
D_2		-0.24	200		48
D_3		-0.64	200		128
D_4		-1.19	200		238
D_5		-1.74	100		174
				1 488	1 494

2)设计成倾斜场地的土石方计算

将原地形改造成某一坡度的倾斜面,一般可根据填、挖土石方量平衡的原则,绘出设计倾斜面的等高线。但是有时要求所设计的倾斜面必须包含不能改动的某些高程点(称为设计斜面的控制高程点)。例如,已有道路的中线高程点,永久性或大型建筑物的外墙地坪高程等。如图7.21所示,设a,b,c 3 点为控制高程点,其地面高程分别为54.6 m,51.3 m 和53.7 m,要将原地形改造成通过 a,b,c 3 点的倾斜面,其步骤如下:

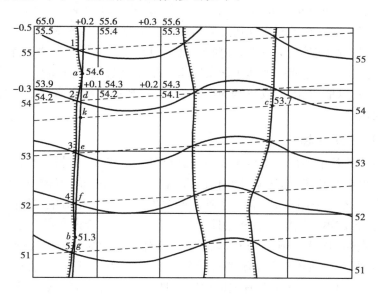

图 7.21　倾斜场地土石方计算示例图

(1)确定设计等高线的平距

过 a,b 两点做直线,用比例内插法在 ab 线上求出高 54 m,53 m,52 m 等各点的位置,也就是设计等高线应经过 ab 线上的相应位置,如 d,e,f,g 等点。

(2)确定设计等高线的方向

在 ab 直线上求出一点 k,使其高程等于 c 点(53.7 m)。过 kc 连线,则 kc 方向就是设计等高线的方向。

(3)插绘设计倾斜面的等高线

过 d,e,f,g 各点做 kc 的平行线(图中虚线),即为设计倾斜面的等高线。过设计等高线和原图上同名高程的等高线交点的连线(如图中连接 1,2,3,4,5 等点)就可得到填挖边界线。图中绘有短线的一侧为填土区,另一侧为挖土区。

(4)计算填、挖土石方量

与前一方法相同,首先在图上绘制方格网,并确定各方格顶点的填挖高度。不同之处是各方格顶点的设计高程是根据设计等高线内插求得的,并注记在方格顶点的右下方。其地面高程和填挖高度仍注记在方格顶点的右上方和左上方。填挖土石方量的计算与平整成水平场地的方法相同。

7.8 地理信息系统(GIS)简介

· 7.8.1 概 述 ·

地理信息系统(Geographic Information System 简称 GIS),是国际上 20 世纪 60 年代以来发展起来的一门新兴技术。它是利用现代计算机图形和数据库技术来处理地理空间及其相关数据的计算机系统,是融地理学、测量学、几何学、计算机科学和应用对象为一体的综合性高新技术。其最大的特点就在于它能把地球表面空间事物的地理位置及其特征有机地结合在一起,并通过计算机屏幕,以地图、图形或数据的形式形象、直观地显示出来。这一特点使得 GIS 具有更加广泛的用途。

1)地理信息系统的思想

地理信息系统的基本思想是将地球表面信息按其特征的不同进行分层,每个图层存储特征相同或相似的事物对象集,如河流、湖泊、道路、土地利用和建筑物等构成不同的图层,然后分层管理和存储。这样每个图层都有一个唯一的数据库表与其相对应,这个数据库表成为属性数据库,库中内容称属性数据。系统除具有数据输入、存储、查询和显示输出等基本功能外,还能够进行空间查询和空间分析,用户可以根据需要建立一个应用分析模型,通过动态分析为评价、管理和决策服务。地理信息系统的特殊性在于其存储和处理的信息是经过地理编码的,地理位置(位置信息)以及与该位置有关的地物属性特征(非位置信息)成为信息检索的重要部分。

2)地理信息系统的组成

地理信息系统包括计算机硬件系统(计算机系统中实际物理装置的总称)、计算机软件系统(必需的各种程序,包括系统软件、地理信息系统软件和应用分析程序)、系统开发、管理和使用人员和空间数据(指以地球表面空间位置为参照的自然、社会和人文经济景观数据)。具体有:

①测量。控制点数据、大地参考系、被测量点的坐标数据。

②遥感。各种分辨率的遥感图像。

③GPS。接收点的空间坐标数据。

④统计数据。

⑤历史资料。

⑥业务数据。

⑦实地调查。

3)地理信息系统的功能

地理信息系统功能可概述为:数据采集、监测与编辑(手扶跟踪数字化);数据处理(矢栅转换、制图综合);数据存储与组织(矢量栅格模型);空间查询与分析(空间检索、空间拓扑叠加分析、空间模型分析);图形交互与显示(各种成果表现方式)。

4）地理信息系统的特点

地理信息系统的特点是具有采集、管理、分析和输出多种地理信息的能力,具有空间性和动态性;由计算机系统支持进行空间地理数据管理,并由计算机程序模拟常规的或专门的地理分析方法,完成人类难以完成的任务;计算机系统的支持是地理信息系统的重要特征,因而地理信息系统能快速、精确、综合地对复杂的地理系统进行空间定位和过程动态分析。

· 7.8.2 地理信息系统的研究应用 ·

目前世界上常用的 GIS 软件已达 400 多种。它们大小不一,风格各异。国外较著名的有 ARC/INFO,GENAMAP,MGE 等;国内较著名的有 MAP/GIS,GEOSTAR 和 CITYSTAR 等。虽然 GIS 起步晚,但它发展快,目前已成功地应用到一百多个领域。

尽管现存的地理信息系统软件很多,但对于它的研究应用,归纳起来有两种情况:一是利用 GIS 系统来处理用户的数据;二是在 GIS 的基础上,利用它的开发函数库两次开发出用户的专用地理信息系统软件。目前已成功地应用到包括资源管理、自动制图、设施管理、城市和区域规划、人口和商业管理、交通运输、石油和天然气、教育、军事九大类别的一百多个领域。在美国及发达国家,地理信息系统的应用遍及环境保护、资源保护、灾害预测、投资评价、城市规划建设、政府管理等众多领域。近年来,随着我国经济建设的迅速发展,加速了地理信息系统应用的进程,在城市规划管理、交通运输、测绘、环保、农业、制图等领域发挥了重要作用,取得了良好的经济效益和社会效益。下面就 GIS 的具体应用列举一二。

1）地理信息系统在地理空间数据管理中的应用

即以多种方式录入地理数据,以有效的数据组织形式进行数据库管理、更新、维护,进行快速查询检索,以多种方式输出决策所需的地理空间信息。目前,GIS 中数据库管理系统对地理空间数据的管理上存在明显的优势,这使得 GIS 在对空间数据管理上的应用日趋活跃。如北京某测绘部门利用 ARC/INFO,以北京市大比例尺地形图为基础图形数据,在此基础上综合叠加地下及地面的八大类管线(包括上水、污水、电力、通讯、燃气、工程管线)以及测量控制网、规划路等基础测绘信息,形成一个测绘数据的城市地下管线信息系统,从而实现了对地下管线信息的全面现代化管理,为城市规划设计与管理部门、市政工程设计与管理部门、城市交通部门与道路建设部门等提供地下管线及其他测绘部门的查询服务。

2）GIS 的输出功能在地图测绘中的应用

GIS 的主要功能之一是用于地形测绘,建立地图数据库。与传统的周期长、更新慢的手工制图方式相比,利用 GIS 建立起地图数据库,可以达到一次投入、多次产出的效果。它不仅可以为用户输出全要素地形图,而且可以根据用户需要分层输出各种专题,如行政区划图、土地利用图、道路交通图等。更重要的是由于 GIS 是一种空间信息系统,它所制作的图也能够反映一种空间关系,可以制作多种立体图形,而制作立体图形的数据基础就是数字高程模型。在地图的输出中,MAPGIS 达到世界先进水平。

3）路网规划、设计中的应用

在路网规划设计中,首先建立一个地理数据库,然后用 GIS 进行路网规划、选址、分析最佳路径。由于 GIS 具有计算机辅助设计的功能,能为工程师提供道路、桥梁等的设计工具,为路网的优化设计提供方便,大大提高了路网规划、设计的工作效率,使规划研究人员从繁重的设计工作中解脱出来,将主要精力投入到路线方案的综合比选分析当中,并为规划设计进入三维可视及动画模拟境界提供了方便。同时,地理信息系统为道路工程的计算机辅助设计 CAD 提供了强大的数字化地理平台,正是基于此,CAD 已由早期的平面二维设计跨入三维设计,进入了可视化设计时代。

随着计算机软硬件的发展、成本的降低,以及 GIS 软件本身的改进和提高,GIS 将被广泛用于城市规划、房地产、交通运输、公用事业、重大工程、环境保护、公安与消防以及军事和国防等众多领域。

复习思考题 7

7.1　什么是地形图?

7.2　什么是比例尺和比例尺精度? 两者有何关系?

7.3　试述正方形图幅的分幅与编号方法。

7.4　什么是等高线? 等高线有哪几种类型? 如何区别?

7.5　按地貌形态分,可归纳为哪几种典型的地貌? 其等高线有何特点?

7.6　测图前有哪些准备工作?

7.7　如何合理有效地选择地物和地貌的特征点?

7.8　简述经纬仪测绘法测绘地形图的主要步骤。

7.9　如何进行地形图的检查、整饰和拼接?

7.10　从地形图上量得两点的坐标和高程如下:

$$X_A = 2\ 354.775 \qquad Y_A = 1\ 954.324 \qquad H_A = 263.574$$
$$X_B = 1\ 256.325 \qquad Y_B = 1\ 652.123 \qquad H_B = 159.634$$

试求:(1)AB 的水平距离;(2)AB 坐标方位角;(3)AB 直线的坡度。

7.11　在 1:2 000 比例尺的图上,某图形的面积为 6.5 cm^2,求实地面积为多少 m^2? 折合多少亩? 又问该图形在 1:5 000 比例尺的图上应表示为多少 cm^2? 又问这两种比例尺的精度分别为多少?

8 道路测量

〖**本章导读**〗
主要内容:公路路线交点及转点的设置;单圆曲线、缓和曲线的计算及测设方法;路线纵横断面测量。
学习目标:
1. 掌握路线交点及转点的设置方法;
2. 掌握单圆曲线的计算及测设方法;
3. 掌握缓和曲线的计算及测设方法;
4. 掌握路线纵横断面测量。
重点:单圆曲线、缓和曲线的计算及测设方法;路线纵横断面测量。
难点:缓和曲线的计算方法;路线横断面测量。

8.1 概 述

公路工程一般由路线、桥涵、隧道及各种附属设施等构成。兴建公路之前,为了选择一条既经济又合理的路线,必须对沿线进行勘测。

一般地讲,路线以平、直最为理想。但实际上,由于受到地物、地貌、水文、地质及其他因素的限制,路线的平面线形必然有转折,即路线前进的方向发生改变。为保证行车舒适、安全,并使线具有合理的线形,在直线转向处必须用曲线连接起来,这种曲线称为平曲线。平曲线包括圆曲线和缓和曲线两种。

· 8.1.1 公路工程线路测量的内容及任务 ·

公路工程线路测量主要包括路线中线测量、纵断面测量和横断面测量等。

1)路线中线测量

中线测量是通过直线和曲线的测设,将道路中心线的平面位置用木桩具体地标定在现场上,并测定路线的实际里程。根据其测量的特点,中线测量一般分为测角和中桩两组进行。测角组主要测定路线的转角点、转点和转角;中桩组主要通过直线和曲线的测设,在现场用木桩标定线中心线的具体位置,并进行各桩里程的测算。

路线中线测量是公路工程测量中关键性的工作,它是测绘纵、横断面图和平面图的基础,是公路设计、施工和后续工作的依据。

2)路线纵断面测量

路线纵断面测量又称为中线水准测量,简称中平。它的任务是在道路中线测定之后,测定中线上各里程桩(简称中桩)的地面高程,并绘制路线纵断面图,用以表示沿路线中线位置的地形起伏状态,主要用于路线纵坡设计之用。

3)路线横断面测量

横断面测量是测定中线上各里程桩处垂直于中线方向的地面高程,并绘制横断面图,用以表示垂直于路线中线方向(横向)的地形起伏状态,供路基设计、计算土石方数量以及施工放边桩使用。

·8.1.2 路线的平面线形·

路线中线由直线和平曲线两部分组成。公路的平曲线由圆曲线和缓和曲线组成。缓和曲线采用回旋线形式,如图8.1所示。

图8.1 平面线形

8.2 路线交点和转点的测设

·8.2.1 路线交点测设·

公路路线的转折点称为交点,用JD表示。对于一般低等级的公路,通常采用一次定测的方法直接放线,在现场标定交点位置。对于高等级公路或地形复杂的地段,需在带状地形图上进行纸上定线,然后把纸上定好的路线放到路面上,一般采用下述方法标定交点位置。

1)穿线交点法

(1)准备数据

如图8.2所示,欲将纸上定出的两段直线 JD$_3$—JD$_4$ 和 JD$_4$—JD$_5$ 测设于地面,只需在地面上定出1,2,3,4,5,6等临时点即可。这些临时点可选择支距点,即从测图导线点出发做导线边的垂线,求出它们与路线设计中线(即路线导线)交点,如1,2,4,6点;亦可以选择初测导线边与纸上所选定路线的直线交点,如3点;或选择能够控制中线位置的任意点,如5点。图中 l_1,l_2,l_3,l_4,l_5,l_6 的长度和 β,以及各垂直角就是放线所需要的数据。

(2)放临时点

在导线点上安置仪器,按相应的长度和角度,即可标出一系列临时性点,如 N_1,N_2,N_3,N_4,N_5,N_6 点。为了检查和比较,相邻交点间的直线上至少要放3个点。如果垂线长度较短,可以用方向架设置直角;如果垂线长度较长,宜用经纬仪设置直角。

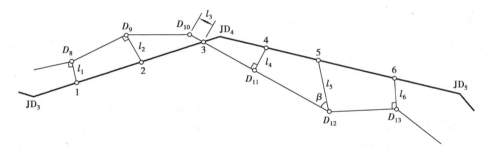

图 8.2　初测导线与纸上定线

（3）穿线

由于图解量取的放线数据不准确和测量误差的影响,图上同一条直线边上的临时点往往不能准确位于同一条直线上,因此要利用经纬仪定出一条尽可能多的穿线或靠近临时点的直线,这一工作称作穿线。然后在地势较高、通视良好的直线位置设转点桩将直线标定出来,如图 8.3（a）所示的 ZD_1,ZD_2,ZD_3,ZD_4,同时清除原来的临时桩。

（4）交点

相邻两直线经穿线在实地标定后,如果通视良好,即可直接延长直线进行交会定点。如图 8.3（b）所示,ZD_1,ZD_2,ZD_3,ZD_4 是穿线时标定的转点桩,将经纬仪安置于 ZD_2 上,盘左照准后视点 ZD_1,倒转望远镜,沿视线方向在交点概略位置前后打下两个桩 a_1,b_1（称为骑马桩）,并用铅笔在桩顶分别标出其中心位置;盘右位置仍照准 ZD_1,倒转望远镜,在骑马桩 a_2,b_2 上标出其中心位置。取 a_1 与 a_2 的中点 a 和 b_1 与 b_2 的中点 b 作为骑马桩的使用点位（图 8.3（b））,这种延长直线的方法称为正倒镜分中法。

将经纬仪安置于 ZD_3 点,后视 ZD_4,用正倒镜分中法延长直线与 a,b 两点连线相交,在相交处打桩标定点位,此点即为路线交点位置。

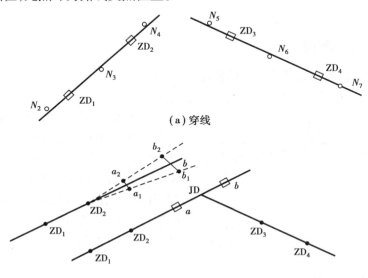

（a）穿线

（b）交点

图 8.3　穿线交点法穿线与定交点

2)拨角放线法

拨角放线是一种按极坐标法原理直接定出路线交点的方法,它不需要穿线交点,具体方法如下:

（1）准备放线数据

在室内,根据在纸上定线的交点纵横坐标值,用坐标反算的方法计算相邻交点间的距离和方位角,并根据方位角之差算出交点处的转角,放线的起算数据 (α, s_0) 可根据测图导线点的坐标值和第一个待放交点的坐标值反算求得。如图 8.4 所示,测图导线点 D_1 , D_2 作为放线的起算点,其坐标值是已知的,交点 JD_1 , JD_2 , JD_3 等为待放点,其坐标值已在纸上定线时确定。通过坐标反算可推算出 JD_1 , JD_2 , JD_3 等交点的放线数据为 α_0 , s_0 , α_1 , s_1 , α_2 , s_2 等。

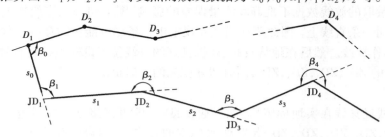

图 8.4　拨角放线法

（2）实地放点

在导线点 D_1 安置经纬仪,后视 D_2 点,拨角 β_0 并量距 s_0 得交点 JD_1 ;将经纬仪移至 JD_1 ,后视 D_1 ,拨角 β_1 并量距 s_1 得交点 JD_2 ;按同样方法可定出其他各交点 JD_3 , JD_4 等。

由于相邻交点间的距离往往很长,因而在放线过程中需要采用正倒镜分中法延长直线,并在直线的适当处钉设必要的转点桩。应用正倒镜分中法延长直线时,其后视点不宜太近,一般以 100 ～ 200 m 为宜。

·8.2.2　转点的测设·

在相邻交点间距离较远或不通视的情况下,需在其连线上测设一些供放线、交点、测角、量距时照准用的点,这样的点称为转点,其测设方法如下:

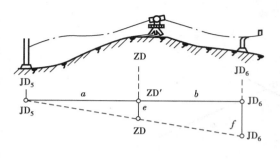

图 8.5　测设转点

如图 8.5 所示, JD_5 , JD_6 为相邻不通视的交点, ZD' 为初定转点,现欲在不移动交点的条件下精确定出转点 ZD,具体方法为:将经纬仪安置于 ZD' ,后视 JD_5 ,用正倒镜分中法得 JD_6' ,用视距法测定前后交点与 ZD' 的视距分别为 a , b 。如果 JD_6' 与 JD_6 的偏差为 f ,则 ZD' 应横移的距离 e 可用式(8.1)计算。

$$e = \frac{a}{a+b} \times f \qquad (8.1)$$

按计算值 e 移动 ZD' 定出 ZD,然后将仪器移至 ZD,检查 ZD 是否位于两交点之连线上,如果偏差在容许范围内,则 ZD 可作为 JD_5 与 JD_6 间的转点。

8.3 路线转角的测定与里程桩的设置

· 8.3.1 路线转角的测定 ·

公路中线测量时一般将测量人员分成测角组和中桩组。测角组的工作主要是测定路线的

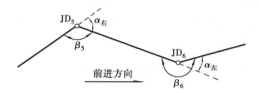

图 8.6 路线转角和右角

转角点（交点）和转角。转角是指路线由一个方向偏转为另一个方向时，偏转后的方向与原方向的夹角，常以 α 表示，如图 8.6 所示。转角有左转、右转之分，按路线前进方向，偏转后的方向在原方向的左侧称为左转角，以 $\alpha_{左}(\alpha_z)$ 表示；反之为右转角，以 $\alpha_{右}(\alpha_y)$ 表示。转角是在路线转弯处设置平曲线的必要元素，通常是观测路线前进方向的右角 β，通过计算而得到。

1）路线右角的观测

按路线的前进方向，以路线为界，在路右侧的水平角称为右角，如图 8.6 中的 β_5，β_6。在中线测量中，一般是采用测回法测定右角。上、下两个半测回所测角值的容许偏差视公路等级而定，高速公路、一级公路为 $\pm 20''$；二级及二级以下公路为 $\pm 60''$。如偏差在容许范围内，可取两个半测回的平均值作为最后结果。

2）转角的计算

当右角 β 测定以后，可根据 β 值计算路线交点处的转角 α。当 $\beta < 180°$ 时为右转角（路线向右转），当 $\beta > 180°$ 时为左转角（路线向左转）。左转角和右转角按式（8.2）计算。

$$\left.\begin{array}{l} \alpha_{右} = 180° - \beta \\ \alpha_{左} = \beta - 180° \end{array}\right\} \tag{8.2}$$

3）分角线方向的标定

由于测设平曲线的需要，测角组要同时在路线设置曲线的一侧把分角线的方向标定出来。

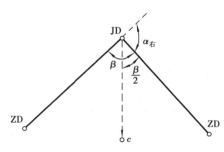

图 8.7 标定分角线方向

在右角测定后，如图 8.7 所示，仪器处于盘右瞄准前视 ZD 的状态，设此时水平度盘的读数为 R，则分角线方向值 c（即瞄准分角线方向时水平度盘读数）应为：

$$c = R + \frac{\beta}{2} \tag{8.3}$$

转动仪器的照准部，在读数窗找到（$R + \beta/2$）这一读数，此时望远镜方向即为分角线方向，在此方向上钉桩即标定分角线方向。

对于左转角，应将式（8.3）的计算值加上 180° 为分角线的方向值，也可采用式（8.3）计算值，再纵转望远镜，在设置曲线一侧定出分角线方向。

4)测定后视方向的视距

在中线测量中,为防止测量距离时的错误,要求测角组还要(用测距仪、全站仪)测定两交点(转点)间的距离,作为中桩组量距时校核用。

5)磁方位角的观测与推算

为了保证测角的精度,测角组还需进行路线角度闭合差的校核,当路线导线与高级控制点连接时,可按附合导线的计算方法计算角度闭合差,如在限差内,则可进行闭合差的调整。当路线无法与高级控制点联测时,一般应在每天作业开始与收工时,测磁方位角至少一次,以便与推算的方位角核对,其误差应小于2°,超过限差,要查明原因及时纠正,若符合要求,则可继续测下去。

· 8.3.2   里程桩的设置 ·

为了确定路线中线的位置和路线长度,满足纵、横断面测量的需要以及为以后路线施工放样打下基础,必须由路线的起点开始,每隔一段距离钉设木桩标志,称为中线里程桩,简称中桩。桩点表示路线中线的具体位置。桩的正面写有桩号,桩的背面写有编号,桩号表示该点至路线起点的里程数。如某桩点距路线起点的里程为 1 452.98 m,则桩号记为 K1 +452.98。编号是反映桩间的排列顺序,从 1 开始累进,在 1 km 内循环进行。

里程桩分为整桩和加桩两种。如图 8.8 所示。

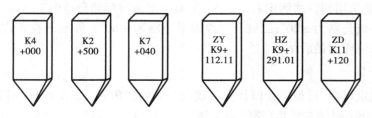

图 8.8　整桩和加桩

1)整桩

在直线和曲线上,其桩距按表 8.1 的要求桩距而设的桩称为整桩。它的里程桩号均为整数,且为要求桩距的整倍数。

当量距每至百米及千米时,要钉设百米桩及千米桩。

表 8.1　中桩间距

直线/m		曲线/m			
平原微丘区	山岭重丘区	不设超高的曲线	$R \geq 60$	$30 < R < 60$	$R \leq 30$
≤50	≤25	25	30	10	5

注:R 为曲线半径

2)加桩

加桩又分为地形加桩、地物加桩、曲线加桩、地质加桩、断链加桩和行政区域加桩等。在书写曲线加桩和交点桩以及转点桩等桩时,应在桩号之前加写其缩写名称。《公路勘测规范》

（JTG C10—2007）规定,测量符号可采用英文字母（引进外资或国际招标项目）或汉语拼音字母（国内招标项目）。标志桩的名称及符号见表8.2。

表8.2 路线主要标志桩名称表

标志桩名称	简　称	汉语拼音符号	英文符号	标志桩名称	简　称	汉语拼音名称	英文符号
转角点	交点	JD	TP	公切点	—	GQ	GP
转　点	—	ZD	TR	第一缓和曲线起点	直缓点	ZH	TS
圆曲线起点	直圆点	ZY	BC	第一缓和曲线终点	缓圆点	HY	SC
圆曲线中点	曲中点	QZ	MC	第二缓和曲线起点	圆缓点	YH	CS
圆曲线终点	圆直点	YZ	BC	第二缓和曲线终点	缓直点	HZ	ST

钉桩时,对于交点桩、转点桩、距路线起点为500 m整数倍处的整桩、重要地物加桩,以及曲线起点、中点、终点桩等均应打下断面为6 cm×6 cm的方桩,桩顶露出地面约2 cm,顶上钉一小钉表示点位。在距方桩20 cm左右设置指示桩,指示桩上写有方桩的名称、桩号及编号。在直线上指示桩应打在路线的同一侧。交点桩的指示桩应钉在圆心和交点连线方向的外侧,字面朝向交点。曲线主点桩的指示桩均钉在曲线外侧,字面朝向圆心,其余里程桩一般多用(1.5~2)cm×5 cm×30 cm的板桩,一半露出地面,以便书写桩号与编号,钉桩时字面一律背向路线前进方向,除百米桩和千米桩要写明千米数外,其余桩可不写千米数。

8.4　圆曲线测设

圆曲线又称单曲线,是由一定半径的圆弧构成,它是路线弯道中最基本的平曲线形式。圆曲线测设的传统方法遵循"先控制后碎部"的原则进行:先定出曲线上起控制作用的曲线主点,然后在主点的基础上进行详细测设,加密曲线上的细部点,完整地标出曲线的平面位置。

·8.4.1　圆曲线的主点测设·

设在交点 JD 处相邻两直线边与半径为 R 的圆曲线相切,其切点 ZY 和 YZ 称为曲线的起点和终点;分角线与曲线相交的交点 QZ 称为曲线中点,如图8.9所示,它们统称为圆曲线主点,其位置是根据曲线要素确定的。

1)圆曲线要素计算

圆曲线的半径 R、路线偏角（又称转折角）α、切线长 T、曲线长 L、外距 E、切曲差 D 是测设圆曲线的主要元素。其中偏角 α 用经纬仪在交点处测得,圆曲线半径 R 根据工程要求结合地形条件选定。如图8.9所示,根据 α 和 R 按式(8.4)至

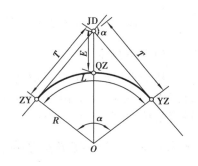

图8.9　圆曲线主点要素

式(8.7)可计算出其他4个要素。

切线长 $$T = R \tan \frac{\alpha}{2} \tag{8.4}$$

曲线长 $$L = R\alpha \frac{\pi}{180°} \tag{8.5}$$

外距 $$E = R\left(\sec \frac{\alpha}{2} - 1\right) \tag{8.6}$$

切曲差 $$D = 2T - L \tag{8.7}$$

2)主点里程的计算

交点 JD 的里程已由中线测量时获得。由于中线并不经过交点,故曲线中点 QZ 和终点 YZ 的里程必须由起点 ZY 的里程沿曲线长度推算,其公式如下:

$$\left.\begin{aligned} &ZY\ 里程 = JD\ 里程 - T \\ &YZ\ 里程 = ZY\ 里程 + L \\ &QZ\ 里程 = YZ\ 里程 - \frac{L}{2} \\ &JD\ 里程 = QZ\ 里程 + \frac{1}{2}D(校对) \end{aligned}\right\} \tag{8.8}$$

【例8.1】 已知某弯道的交点桩号为 K2+968.40,测得转角为 $\alpha_右 = 34°12'$,圆曲线设计半径为 $R = 200$ m,计算圆曲线的主点测设元素和主点里程。

【解】 (1)主点测设元素

$$T = R \tan \frac{\alpha}{2} = 200\ \text{m} \times \tan \frac{34°12'}{2} = 61.53\ \text{m}$$

$$L = R\alpha \frac{\pi}{180°} L = R\alpha \frac{\pi}{180°} = 200\ \text{m} \times 34°12' \times \frac{\pi}{180°} = 119.38\ \text{m}$$

$$E = R\left(\sec \frac{\alpha}{2} - 1\right) = 200\ \text{m} \times \left(\sec \frac{34°12'}{2} - 1\right) = 9.25\ \text{m}$$

$$D = 2T - L = 2 \times 61.53\ \text{m} - 119.38\ \text{m} = 3.68\ \text{m}$$

(2)主点里程

ZY 里程 = JD 里程 $- T$ = K2+968.40 $-$ 61.53 = K2+906.87

YZ 里程 = ZY 里程 $+ L$ = K2+906.87 $+$ 119.38 = K3+026.25

QZ 里程 = YZ 里程 $- \dfrac{L}{2}$ = K3+026.25 $-$ 59.69 = K2+966.56

JD 里程 = QZ 里程 $+ \dfrac{D}{2}$ = K2+966.56 $+$ 1.84 = K2+968.40(校对)

3)主点测设

从交点沿后视方向量取切线长 T,可得曲线起点 ZY。沿前视方向量取切线长 T,可得曲线终点 YZ。最后沿分角线方向量取外距 E,即得曲线中点 QZ。主点上控制桩在详细测设时应进行校核,并保证一定的精度。

· 8.4.2 圆曲线的详细测设 ·

在地形平坦、曲线长小于 40 m 时,测设圆曲线的 3 个主点已能满足要求。如果曲线较长、地形变化较大,这时除测设 3 个主点和地形、地物加桩外,为了满足曲线线形和工程施工的需要,在曲线上还需测设一定桩距的细部点,称为曲线的详细测设。对于曲线详细测设的桩距规定,一般为 20 m 设置一点。当地势平坦且曲线半径大于 800 m 时,桩距可加大为 40 m;当半径小于 100 m 时,桩距不应大于 10 m;半径小于 30 m 或用回头曲线时,桩距不应大于5 m。

1)曲线上设桩的方法

按桩距在曲线上设桩,通常有以下两种方法:

（1）整桩号法

将曲线上靠近起点 ZY 的第一个桩的桩号凑整成基本桩距的整倍数,然后按桩距连续向曲线终点 YZ 设桩,这样设置的桩号为整桩号。

（2）整桩距法

从曲线起点 ZY 和终点 YZ 开始,分别以基本桩距连续向曲线中点 QZ 设桩。由于这样设置的桩号大都不为整数,因此应注意加设百米桩和千米桩。

2)圆曲线测设的常用方法

圆曲线的详细测设方法很多,可根据地形情况、工程要求、测设精度等灵活采用。下面介绍几种常用的方法。

（1）切线支距法

切线支距法是以曲线起点 ZY 或终点 YZ 为坐标原点,以切线方向为 x 轴,以过原点的半径方向为 y 轴,根据曲线上各点的坐标 (x,y),用距离交会的方法把曲线上各点交会出来,故又称直角坐标法。

如图 8.10 所示,设 P_i 为曲线上的待测点,该点至 ZY 或终点 YZ 的弧长为 l_i,其所对的圆心角为 φ_i,由图可以看出:

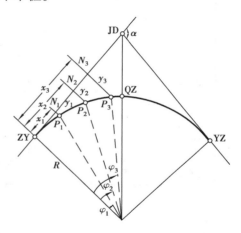

图 8.10　切线支距法测设圆曲线

$$\left.\begin{array}{l} x_i = R \sin \varphi_i \\ y_i = R(1 - \cos \varphi_i) \\ \varphi_i = \dfrac{l_i}{R} \cdot \dfrac{180°}{\pi} \end{array}\right\} \tag{8.9}$$

测设时,为了避免支距 y 过大,一般由曲线两端向中间设置,其步骤如下:首先沿切线方向,由曲线起点 ZY 或终点 YZ 开始用卷尺量取纵距 x_i 值,得到垂足点;在各垂足点作垂线方向,沿垂线方向量取横距 y_i 值,即可定出曲线上的各点 P_i。垂线方向可用方向架或经纬仪定出,当 y 值小于 1 m 时,可用目估法确定。在测设时,可以丈量所定各点间弦长进行校核。

切线支距法适用于平坦开阔地区偏角不大的曲线,具有误差不累积的优点。当偏角较大时,y 值也增大,若地面又不平,不仅测量困难,且影响点位精度。为此,可采用辅助切线支距法进行测设。在曲线中点 QZ 上加设辅助切线,然后以 QZ 点为原点将整个曲线分为两部分进行测设。

【例8.2】 已知某弯道的交点桩号为 K2 + 968.40,测得转角为 $\alpha_{右} = 34°12'$,圆曲线设计半径为 $R = 200$ m,计算圆曲线的主点测设元素和主点里程。若采用切线支距法并按整桩号法设桩,试计算各桩测设元素(坐标)。

【解】 在这里我们直接利用【例8.1】已经计算出的各个主点里程(ZY 里程、QZ 里程、YZ 里程),在此基础上按整桩号法列出详细测设的桩号,并计算其坐标。具体计算见表8.3。

ZY 里程 = K2 + 906.87

YZ 里程 = K3 + 026.25

QZ 里程 = K2 + 966.56

表 8.3　切线支距法测设数据计算表

桩　号	各桩至曲线起(终)点的弧长/m	x/m	y/m	备　注
ZY:K2 + 906.87	0	0	0	
+920	13.13	13.12	0.43	
+940	33.13	32.98	2.74	
+960	53.13	52.51	7.02	
QZ:K2 + 966.56	56.69	58.81	8.84	$x = R \sin \varphi$
+980	46.25	45.84	5.32	$y = R(1 - \cos \varphi)$
K3 + 000	26.25	26.17	1.72	$\varphi = \dfrac{l_i}{R} \cdot \dfrac{180°}{\pi}$
+020	6.25	6.25	0.10	
YZ:K3 + 026.25	0	0	0	

(2)偏角法

以曲线起点 ZY 或终点 YZ 起,从曲线起点 ZY 或终点 YZ 至曲线上任一点 P_i 的弦线与切线之间的弦切角(这里称为偏角)Δ_i 和弦长 c_i 来确定 P_i 点的位置,这种测设方法称为偏角法。

如图 8.11 所示,根据几何原理,角 Δ_i 等于相应弧长所对的圆心角 φ_i 的 $\dfrac{1}{2}$,即:

$$\Delta_i = \frac{\varphi_i}{2} \quad \left(其中\ \varphi_i = \frac{l}{R} \cdot \frac{180°}{\pi}\right)$$

(8.10)

弦长 c_i 可按式(8.11)计算:

$$c_i = 2R \sin \frac{\varphi_i}{2} = 2R \sin \Delta_i \quad (8.11)$$

用偏角法测设圆曲线的细部点,因测设距离的方法不同,分为长弦偏角法和短弦偏角法两种。前者测设测站至细部点的距离(长弦),适合于用经纬仪加测距仪(或全站仪)测量;后者

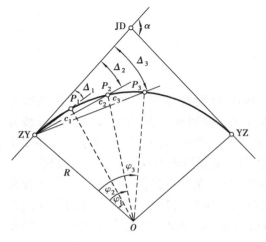

图 8.11　偏角法测设圆曲线

测设相邻细部点之间的距离（短弦），适合于用经纬仪加钢尺测量。

偏角法不仅可以在 ZY 点上测设曲线，而且还可以在 YZ 或 QZ 点上测设，也可以在曲线任一点上测设。这是一种测设精度较高、适用性较强的方法。但在用短弦偏角法测量时存在测点误差累积的缺点，所以宜从曲线两端向中点或自中点向两端测设曲线。

【例8.3】　仍以【例8.1】为例，利用已经计算出的各个主点里程，采用偏角法按整桩号法设桩，计算各桩的偏角和弦长。

【解】　设曲线由 ZY 点向 YZ 点测设，计算见表8.4。

表8.4　偏角法测设数据计算表

桩　　号	各桩至曲线起(终)点的弧长 l_i/m	偏角值 Δ_i	长弦/m $c_{长}$	短弦/m $c_{短}$	备　　注
ZY:K2+906.87	0	0°00′00″	0	0	
+920	13.13	1°52′51″	13.13	13.13	
+940	33.13	4°44′44″	33.09	19.99	
+960	53.13	7°36′37″	52.97	19.99	$\Delta_i=\dfrac{l_i}{2R}\cdot\dfrac{180°}{\pi}$
QZ:K2+966.56	59.69	8°33′00″	59.47	6.56	$c_{长}=2R\sin\Delta_i$
+980	73.13	10°28′30″	72.72	13.44	$c_{短}=2R\sin(\Delta_i-\Delta_{i-1})$
K3+000	93.13	13°20′24″	92.29	19.99	
+020	113.13	16°12′17″	111.63	19.99	
YZ:K3+026.25	119.38	17°06′00″	117.62	6.25	

（3）极坐标法

用极坐标法进行圆曲线的详细测设，最适合于用全站仪进行测量。仪器可以安置在任何已知点上，例如已知坐标的控制点、路线上的交点、转点等。其测设速度快、精度高。目前在公路勘测中已被广泛应用。

用极坐标法测设圆曲线的数据主要是计算圆曲线主点和细部点的坐标，然后根据测站点和主点或细部点之间的坐标，反算出测站至待测点的直线方位角和两点间的平距，依据计算出的方位角和平距进行测设。

①圆曲线主点坐标计算。如图 8.11 所示，若已知 ZD 和 JD 的坐标，则可按公式 $\alpha_{12}=\arctan\dfrac{y_2-y_1}{x_2-x_1}$ 计算出第一条切线（图中的 ZY—JD 方向线）的方位角；再由路线的转角（或右角）推算出第二条切线（图中的 JD—YZ 方向线）和分角线的方位角。

根据交点坐标、切线方位角和切线长，计算出圆曲线起点 ZY 和终点 YZ 的坐标；根据交点坐标、分角线方位角和外距计算出曲线中点 QZ 的坐标。

【例8.4】　仍以【例8.1】为例，设 ZD 的坐标为：$x_1=6\,795.454$ m，$y_1=5\,565.901$ m；JD 的坐标为：$x_2=6\,848.320$ m，$y_2=5\,634.240$ m，计算圆曲线主点的坐标（保留2位小数）。

【解】　第一条切线，即 ZY—JD 的方向线的方位角为：

$$\alpha_1 = \arctan\frac{y_2 - y_1}{x_2 - x_1} = \arctan\frac{5\ 634.240\ \text{m} - 5\ 565.901\ \text{m}}{6\ 848.320\ \text{m} - 6\ 795.454\ \text{m}} = 52°16'30''$$

第二条切线,即 JD—YZ 的方向线的方位角为:

$$\alpha_2 = \alpha_1 + \alpha = 52°16'30'' + 34°12' = 86°28'30''$$

分角线方向的方位角为:

$$\alpha_3 = \alpha_1 + 180° - 72°54' = 52°16'30'' + 180° - 72°54' = 159°22'30''$$

圆曲线主点坐标计算:

ZY 点

$$x_{ZY} = x_2 + T\cos(\alpha_1 + 180°) = 6\ 810.67\ \text{m}$$
$$y_{ZY} = y_2 + T\sin(\alpha_1 + 180°) = 5\ 585.57\ \text{m}$$

YZ 点

$$x_{YZ} = x_2 + T\cos\alpha_2 = 6\ 852.10\ \text{m}$$
$$y_{YZ} = y_2 + T\sin\alpha_2 = 5\ 695.65\ \text{m}$$

QZ 点

$$x_{QZ} = x_2 + E\cos\alpha_3 = 6\ 839.66\ \text{m}$$
$$y_{QZ} = y_2 + E\sin\alpha_3 = 5\ 637.50\ \text{m}$$

②圆曲线细部点坐标计算。由计算出的第一条切线的方位角和各待测设桩点的偏角,计算出曲线起点 ZY 至各桩点方向线的方位角,再由起点到各桩点的弦长计算出各待测设桩点的坐标。

【例8.5】 接【例8.4】按整桩号法设桩计算各桩点的坐标(保留2位小数)。

【解】 计算方法类似于【例8.4】中的主点坐标计算,计算结果见表8.5。

表8.5 细部点坐标计算

桩 号	偏 角	方位角	长弦/m	坐标/m	
				x	y
ZY:K2 + 906.87	0°00'00''	52°16'30''		6 810.67	5 585.57
+920	1°52'51''	54°09'21''	13.13	6 818.36	5 596.21
+940	4°44'44''	57°01'14''	33.09	6 828.68	5 613.33
+960	7°36'37''	59°53'07''	52.97	6 837.25	5 631.39
QZ:K2 + 966.56	8°33'00''	60°49'30''	59.47	6 839.66	5 637.50
+980	10°28'30''	62°45'00''	72.72	6 843.97	5 650.22
K3 + 000	13°20'24''	65°36'54''	92.29	6 848.77	5 669.63
+020	16°12'17''	68°28'47''	111.63	6 851.62	5 689.42
YZ:K3 + 026.25	17°06'00''	69°22'30''	117.62	6 852.10	5 695.65

③测设数据的计算。利用计算的细部坐标和测站点坐标用坐标反算公式,计算出每个待测设点到测站点的方位角和水平距离。

8.5 缓和曲线的测设

车辆在从直线进入圆曲线后,会产生离心力,影响行车的舒适与安全。为减小离心力的影响,在弯道上路面必须在曲线外侧加高,称为超高。在直线上的超高为0,在圆曲线上的超高为h,为使车辆在由直线进入圆曲线时不至突然设置超高,应有一段合理的曲线逐渐过渡,需在直线与圆曲线间插入一段半径由无穷大逐渐变化到R的过渡曲线,以适应行车的需要,这段曲线称为缓和曲线。

缓和曲线可采用回旋曲线(亦称为辐射螺旋线)、三次抛物线等线形。目前我国公路系统中,均采用回旋曲线作为缓和曲线。

·8.5.1 缓和曲线公式·

1)基本公式

如图8.12所示,回旋曲线是曲率半径随曲线长度的增大而均匀减小的曲线,即在回旋曲线上任一点的曲率半径ρ与曲线的长度l成反比,以公式表示为:

$$\rho = \frac{c}{l}$$

或者
$$\rho l = c \tag{8.12}$$

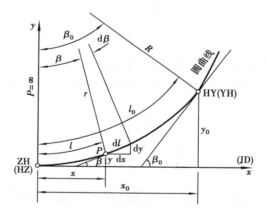

图8.12 缓和曲线

c值可按以下方法确定:缓和曲线的终点即HY(缓圆点)点或YH(圆缓点)点,其曲率半径等于圆曲线半径,即$\rho = R$,该点的曲线长度即是缓和曲线的全长l_s,即$l = l_s$,可得$c = Rl_s$,其中c为常数,表示缓和曲线半径的变化率,与行车速度有关。为了使公式两边的量度一致,令$A^2 = c$,这样,A的单位就是m,所以

$$l = \frac{A^2}{\rho}$$

即
$$l_s = \frac{A^2}{R} \tag{8.13}$$

2)切线角公式

如图8.12所示,设回旋曲线上任一点P的切线与起点ZH(HZ)的切线的夹角β称为P点的切线角,该角值与P点至起点曲线长l所对的中心角相等。在P处取一微段量$\mathrm{d}l$,所对的中心角为$\mathrm{d}\beta$,则有:

$$\mathrm{d}\beta = \frac{\mathrm{d}l}{\rho} = \frac{l\mathrm{d}l}{c} = \frac{l\mathrm{d}l}{Rl_s}$$

积分得:

$$\beta = \frac{l^2}{2Rl_s} \tag{8.14}$$

当 $l = l_s$ 时,$\beta = \beta_0$,式(8.14)可写成:

$$\beta_0 = \frac{l_s}{2R} \tag{8.15}$$

即为缓和曲线全长 l_s 所对应的切线角,亦称为缓和曲线角。

3)参数方程

如图 8.12 所示,设缓和曲线起点为原点,过该点的切线为 x 轴,半径为 y 轴,任取一点 P 的坐标为 (x,y),则微分弧段 $\mathrm{d}l$ 在坐标轴上的投影为:

$$\left.\begin{aligned} \mathrm{d}x &= \mathrm{d}l \cos\beta \\ \mathrm{d}y &= \mathrm{d}l \sin\beta \end{aligned}\right\}$$

将上式中 $\cos\beta,\sin\beta$ 按级数展开,略去高次项,积分得:

$$\left.\begin{aligned} x &= l - \frac{l^5}{40R^2 l_s^2} \\ y &= \frac{l^3}{6Rl_s} \end{aligned}\right\} \tag{8.16}$$

式(8.16)称为缓和曲线的参数方程。

当 $l = l_s$ 时,得到缓和曲线终点的直角坐标:

$$\left.\begin{aligned} x_0 &= l_s - \frac{l_s^3}{40R^2} \\ y_0 &= \frac{l_s^3}{6R} \end{aligned}\right\} \tag{8.17}$$

·8.5.2 带有缓和曲线的圆曲线主点测设·

1)内移值 p 与切线增值 q

如图 8.13 所示,在直线与圆曲线之间插入缓和曲线时,必须将原有的圆曲线向内移动距离 p,才能使缓和曲线的起点位于直线方向上,这时切线增长 q。公路上一般采用圆心不动的平行移动方法,即未设缓和曲线时的圆曲线为 FG,其半径为 $(R+p)$;插入两段缓和曲线 AC 和 BH 后,圆曲线向内侧移动,其保留部分为 CMH,半径为 R,所对的圆心角为 $(\alpha - 2\beta_0)$。由图 8.13 可知:

$$p = y_0 - R(1 - \cos\beta_0)$$

$$q = x_0 - R\sin\beta_0$$

将上式中 $\cos\beta_0,\sin\beta_0$ 按泰勒公式展开为级数,略去高次项得:

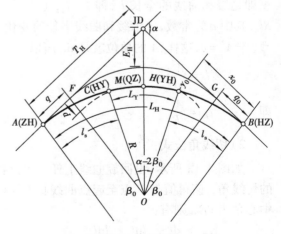

图 8.13 主点测设

$$\left.\begin{array}{l} p = \dfrac{l_s^2}{24R} \\[4mm] q = \dfrac{l_s}{2} - \dfrac{l_s^3}{240R^2} \end{array}\right\} \tag{8.18}$$

2）曲线测设元素的计算

当测得转角 α，圆曲线半径 R 和缓和曲线长 l_s 确定后，即可按下列公式计算曲线测设元素。

切线长 $\qquad T_H = (R+p)\tan\dfrac{\alpha}{2} + q$

曲线长 $\qquad L_H = R(\alpha - 2\beta_0)\dfrac{\pi}{180°} + 2l_s = L_Y + 2l_s$

圆曲线长 $\qquad L_Y = R(\alpha - 2\beta_0)\dfrac{\pi}{180°} \tag{8.19}$

外距 $\qquad E_H = (R+p)\sec\dfrac{\alpha}{2} - R$

切曲差（超距） $\quad D_H = 2T_H - L_H$

3）主点里程

根据交点的里程和曲线测设元素，计算主点里程：

直缓点 $\qquad$ ZH 里程 = JD 里程 $- T_H$

缓圆点 $\qquad$ HY 里程 = ZH 里程 $+ l_s$

圆缓点 $\qquad$ YH 里程 = HY 里程 $+ L_Y$ $\tag{8.20}$

缓直点 $\qquad$ HZ 里程 = YH 里程 $+ l_s$

曲中点 $\qquad$ QZ 里程 = HZ 里程 $- \dfrac{L_H}{2}$

交点 $\qquad$ JD 里程 = QZ 里程 $+ \dfrac{D_H}{2}$（校核）

【例8.6】 在道路中线测量中，某弯道的交点里程桩号为 K19 + 526.75，右转角为 $\alpha_y =$ 38°18′，圆曲线半径为 600 m，缓和曲线长度 $l_s = 75$ m，试计算（1）该曲线的主点测设元素；（2）主点里程。

【解】 （1）基本要素

由式（8.15）、式（8.18）得：

$$\beta_0 = \frac{l_s}{2R} \cdot \frac{180°}{\pi} = \frac{75\ \text{m}}{2 \times 600\ \text{m}} \times \frac{180°}{\pi} = 3°34'52''$$

$$p = \frac{l_s^2}{24R} = \frac{(75\ \text{m})^2}{24 \times 600\ \text{m}} = 0.39\ \text{m}$$

$$q = \frac{l_s}{2} = \frac{75\ \text{m}}{2} = 37.5\ \text{m}$$

（2）主点元素

由式（8.19）得：

$$T_{\text{H}} = (R+p)\tan\frac{\alpha}{2} + q = (600\ \text{m} + 0.39\ \text{m}) \times \tan\frac{38°18'}{2} + 37.5\ \text{m} = 245.99\ \text{m}$$

$$L_{\text{H}} = R(\alpha - 2\beta_0)\frac{\pi}{180°} + 2l_{\text{s}}$$

$$= 600\ \text{m} \times (38°18' - 2 \times 3°34'52'') \times \frac{\pi}{180°} + 2 \times 75\ \text{m} = 476.08\ \text{m}$$

$$L_{\text{Y}} = R(\alpha - 2\beta_0)\frac{\pi}{180°} = 600\ \text{m} \times (38°18' - 2 \times 3°34'52'') \times \frac{\pi}{180°} = 326.08\ \text{m}$$

$$E_{\text{H}} = (R+p)\sec\frac{\alpha}{2} - R = (600\ \text{m} + 0.39\ \text{m})\sec\frac{38°18'}{2} - 600\ \text{m} = 35.56\ \text{m}$$

$$D_{\text{H}} = 2T_{\text{H}} - L_{\text{H}} = 2 \times 245.99\ \text{m} - 476.08\ \text{m} = 15.90\ \text{m}$$

（3）主点里程

由式（8.20）得：

ZH 里程 = JD 里程 $- T_{\text{H}}$ = K19 + 280.76

HY 里程 = ZH 里程 $+ l_{\text{s}}$ = K19 + 355.76

YH 里程 = HY 里程 $+ L_{\text{Y}}$ = K19 + 681.84

HZ 里程 = YH 里程 $+ l_{\text{s}}$ = K19 + 756.84

QZ 里程 = HZ 里程 $- \dfrac{L_{\text{H}}}{2}$ = K19 + 518.80

JD 里程 = QZ 里程 $+ \dfrac{D_{\text{H}}}{2}$ = K19 + 526.75（校对）

4）主点测设方法

在交点 JD 架设经纬仪，瞄准后视方向的转点，沿此方向量取切线长 T_{H} 得到曲线起点 ZH，瞄准前视方向的转点，沿此方向量取切线长 T_{H} 得到曲线终点 HZ，沿分角线方向量取外距 E_{H} 得到曲线中点 QZ，缓圆点 HY 和圆缓点 YH 一般根据缓和曲线终点的坐标 (x_0, y_0) 自直缓点和缓直点起用切线支距法测设。

·8.5.3 带有缓和曲线的圆曲线详细测设·

1）切线支距法

切线支距法是以 ZH（或 HZ）为坐标原点，以切线为 x 轴，过原点的半径为 y 轴，利用缓和曲线和圆曲线上各点的坐标 (x, y) 测设曲线。

（1）缓和曲线段各点坐标的计算

缓和曲线上各点的坐标可按缓和曲线参数方程计算，即：

$$\left.\begin{aligned} x &= l - \frac{l^5}{40R^2 l_{\text{s}}^2} \\ y &= \frac{l^3}{6R l_{\text{s}}} \end{aligned}\right\} \tag{8.21}$$

（2）圆曲线各点坐标的计算

如图 8.14 所示，圆曲线上各点坐标可按式（8.22）计算。

$$x = R \sin \varphi + q \atop y = R(1 - \cos \varphi) + p \Bigg\} \tag{8.22}$$

其中，$\varphi = \dfrac{l}{R} \cdot \dfrac{180°}{\pi} + \beta_0$；$l$ 为圆曲线上的点至 HY 点或 YH 点的弧长。

在计算出缓和曲线和圆曲线上各点的坐标后，即可按圆曲线切线支距法的测设方法进行测设。

圆曲线上各点亦可以缓圆点 HY 或圆缓点 YH 为坐标原点，用切线支距法进行测设，此时只要将 HY 或 YH 点的切线定出，如图 8.15 所示，计算出 T_d 之长，HY 或 YH 点的切线即可确定。T_d 由式(8.23)计算。

$$T_d = x_0 - \frac{y_0}{\tan \beta_0} = \frac{2}{3} l_s + \frac{l_s^3}{360 R^2} \tag{8.23}$$

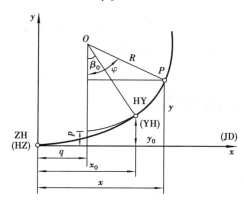

图 8.14　圆曲线段上点的坐标

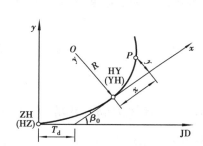

图 8.15　HY 或 YH 的切线方向

2)偏角法

经纬仪安置于 ZH 和 HZ 点测设缓和曲线上的各点。如图 8.16 所示，设缓和曲线上任意一点 P 的偏角值为 δ，P 至 ZH(HZ) 的曲线长为 l，其弦近似与曲线长相等，亦为 l。由直角三角形得：

$$\sin \delta = \frac{y}{l}$$

因 δ 很小，则 $\sin \delta \approx \delta$，由于 $y = \dfrac{l^3}{6 R l_s}$，则

$$\delta = \frac{l^2}{6 R l_s} \tag{8.24}$$

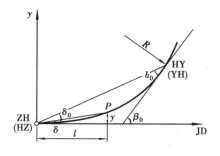

图 8.16　偏角法

HY 或 YH 点的偏角值 δ_0 为缓和曲线的总偏角。将 $l = l_s$ 代入式(8.24)得：

$$\delta_0 = \frac{l_s}{6R} \tag{8.25}$$

由于　　$\beta_0 = \dfrac{l_s}{2R}$

则　　$\delta_0 = \dfrac{1}{3} \beta_0 \tag{8.26}$

将式(8.25)和式(8.26)相比,得:

$$\delta = \left(\frac{l}{l_s}\right)^2 \delta_0 \qquad (8.27)$$

由式(8.27)可知,缓和曲线上任一点的偏角,与该点至缓和曲线起点的曲线长的平方成正比。在计算出缓和曲线上各点的偏角后,将仪器置于 ZH 或 HZ 点上,与偏角法测设圆曲线一样进行测设。由于缓和曲线上弦长

$$c = l - \frac{l^5}{90R^2 l_s^2} \qquad (8.28)$$

近似等于相对应的弧长,因而在测设时,弦长一般以弧长代替。

圆曲线上各点的测设须将仪器迁至 HY 或 YH 点上进行。这时只要定出 HY 或 YH 点的切线方向,就可以与前面所讲的圆曲线一样测设。关键是计算 b_0,显然

$$b_0 = \beta_0 - \delta_0 = 3\delta_0 - \delta_0 = 2\delta_0 \qquad (8.29)$$

将仪器置于 HY 点上,瞄准 ZH 点,水平度盘配置在 b_0(当路线右转时,配置在 $360° - b_0$),旋转照准部使水平度盘读数为 $0°00'00''$ 并倒镜,此时视线方向即为 HY 点的切线方向。

8.6 路线纵断面测量

·8.6.1 路线纵断面测量方法·

路线纵断面测量又称为路线水准测量,主要任务分为 3 步:

①第一步:沿路线设立水准点,并测定水准点的高程,称为基平测量。

②第二步:根据水准点的高程,测定路中线上各里程桩和加桩的地面高程,称为中平测量。

③第三步:根据各里程桩的地面高程绘制纵断面图。

1)基平测量

对于已进行过初测的路线,应首先对初测高程控制点逐一检测,其闭合差在 $\pm 30\sqrt{L}$ 以内时,即可采用初测成果。当水准点被破坏或将受到施工影响时,应补设新的水准点。

对于一次定测的路线,基平测量与初测阶段的高程测量要求相同。首先应设置水准点,水准点间距一般为 0.5 ~ 2.0 km,在大桥两岸、隧道两端以及大型人工构筑物(如立体交叉、大型挡土墙等)处需要增设水准点。水准点应埋设在路中线两侧,既要考虑施工时的方便,又要在施工范围之外,防止施工期间对水准点的损坏。一般在距中线的距离 50 ~ 100 m 为宜。水准点是恢复路线和路线施工的依据,故点位应埋设水泥桩或石桩,也可选在牢固的房基、桥台、基岩等上面,要求点位牢固、标志明显,并按顺序编号。

基平测量时,要先将起始水准点与国家水准点进行联测,以获取水准点的绝对高程。在沿线的测量过程中,凡能与附近国家水准点进行联测的均应联测,以进行水准路线的校核。如果路线附近没有国家水准点,则可根据气压计或国家小比例地形图上的高程作为参考,假定起始水准点高程。

水准点高程的测量,应按五等高程测量的要求,可以采用水准测量和测距仪三角高程测量。水准测量可用一台仪器往返观测法或两台仪器同向观测法进行,其容许闭合差为:

平原与微丘区:$W_{h容} = \pm 30 \sqrt{L}$ mm

山岭与重丘区:$W_{h容} = \pm 9 \sqrt{n}$ mm

2)中平测量

（1）中平测量方法

中平测量（又称中桩抄平）一般是以两相邻水准点为一测段,从一个水准点开始,逐个测定中桩的地面高程,直至附合到下一个水准点上。在每一个测站上,应尽量多的观测中桩,另外,还需在一定距离内设置转点。相邻两转点间所观测的中桩,称为中间点。由于转点起着传递高程的作用,为了削弱高程传递的误差积累,在测站上应先观测转点,后观测中间点。观测转点时读数至 mm,视线长不应大于水准测量相应等级的规定值,水准尺应立于尺垫、稳固的桩顶或坚石上。观测中间点时读数即中视读数可至 cm,视线也可适当放长,立尺应紧靠桩边的地面上。

如图 8.17 所示,将水准仪安置在测站上,若后视点 A 的高程 H_A 已知,立于 A 点的水准尺读数为 a,立于前视转点 B 和中间点 K 的水准尺上的读数分别为 b 和 k,则可用视线高法求得前视转点 B 的高程 H_B 和中桩点的高程 H_K。

测站视线高 = 后视转点高程 H_A + 后视读数 a

前视转点 B 的高程 H_B = 视线高 − 前视读数 b (8.30)

中桩高程 H_K = 视线高 − 中视读数 k

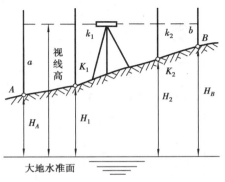

图 8.17 视线高法测高程

中平测量实施如图 8.18 所示,水准仪安置于第 1 测站 D_1 点,后视水准点 BM_4,前视转点 ZD_1 两读数分别记入表 8.6 中相应的后视、前视栏内。然后观测 $BM_4 \sim ZD_1$ 间的中间点 K4 + 800, + 830, + 865, + 878, + 900,并将读数分别记入相应的中视栏。再将仪器搬至 Ⅱ 站,后视转点 ZD_1,前视转点 ZD_2,将读数分别记入相应后视、前视栏。然后观测两转点间的各中间点,将读数分别记入相应的中视栏。按上述方法继续向前测,直至附合到水准点 BM_2。

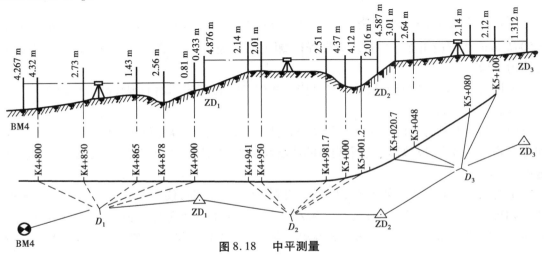

图 8.18 中平测量

中平测量只作单程观测。一测段结束后,应先计算中平测量测得的该测段两端水准点高差,并将其与基平所测该测段两端水准点高差进行比较,二者之差,称为测段高差闭合差。

表 8.6　中平测量记录表

点　号	桩　号	水准尺读数/m			视线高程/m	高程/m	备　注
		后视	中视	前视			
BM₄		4.267			235.739	231.472	
	K4 + 800		4.32			231.42	
	K4 + 830		2.73			233.01	
	K4 + 865		1.43			234.31	
	K4 + 878		2.56			233.18	
	K4 + 900		0.81			234.93	
ZD₁		4.876		0.443	240.182	235.306	
	K4 + 941		2.14			238.04	
	K4 + 950		2.01			238.17	BM₄ 位于 K4 + 800
ZY	K4 + 981.7		2.51			237.67	桩右侧 50 m 处
	K5 + 000		4.37			235.81	
QZ	K5 + 001.2		4.12			236.06	
ZD₂		4.587		2.016	242.753	238.166	
YZ	K5 + 020.7		3.01			239.74	
	K5 + 048		2.64			240.11	
	K5 + 080		2.14			240.61	
	K5 + 100		2.12			240.63	
ZD₃				1.312		241.441	

测段高差闭合差:高速公路、一级公路不得大于 $\pm 30\sqrt{L}$ mm,二级及以下公路不得大于 $\pm 50\sqrt{L}$ mm,否则应重测。中桩地面高程检测限差:高速公路、一级公路为 ± 5 cm,二级及以下公路为 ± 10 cm。

中桩的地面高程以及前视转点高程应用式(8.30)按所属测站的视线高进行计算。

(2)跨越沟谷测量

中平测量遇到跨越沟谷时,由于沟坡和沟底钉有中桩,且高差较大,按一般中平测量要增加许多测站和转点,以致影响整个测量的速度和精度,为避免这种情况,可采用以下方法进行施测:

①沟内沟外分开测。如图 8.19 所示,当测至沟谷边缘时,仪器置于测站Ⅰ,同时设置两个转点 ZD₁₆ 和 ZDₐ,后视 ZD₁₅,前视 ZD₁₆ 和 ZDₐ。此后沟内、沟外即分开施测。测量沟内中桩时,仪器下沟安置于测站Ⅱ,后视 ZDₐ,观测沟谷内两侧的中桩并设置转 ZD_B。再将仪器迁至测站

Ⅲ,后视转点 ZD_B,观测沟底各中桩。至此沟内观测结束。然后仪器置于测站Ⅳ,后视 ZD_{16},继续向前测。

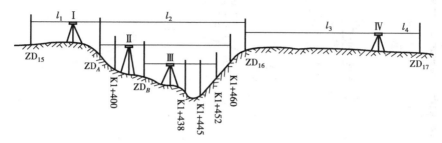

图 8.19 跨越沟谷中平测量

这种测法使沟内、沟外高程传递各自独立,互不影响。沟内的测量不会影响到整个测段的闭合。但山沟内的测量为支水准路线,缺少检核条件,故施测时应倍加注意。另外,为了减少Ⅰ站前、后视距不等所引起的误差,仪器置于Ⅳ站时,尽可能使 $l_3 = l_2$,$l_4 = l_1$,或者 $l_1 + l_3 = l_2 + l_4$。

②接尺法。若过沟时,沟谷较窄、沟边坡度较大、个别中桩不便测量,可采用接尺的方法进行测量,如图 8.20 所示,用两根尺,一人扶 A 尺,另一人扶 B 尺,从而把水准尺接长使用,必须注意此时的读数应为从望远镜内的读数加上接尺的数值。

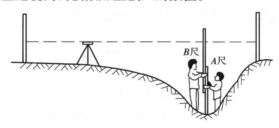

图 8.20 接尺法

利用上述方法测量时,沟内、沟外分开测的记录须断开,另做记录;接尺要加以说明,以利于计算和检查,否则容易发生混乱和误会。

·8.6.2 纵断面图的绘制·

纵断面图是表示沿路线中线方向的地面起伏状态和设计纵坡的线状图,它反映出各路段纵坡的大小和中线位置处的填挖尺寸,是道路设计和施工中的重要文件资料。

如图 8.21 所示,在图的上半部,从左至右有两条贯穿全图的线。一条是细的折线,表示中线方向的实际地面线,它是以里程为横坐标、高程为纵坐标,根据中平测量的中桩地面高程绘制的。图中另一条是粗线,是包含竖曲线在内的纵坡设计线,是在设计时绘制的。此外,图上还注有水准点的位置和高程,桥涵的类型、孔径、跨数、长度、里程桩号和设计水位。竖曲线示意图及其曲线元素,同公路、铁路交叉点的位置、里程及有关说明。

1)纵断面图的内容

图的下部注有有关测量及纵坡设计的资料,主要包括以下内容:

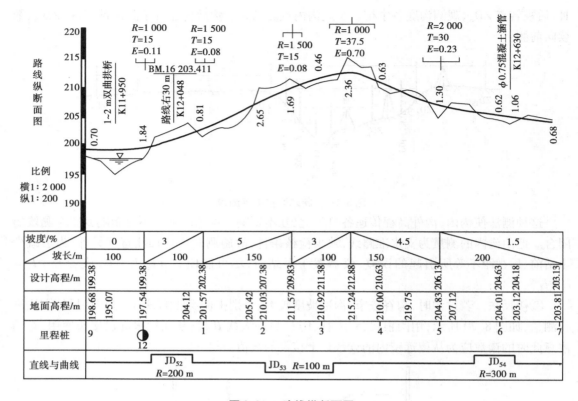

图 8.21　路线纵断面图

（1）直线与曲线

直线与曲线是根据中线测量资料绘制的中线示意图。图中路线的直线部分用直线表示；圆曲线部分用折线表示，上凸表示路线右转，下凹表示路线左转，并注明交点编号和圆曲线半径；带有缓和曲线的平曲线还应注明缓和段的长度，且用梯形折线表示。

（2）里程

里程是根据中线测量资料绘制的里程数。为使纵断面图清晰，图上按里程比例尺只标注百米桩里程（以数字 1 ~ 9 注写）和千米桩里程（以 K_i 注写）。

（3）地面高程

地面高程是根据中平测量成果填写相应里程桩的地面高程。

（4）设计高程

设计高程即设计的各里程桩处的高程。

（5）坡度

从左至右向上斜的直线表示上坡（正坡），下斜的表示下坡（负坡），水平的表示平坡。斜线或水平线上面的数字是以百分数表示的坡度大小，下面的数字表示坡长。

（6）土壤地质说明

土壤地质说明主要标明路段的土壤地质情况。

2）纵断面图的绘制

纵断面图的绘制一般按下列步骤进行：

①按照选定的里程比例尺和高程比例尺(一般对于平原微丘区,里程比例尺常用1:5 000或1:2 000,相应的高程比例尺为1:500或1:200;对于山岭重丘区,里程比例尺常用1:2 000或1:1 000,相应的高程比例尺为1:200或1:100)打格制表,填写里程、地面高程、直线与曲线、土壤地质说明等资料。

②绘出地面线。首先选定纵坐标的起始高程,使绘出的地面线位于图上适当位置。一般是以10 m整数倍数的高程定在5 cm方格的粗线上,便于绘图和阅图。然后根据中桩的里程和高程,在图上按纵、横比例尺依次点出各中桩的地面位置,再用直线将相邻点一个个连接起来,就得到地面线。在高差变化较大的地区,如果纵向受到图幅限制时,可在适当地段变更图上高程起算位置,此时地面线将形成台阶形式。

③计算设计高程。当路线的纵坡确定后,即可根据设计纵坡和两点间的水平距离,由一点的高程计算另一点的设计高程。

设计坡度为i(上坡时i为正,下坡时i为负),起算点的高程为H_0,推算点的高程为H_P,推算点至起算点的水平距离为D,则:

$$H_P = H_0 + iD \tag{8.34}$$

④计算各桩的填挖尺寸。同一桩号的设计高程与地面高程之差,即为该桩号的填土高度(正号)或挖土深度(负号)。在图上填土高度应写在相应点纵坡设计线之上,挖土深度则相反。也有在图中专列一栏注明填挖尺寸的。

⑤在图上注记有关资料,如水准点、桥涵、竖曲线等。

8.7　路线横断面测量

路线横断面测量是测定各中桩处垂直于中线方向上的地面起伏情况,然后绘制成横断面图,供路基、边坡、特殊构筑物的设计,土石方的计算和施工放样之用。横断面测量的宽度由路基宽度和地形情况确定,一般应在公路中线两侧各测15～50 m。进行横断面测量,首先要确定横断面的方向,然后在此方向上测定中线两侧地面坡度变化点的距离和高差。

·8.7.1　横断面方向的测定·

公路中线是由直线段和曲线段构成的,而直线段和曲线段上的横断面标定方法是不同的,现分述如下。

1)直线段上横断面方向的测定

直线段横断面方向与路线中线相垂直,一般采用方向架来测定,如图8.22所示。方向架由坚固木料制成,长约1.5 m,在上部有两个相互垂直的固定片,确定横断面方向时,将方向架置于桩点上,用其中一个固定片瞄准该直线段上另一个中桩,另一个固定片所指的方向即为该桩的横断面方向。

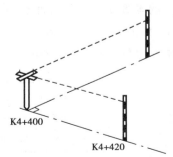

图8.22　方向架测定直线段横断面方向

2)曲线段上横断面方向的测定

由几何知识可知,圆曲线上一点的横断面方向必定沿该点的半径方向。测定时一般采用求心方向架,即在方向架上安装一个可以转动的活动片,并有一固定螺旋将其固定,如图 8.23 所示。

如图 8.24 所示,用求心方向架测定横断面方向时,欲测定圆曲线上某桩点 1 的横断面方向,将求心方向架置于 ZY(或 YZ)点上,用固定片 ab 瞄准交点,ab 方向即为切线方向,则另一固定片 cd 所指明方向即为 ZY(或 YZ)点的横断面方向。保持方向架不动,转动活动片 ef 瞄准 1 点并将其固定。将方向架搬至 1 点,用固定片 cd 瞄准 ZY(或 YZ)点,则活动片 ef 所指的方向即为 1 点的横断面方向。在测定 2 点的横断面方向时,可在 1 点的横断面方向上插一花杆,以固片 cd 瞄准它,ab 片的方向即为切线方向。此后的操作与测定 1 点横断面方向时完全相同,保持方向架不动,用活动片 ef 瞄准 2 点并将其固定。将方向架搬至 2 点,用固定片 cd 瞄准 1 点,活动片 ef 的方向即为 2 点的横断面方向。如果圆曲线上桩距相同,在定出 1 点横断面方向后,保持活动片 ef 原来位置,将其搬至 2 点上,用固定片 cd 瞄准 1 点,活动片 ef 即为 2 点的横断面方向。圆曲线上其他各点亦可按照上述方法进行。

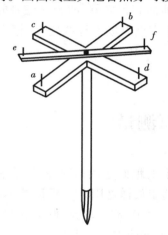

图 8.23　有活动片方向架

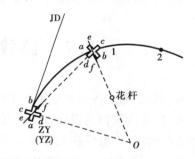

图 8.24　曲线段横断面方向测定

· 8.7.2　横断面的测量方法 ·

横断面测量的工作是测定路线两侧变坡点(地形变化特征点)的平距与高差,测量方法视线路的等级和地形情况而定,对于铁路、高速公路和一级公路应采用水准仪法或经纬仪视距法测量,对于二级及以下公路可采用水准仪皮尺法或标杆皮尺法(抬杆法)测量。横断面测量检测限差应符合表 8.7 的规定。下面就几种方法分别叙述。

表 8.7　横断面检测限差

路　线	距离/m	高程/m
高速公路、一级公路	$\pm(0.1 + L/100)$	$\pm(0.1 + h/100 + L/200)$
二级及二级以下公路	$\pm(0.1 + L/50)$	$\pm(0.1 + h/50 + L/100)$

注:表中 L 为测点至中桩的水平距离;h 为测点与中桩点间的高差。

1)标杆皮尺法(抬杆法)

标杆皮尺法(抬杆法)是一根标杆和一卷皮尺测定横断面方向上的两相邻变坡点的水平距离和高差的一种简易方法。如图8.25所示,要进行横断面测量,根据地面情况选定变坡点1,2,3等。将标杆竖立于1点上,皮尺靠中桩地面拉平,量出桩点至1点的水平距离,而皮尺截于标杆的红白格数(每格为0.2 m)即为两点间的高差。测量员报出测量结果,以便绘图或记录,报数时通常省去"水平距离"四字,高差用"低"或"高"。如图8.25所示中桩点与1点之间,报为"1.4 m低1.4 m",记录如表8.8所列。同法可测得1点与2点、2点与3点等的高差和距离。表中按路线前进方向分左、右两侧,用分数形式表示。分母为水平距离,分子为高差,上坡为正,下坡为负,自中桩由近及远逐段记录。

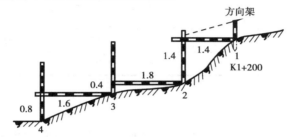

图8.25 抬杆法测横断面

表8.8 横断面测量记录表

左　　侧			桩　号	右　　侧		
平 $\dfrac{-0.8}{1.6}$	$\dfrac{-0.4}{1.8}$	$\dfrac{-1.4}{1.4}$	K1 + 200	$\dfrac{+0.5}{3.2}$	$\dfrac{+1.1}{5.8}$	$\dfrac{+1.3}{10.5}$ 平
平 $\dfrac{-0.8}{2.6}$	$\dfrac{-2.0}{5.6}$	$\dfrac{-1.8}{12.0}$	K1 + 180	$\dfrac{+0.6}{3.6}$	$\dfrac{+0.9}{6.2}$	$\dfrac{+1.8}{10.2}$ 平
平 $\dfrac{-0.6}{1.6}$	$\dfrac{-1.2}{6.0}$	$\dfrac{-0.9}{9.0}$	K1 + 160	$\dfrac{+0.8}{6.6}$	$\dfrac{+0.6}{1.6}$	$\dfrac{+1.8}{11.8}$ 平
⋮			⋮	⋮		

2)水准仪皮尺法

水准仪皮尺法是利用水准仪和皮尺,按水准测量的方法测定各变坡点与中桩点间的高差,用皮尺丈量两点的水平距离的方法。如图8.26所示,水准仪安置后,以中桩点为后视,在横断面方向的变坡点上立尺进行读数,并用皮尺量出各变坡点至中桩的水平距离。水准尺读数准确到cm,水平距离准确到dm,记录格式见表8.9。此法适用于断面较宽的平坦地区,测量精度较高。

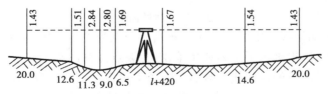

图8.26 水准仪皮尺法测量横断面

167

表 8.9　水准仪皮尺法横断面测量记录表

桩　号	各变坡点至中桩的距离/m		后视读数/m	前视读数/m	各变坡点至中桩的高差/m	备　注
K1＋360		0.00	1.67			
	左侧	6.6		1.69	−0.02	
		9.6		2.82	−1.15	
		11.9		2.86	−1.19	
		12.8		1.56	+0.01	
		20.0		1.24	+0.43	
	右侧	14.6		1.59	+0.08	
		20.0		1.36	+0.31	

3)经纬仪视距法

经纬仪视距法是指在地形复杂、山坡较陡的地段,采用经纬仪按视距测量的方法测得各变坡点与中桩点之间的水平距离和高差的一种方法。施测时,将经纬仪安置在中桩上,用视距法测出横断面方向各变坡点至中桩的水平距离和高差。

·8.7.3　横断面图绘制·

绘制横断面图的工作量较大,为提高工效,防止错误,多在现场边测边绘,这样既可当场出图,省略记录,又可及时核对,发现问题,及时纠正,以保证横断面图的质量。

横断面图的比例尺一般是1∶200 或 1∶100,横断面图通常绘制在米格纸上,图幅为350 mm×500 mm,每厘米有一细线条,每 5 cm 有一粗线条,细线间一小格为 1 mm。图 8.27为一横断面图。

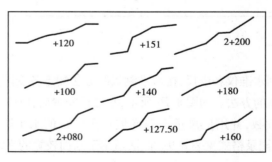

图 8.27　横断面图

绘图时以一条纵向粗线为中线,以纵线、横线相交点为中桩位置,向左右两侧绘制。先标注中桩的桩号,再用铅笔根据水平距离和高差,将变坡点点在图纸上,然后用小三角板将这些点连接起来,就得到横断面的地面线。显然一幅图上可以绘制多个断面图,一般规定:绘图顺序是从图纸左下方起,自下而上、由左向右,依次按桩号绘制。

8.8　用全站仪测设道路中线

用全站仪测设道路中线，一般先沿路线方向布设导线，进行控制测量，然后依据导线进行中线测设。

· 8.8.1　导线控制测量 ·

对于高等级道路工程，导线的布设应与附近的高级控制点进行联测，构成附合导线。联测一方面可以获得必要的起始数据——起始坐标和起始坐标方位角；另一方面可对观测的数据进行校核。过去如果高级控制点离测区较远，联测工作就十分困难。现在使用的全站仪，测距精度高，而且测程一般均可达到 2 km，联测时可将导线延长直接与高级控制点连接。如沿途遇有控制点，可与之连接，增加校核。

用全站仪施测，为降低对中误差和目标偏心差对观测坐标的影响，一般均采用"三联脚架法"。由于全站仪一般具有直接测算导线点三维坐标的功能，所以可按三维坐标导线测量的方法进行。观测结束后，即以所测各导线点坐标为观测值进行平差。

· 8.8.2　中线测量 ·

在用全站仪进行导线测量时，通常是按中桩的坐标进行测设。对于中桩坐标的计算方法，可以采用公路设计软件完成中线上各中桩坐标的计算。

测设时将仪器安置于导线点上，打开电源，用操作键盘进行系统参数和测站参数设置（输入测站点坐标），在全站仪显示器的主菜单下，进入放样模式，输入待测设的中桩坐标，在跟踪测量模式下，显示器会显示方向偏差 $\Delta\beta$ 与距离偏差 Δd，持杆者听从观测员的指挥前后左右移动跟踪杆（棱镜），直到 $\Delta\beta = 0$ 和 $\Delta d = 0$，此时跟踪杆的位置就是待测设的中桩位置。按此方法依次测设出中线上的所有中桩位置。

复习思考题 8

8.1　路线中线测量的任务是什么？

8.2　何谓路线中线的转点、交点？

8.3　什么是路线的右角？什么是路线的转角？简述二者的关系。

8.4　路线纵断面测量和横断面测量的任务是什么？

8.5　何谓里程桩？如何设置？

8.6　什么是缓和曲线？长度如何确定？

8.7　圆曲线要素是指什么？

8.8　什么是整桩号法设桩？什么是整桩距法设桩？二者各有何特点？

8.9　某圆曲线半径为 300 m，不设缓和曲线的设计右转角为 $\alpha_y = 32°28'$，交点 JD 里程为 k6 +926.96，试计算（1）主点测设元素和主点里程；（2）用切线支距法进行详细测设时，计算各桩的测设元素(按整桩距法设桩,$l_0 = 20$ m)。

8.10 某圆曲线半径为 600 m,不设缓和曲线的设计右转角为 $\alpha_y = 32°48'$,交点 JD 里程为 k26 + 906.46,试计算(1)主点测设元素和主点里程;(2)用偏角法进行详细测设时,计算各桩的测设元素(按整桩号设桩,$l_0 = 20$ m)。

8.11 单圆曲线 JD_3 桩号为 K1 + 125.328,坐标为(300.000,400.000),半径为 100.000 m,右偏角 21°32'18″,JD_4 坐标为(700.000,500.000),计算(1)曲线要素切线长 T,曲线长 L 和外矢距 E;(2)主点里程及主点坐标;(3)K1 + 120 的中桩坐标、左 12 m 的左边桩坐标、右 8 m 的右边桩坐标。

8.12 在道路中线测量中,某弯道 JD_{11} 里程为 K9 + 420.983,左转角为 $\alpha_y = 26°58'23″$,圆曲线半径为 600.000 m,缓和曲线长度 $l_s = 60.000$ m,试计算(1)该曲线的主点测量元素和主点里程;(2)用切线支距法测设弯道时,计算各中桩的测设元素(按整桩距法设桩,$l_0 = 20$ m);(3)若 JD_{11} 坐标为(32 456.784,45 621.321),JD_{10} 的坐标为(32 365.421,45 784.256),按桩间距 20 m,整桩距法,计算该曲线中桩坐标及距中线 12 m 的左边桩及右边桩坐标。

8.13 在中平测量中有一段跨越沟谷测量,如图 8.28 所示,根据图上的观测数据在表 8.10 中完成中平测量的记录和计算。已知 ZD_2 的高程为 347.426 m。

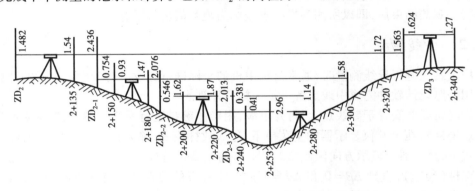

图 8.28 中平测量

表 8.10 中平测量记录表

桩(点)号	水准尺读数/m			视线高/m	高程/m	备 注
	后视	中视	前视			

8.14 根据表8.11横断面测量记录绘制横断面图。

表8.11 抬杆法横断面测量记录表

左 侧				桩 号	右 侧			
$\dfrac{+2.4}{1.0}$	$\dfrac{0.0}{1.4}$	$\dfrac{-1.4}{0.8}$	$\dfrac{0.0}{8.0}$	+080	$\dfrac{+1.2}{1.0}$	$\dfrac{+0.9}{1.0}$	$\dfrac{+1.0}{0.0}$	$\dfrac{0.0}{1.3}$
$\dfrac{0.0}{7.0}$	$\dfrac{+2.8}{1.8}$	$\dfrac{0.0}{1.0}$	$\dfrac{-1.2}{5.2}$	+068.259	$\dfrac{1.0}{1.0}$	$\dfrac{+1.5}{6.0}$	$\dfrac{+1.4}{4.0}$	$\dfrac{+1.0}{3.0}$
$\dfrac{0.0}{9.0}$	$\dfrac{+1.0}{1.0}$	$\dfrac{0.0}{1.0}$	$\dfrac{-2.0}{3.0}$	+060	$\dfrac{0.0}{1.0}$	$\dfrac{+2.0}{4.0}$	$\dfrac{1.0}{4.0}$	$\dfrac{+2.0}{6.0}$
$\dfrac{-1.4}{2.8}$	$\dfrac{-2.1}{3.4}$	$\dfrac{-1.6}{6.9}$	$\dfrac{-1.0}{1.6}$	+040	$\dfrac{1.0}{4.0}$	$\dfrac{+1.2}{6.0}$	$\dfrac{+1.4}{5.0}$	$\dfrac{+1.8}{7.0}$
$\dfrac{-1.2}{5.2}$	$\dfrac{-0.9}{4.8}$	$\dfrac{-0.7}{3.8}$	$\dfrac{-0.4}{2.0}$	+020	$\dfrac{0.0}{5.8}$	$\dfrac{+1.0}{1.3}$	$\dfrac{+1.4}{4.0}$	$\dfrac{+1.6}{3.9}$
$\dfrac{-0.4}{5.0}$	$\dfrac{-0.8}{4.0}$	$\dfrac{-0.6}{3.0}$	$\dfrac{-0.2}{3.0}$	K0+000	$\dfrac{+1.7}{5.0}$	$\dfrac{+2.0}{4.0}$	$\dfrac{0.0}{1.0}$	$\dfrac{+1.8}{4.6}$

9 施工测量

〖本章导读〗
主要内容:施工放样的基本方法;施工控制网的布设;道路、桥梁、地下建筑施工测量;竣工测量。
学习目标:

(1)掌握施工放样的基本方法;

(2)掌握道路施工测量;

(3)了解桥梁、地下建筑施工测量及竣工测量。

重点:施工放样的基本方法;道路施工测量。

难点:道路、桥梁、地下建筑施工测量。

9.1 施工放样的基本方法

施工放样是把图纸设计的建筑物测设到施工现场。进行施工放样需要进行 3 项基本工作,即测设水平距离、水平角和高程。下面分别介绍这 3 项基本工作的测设方法。

·9.1.1 已知直线长度的测设·

在实地上已知直线的一个端点及直线方向,根据设计的水平距离标定直线的另一个端点的位置称为已知直线长度的测设。已知直线长度的测设方法有钢尺量距和测距仪(全站仪)测距两种。

1)钢尺量距

目前在施工测量中,当测设精度要求不高或有条件限制时,钢尺量距仍是一种常用的方法,即从起点开始,按给定的方向和长度,用检定过的钢尺丈量出终点位置。地面有起伏时,须拉平钢尺丈量。为准确起见,可将钢尺移动 20 ~ 30 cm 再丈量一次,两次丈量之差在允许范围内时,取两次终点的平均位置为最终终点的位置。必要的情况下,须考虑尺长改正数、倾斜改正数和温度改正数,根据已知的水平距离 D,计算出地面上应量取的精确距离 D',沿已知方向进行丈量,并检核。其计算公式为:

$$D' = D - \Delta L_l - \Delta L_t - \Delta L_h \tag{9.1}$$

式中　ΔL_l——尺长改正数;

ΔL_t——温度改正数;

ΔL_h——倾斜(高差)改正数。

2)测距仪(全站仪)测距

在测量技术飞速发展的今天,测距仪或全站仪的使用越来越普遍。现在,几乎所有的设计和施工单位都有测距仪或全站仪,因此,用测距仪或全站仪测距是目前高精度施工测量中最常用的一种方法。具体方法如下:

安置测距仪(全站仪)于起点上,用仪器定出给定的方向,制动仪器,指挥立镜员,在定出的方向上,终点的概略位置处设置反光镜(棱镜),测出斜距和竖直角,计算出水平距离(或直接测出水平距离),然后与设计所需的水平距离进行比较,将差值通知立镜员,由立镜员在视线方向上用小钢尺进行改正,定出终点的准确位置,重新再进行观测、比较。直接观测所得水平距离与设计所需的水平距离相等(或差值在允许范围内),则可定出最终终点的位置。

·9.1.2 水平角测设·

水平角测设就是根据地面已知的一条直线方向,在直线的一个端点安置经纬仪,用经纬仪定出水平角的另一条方向,使两条直线方向的水平角等于设计的水平角角值。测设水平角有直接测设法和精确测设法两种方法。

1)直接测设法

如图9.1所示,AB 为已知方向(即地面上已知 A,B 两点),现需在实地测设水平角 $\angle BAP$ 等于设计角值 β。测设方法如下:

①在 A 点安置经纬仪(将仪器对中、整平)。

②经纬仪处于盘左位置,用望远镜照准 B 点,将水平度盘读数配置为 L(L 读数应稍大于 $0°$)。

③松开照准部制动螺旋,顺时针方向转动照准部使水平度盘读数为 $L+\beta$,固定照准部,沿视线方向定出 P_1 点。

④以盘右位置,用同样的方法定出 P_2 点。

⑤在 P_1,P_2 两点连线的中点定出 P 点,AP 方向线就是需要定出的方向,即 $\angle BAP$ 等于设计角 β。

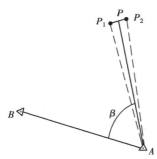

图9.1　直接测设水平角

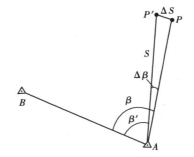

图9.2　精确测设水平角

2)精确测设法

当测设精度要求较高时,就必须采用精确测设方法(也称为归化法),其工作步骤是:

①如图9.2所示,根据设计角值 β,用直接测设法测设 $\angle BAP'$。

②用测回法对 $\angle BAP'$ 进行若干测回的观测(测回数由测设精度确定或查阅有关测量规

范），取各测回的平均值得 β'。

③计算观测角度值 β' 与设计角度值 β 之差 $\Delta\beta = \beta' - \beta$。

④丈量 AP' 的距离,设 $AP' = S$。

⑤根据角差 $\Delta\beta$ 与 S,计算 P' 点横向改正数 ΔS。

$$\Delta S = P'P = \frac{\Delta\beta}{\rho}S \tag{9.2}$$

式中　ΔS——P' 点的横向改正数,m;

　　　　S——AP' 的长度,m;

　　　　ρ——206 265″;

　　　　$\Delta\beta'$——初步放样的角度与放样角度值之差。

⑥通过 P' 点作垂直于 AP 的方向线,以 P' 为起点,量取距离 ΔS 长度得出 P 点,$\angle BAP$ 就是所需测设的水平角。但改正点位时应注意改正方向,当 $\Delta\beta$ 为正值时,应向 $\angle BAP'$ 内改正;反之,向外改正。

【例9.1】　如图9.2所示,设放样的角值 $\beta = 89°30'30''$,初步放样的角 $\beta' = \angle BAP = 89°29'59''$,$AP$ 边长 $S = 50$ m,求角差和 P' 点的横向改正数。

【解】　$\Delta\beta = \beta' - \beta = 89°29'59'' - 89°30'30'' = -30''$

由式(10.2)可得:

$$\Delta S = \frac{\Delta\beta}{\rho}S = \frac{-31''}{206\ 265''} \times 50 = -0.007 \text{ m}$$

由于角差 $\Delta\beta$ 为负值,应自 P' 点起向角外量取 0.007 m 得到 P 点(应注意使 PP' 垂直于 AP' 方向)。

·9.1.3　高程放样·

在施工中,高程放样一般采用水准测量的方法。高程放样就是将设计的高程点标注于实地上。

如图9.3所示,已知水准点 A 的高程为 H_A,需要放样点 P 的设计高程为 H_P。首先将水准仪安置在已知水准点 A 与放样点 P 之间,在已知点 A 上树立水准尺。水准仪整平后,照准 A 点上的水准尺,并读数得 a,此时仪器的视线高程为:

$$H_i = H_A + a$$

P 点上竖立的水准尺读数(中丝读数)应为:

$$b = H_i - H_P = (H_A + a) - H_P \tag{9.3}$$

将水准尺贴靠在 P 点木桩的一侧,水准仪照准 P 点上的水准尺。当水准管气泡居中时,P 点上的水准尺上下移动,当十字丝中丝读数为 b 时,此时水准尺的底部就是所需要放样的高程点 P(在木桩侧面用红漆标定尺子底线位置)。

【例9.2】　如图9.3所示,设已知水准点 A 的高程 $H_A = 72.768$ m,P 点的设计高程 $H_P = 73.450$ m,若水准仪水准管气泡居中,读取 A 点水准尺中丝读数为 $a = 1.426$ m,求前视 P 点水准仪的中丝读数。

【解】　由式(9.3)可得:

$$b = H_A + a - H_P = 720.768 \text{ m} + 1.426 \text{ m} - 73.450 \text{ m} = 0.744 \text{ m}$$

所以,当 P 点水准尺读数为 0.744 m 时,P 点上的水准尺底部的高程就是 73.450 m。

若放样点的高程比水准点高程高很多,应向上传递高程,注意数据要计算正确。

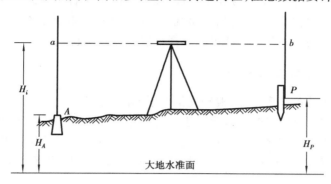

图 9.3　高程放样

9.2　施工控制网的布设

施工测量测设点位的精度要求比较高,原有的测图控制网点的精度或密度不能满足施工测量的要求。所以,在施工放样前,一般要重新建立施工控制网,作为施工放样的基础。

· 9.2.1　施工控制网的特点 ·

1)控制范围小,精度要求高,控制点密度大

与测图控制网所控制的范围相比较,工程施工控制网的范围较小。因为在勘测阶段,建筑物位置尚未确定,要进行多个方案比较,因而测图范围较大,要求测图控制范围就大。施工控制网是在工程总体布置已定的情况下进行布设的,其控制范围就较小,例如,大型水利枢纽工程,测图控制范围可能达到几十平方千米,而施工控制网的范围一般只有几平方千米或者更小。在较小的范围内,工程建筑物布局错综复杂,要求有较多的控制点才能满足施工放样的需要。

施工控制网点主要用于放样建筑物的主要轴线,这些轴线的放样精度要求较高。例如,水力发电厂房主轴线定位的精度要求为 ± 10 mm,与地形测图相比,这样的精度要求是相当高的。

2)控制点使用频繁

从施工开始至工程竣工的整个施工过程中,放样工作相当多。在建筑物的不同高度上,建筑物的形状和尺寸一般都不相同。例如,重力拱坝的迎水面、闸墩等建筑物,在不同的高度上具有不同的截面,因此,施工中随着建筑物的增高,要随时放样各高度上的特征点;在浇筑混凝土过程中也要利用控制点检查模板的变形或建筑物中心位置的正确性。所以,控制点使用相当频繁,这就要求控制点坚固稳定、使用方便。为了达到这个目的,在工程施工中,施工控制网点上一般都建立混凝土观测墩。

3）受施工干扰大

在工程施工现场，各种施工机械和车辆很多。而且，由于各个建筑物都是分层施工的，其高度相差悬殊较大，影响控制点间的相互通视，给施工放样带来很多困难。因此，控制点的点位分布要恰当，具有足够的密度，以能灵活选择控制点，便于放样。

· 9.2.2 控制网的布设形式 ·

平面施工控制网的布设形式，应根据施工总平面图、施工场地的地形条件以及测量仪器设备等诸多方面来决定。对地形起伏较大的山岭地区的水利水电、隧道、桥梁等工程，一般采用三角锁网的布设形式。随着测量仪器的发展，施工控制网已广泛采用边角网（既测边又测角的三角锁网）、测边网（只观测控制网的各边，观测少量角度）、导线网以及 GPS 控制网等测量方法。

平面施工控制网一般分两级布设，首级网作为基本控制；第二级网为加密控制，它直接用于放样建筑物的特征点。

高程控制一般也分两级布设，即布满整个工程测区的基本高程控制和直接为高程放样的加密高程控制。加密高程控制点一般为临时水准点，临时水准点点位可选在露出地面的基岩上或已浇筑的混凝土上（用红漆做标志）。临时水准点密度应达到只设一个测站就能进行高程放样的程度，其目的是减少高程传递的误差，减少误差的累计。

基本高程控制一般采用三等以上水准测量进行观测。加密的临时水准点可用四等水准测量进行观测。

· 9.2.3 施工坐标系统 ·

在进行工程总平面图设计时，为了便于计算和使用，建筑物的平面位置一般采用施工坐标系的坐标来表示。所谓施工坐标系，就是以建筑物的主轴线或平行于主轴线的直线为坐标轴而建立起来的坐标系统。为了避免整个测区出现坐标负值，施工坐标系的原点应设在施工总平面图西南角之外，也就是假定某建筑物主轴线的一个端点的坐标是一个比较大的正值。例如，设某主轴线的起点 A 的坐标为 $x_A = 10\,000.000$ m，$y_A = 10\,000.000$ m。若 A 点位于测区中心地，而测区只有几平方千米，则坐标原点就处于测区的西南角，测区内所有点的坐标值均为正值。

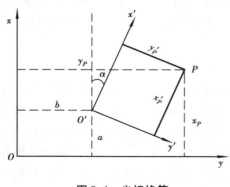

图 9.4　坐标换算

为了计算放样数据的方便，施工控制网的坐标系统一般应与总平面图的施工坐标系统一致，因此，布设施工控制网时，应尽可能把工程建筑物的主要轴线当作施工控制网的一条边。

施工坐标系统与测图坐标系统是有区别的，当施工控制网与测图控制网发生联系时，就可能要进行坐标换算。所谓坐标换算，就是把一个点的施工坐标换算成测图坐标系中的坐标，或是将一个点的测图坐标换算成施工坐标系中的坐标。如图 9.4 所示，xOy 为测图坐标系，$x'O'y'$ 为施工坐标系。设 P

点在测图坐标系中的坐标为 x_P,y_P，在施工坐标的坐标为 x'_P,y'_P。则：

$$x_P = a + x'_P\cos\alpha - y'_P\sin\alpha \atop y_P = b + x'_P\sin\alpha + y'_P\cos\alpha \Big\} \tag{9.4}$$

或
$$x'_P = (y_P - b)\sin\alpha + (x_P - a)\cos\alpha \atop y'_P = (y_P - b)\cos\alpha - (x_P - a)\sin\alpha \Big\} \tag{9.5}$$

式中　a——施工坐标系的坐标原点 O' 在测图坐标系中的纵坐标；

b——施工坐标系的坐标原点 O' 在测图坐标系中的横坐标；

α——两坐标系纵坐标轴的夹角。

a,b 和 α 总称为坐标换算元素，一般由设计文件明确给定。在进行坐标换算时要特别注意 α 角的正、负值。规定施工坐标纵轴 $O'X'$ 在测图坐标系纵轴 OX 的右侧时，α 角为正值；若 $O'X'$ 轴在 OX 的左侧，则 α 角为负值。

9.3　道路施工测量

道路施工测量就是利用测量仪器和设备，按照设计图纸中的各项元素（如道路平、纵、横元素）依据控制点或路线上控制桩的位置，将道路的"样子"具体地标定在实地，以指导施工作业。道路施工测量主要包括恢复路线中线、施工控制桩及路基边桩的测设、竖曲线的测设等内容。

·9.3.1　恢复中线测量·

从路线勘测结束到开始施工这段时间里，由于各种原因，往往有一部分勘测时所设的桩被破坏或丢失，为了保证施工的高效率性和准确性，必须在施工前根据定线条件或有关设计文件对中线进行一次复核，并将已被破坏或丢失的交点桩、里程桩等恢复和校正好，其方法与中线测量相同，在此不再赘述。另外，对路线水准点除进行必要复核外，在某些情况下，还应增设一定数量的水准点，以满足施工需要。

·9.3.2　施工控制桩测设·

因道路施工时，必然将中桩挖掉或掩埋，为了在施工中能够控制中桩的位置，就需要在不易被施工破坏，便于利用、引测，易于保存桩位的地方测设施工控制桩。常用的测设方法有平行线法和延长线法两种。

1）平行线法

平行线法是在设计的路基范围以外，测设两排平行于道路中线的施工控制桩，如图9.5所示。此法多用于地势平坦、直线段较长的地区。

2）延长线法

延长线法是在路线转折处的中线延长线上或者在曲线中点与交点连线的延长线上，测设两个能够控制交点位置的施工控制桩，如图9.6所示。控制桩至交点的距离应量出并做好记录。此法多用于坡度较大和直线段较短的地区。

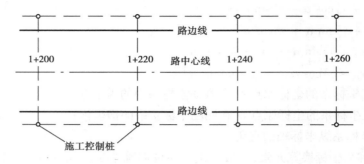

图 9.5　平行线法设置施工控制桩

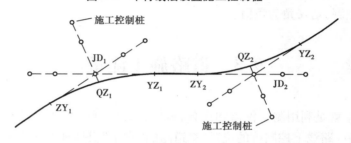

图 9.6　延长线法设置施工控制桩

· 9.3.3　路基边桩的测设 ·

路基边桩的测设,就是在地面上将每一个横断面的设计路基边坡线与地面相交的点测设出来,并用桩标定,作为路基施工的依据。常用的测设方法有以下几种:

(1)图解法

图解法,即直接在路基设计的横断面图上量出中心桩至边桩的距离,然后到现场直接量取距离,定出边桩位置,此法一般用在填挖不大的地区。

(2)解析法

根据路基设计的填挖高度、边坡率、路基宽度和横断面地形情况,先计算出路基中心桩至边桩的距离,然后到实地沿横断面方向量出距离,定出边桩的位置。对于平原地区和山区来说,其计算和测设方法是不同的,现分述如下。

①平坦地区路基边桩的测设。

a. 填方路基称为路堤,如图 9.7(a)所示。路堤边桩至中心桩的距离为:

$$D = \frac{B}{2} + mh \tag{9.6}$$

b. 挖方路基称为路堑,如图 9.7(b)所示。路堑边桩至中心桩的距离为:

$$D = \frac{B}{2} + s + mh \tag{9.7}$$

式中　B——路基设计宽度;

　　　m——边坡率,$1:m$ 为路基边坡坡度;

h——填（挖）土高度；

s——路堑边沟顶宽。

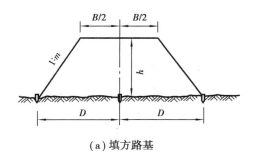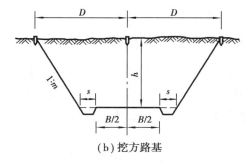

（a）填方路基 　　　　　　　　（b）挖方路基

图9.7　平坦地区路基边桩的测设

②山区地段路基边桩的测设。在山区地面必然有坡度,而路基边桩至中心桩的距离随着地面坡度的变化而变化。

a. 如图9.8（a）所示,路堤边桩至中心桩的距离为:

$$斜坡下侧 \qquad D_下 = \frac{B}{2} + m(h_中 + h_下)$$

$$斜坡上侧 \qquad D_上 = \frac{B}{2} + m(h_中 - h_上) \tag{9.8}$$

b. 如图9.8（b）所示路堑边桩至中心桩的距离为:

$$斜坡下侧 \qquad D_下 = \frac{B}{2} + s + m(h_中 - h_下)$$

$$斜坡上侧 \qquad D_上 = \frac{B}{2} + s + m(h_中 + h_上) \tag{9.9}$$

式中　B,s 和 m 为已知;

　　　$h_中$——中桩处的填挖高度,为已知;

　　　$h_上,h_下$——斜坡上、下侧边桩与中桩的高差（均以其绝对值代入）,在边桩未定出之前
　　　　　　　为未知数。

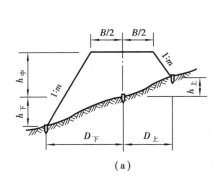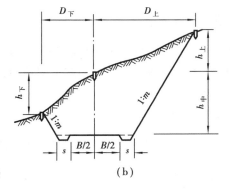

（a）　　　　　　　　　　　　（b）

图9.8　山区地段路基边桩的测设

在实际工作中应采用逐渐趋近法测设边桩。根据地面实际情况,并参考路基横断面图,估

计边桩的位置,然后测出该估计位置与中桩的高差,并以此作为 $h_{上}$,$h_{下}$,并据此在实地定出其位置。若估计位置与其相符,即得边桩位置;否则,应按实测资料重新估计边桩位置,重复上述工作,直至相符为止。

· 9.3.4　竖曲线的测设 ·

在路线纵坡变化处,考虑到行车的视距要求和行车平稳,在竖直面内应用曲线衔接起来,这种曲线称为竖曲线。如图 9.9 所示,路线上有三条相邻的纵坡 i_1,i_2,i_3,在 i_1 和 i_2 之间设置凸形竖曲线,在 i_2 和 i_3 之间设置凹形竖曲线。

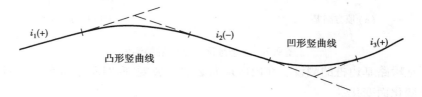

图 9.9　竖曲线

竖曲线一般采用较简单圆曲线,这是因为在一般情况下,相邻坡度差都较小,而选用竖直线的半径又较大,因此采用其他复杂曲线所得到的结果基本上与圆曲线相同。

如图 9.10 所示,两相邻纵坡的坡度分别为 i_1,i_2,则竖曲线的坡度转角 α 为:

$$\alpha = \arctan i_1 - \arctan i_2 \quad (9.10)$$

由于 α 角很小,式(9.10)可简化为:

$$\alpha = i_1 - i_2。$$

考虑到竖曲线半径 R 较大,而转角 α 又较小,故竖曲线测设元素也可以按近似公式(9.11)求得。

切线长　$T = \dfrac{1}{2} R |i_1 - i_2|$

曲线长　$L = R |i_1 - i_2|$　　　(9.11)

外　距　$E = \dfrac{T^2}{2R}$

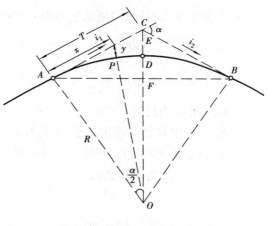

图 9.10　竖曲线测设元素的计算

又因 α 很小,故可认为 y 坐标轴与半径方向一致,也认为它是曲线上点与切线上对应点的高程差,由图 9.10 不难得到:

$$(R + y)^2 = R^2 + x^2 \tag{9.12}$$

即　　　$2Ry = x^2 - y^2$

因 y^2 与 x^2 相比,其值甚微,可略去不计,故有 $2Ry = x^2$,也就是 $y = \dfrac{x^2}{2R}$。

求得高程差 y 后,即可按式(9.13)计算竖曲线上任一点 P 的高程 H_P。

$$H_P = H \pm y_P \tag{9.13}$$

式中　H——该点在切线上的高程,也就是坡道线的高程;

y_P——该点的高程改正,当竖曲线为凸形曲线时,y_P 为负,反之为正。

【例9.3】 设某竖曲线半径 $R = 5\,000$ m,相邻坡段的坡度 $i_1 = -1.114\%$,$i_2 = +0.154\%$,为凹形竖曲线,变坡点的桩号为 K1 +670,高程为 48.60 m,如果曲线上每隔 10 m 设置一桩,试计算竖曲线上各桩点高程。

【解】 计算竖曲线元素,按式(9.11)求得:

$$T = \frac{1}{2}R\,|\,i_1 - i_2\,| = \frac{1}{2} \times 5\,000 \text{ m} \times |-1.114\% - 0.154\%| = 31.7 \text{ m}$$

$$L = R\,|\,i_1 - i_2\,| = 5\,000 \text{ m} \times |-1.114\% - 0.154\%| = 63.4 \text{ m}$$

$$E = \frac{T^2}{2R} = \frac{(31.7 \text{ m})^2}{2 \times 5\,000 \text{ m}} = 0.10 \text{ m}$$

起点桩号 = K1 + (670 − 31.7) = K1 + 638.30

终点桩号 = K1 + (638.3 + 63.4) = K1 + 701.70

起点高程 = 48.6 m + 31.7 m × 1.114% = 48.95 m

终点高程 = 48.6 m + 31.7 m × 0.154% = 48.65 m

按 $R = 5\,000$ m 和相应的桩距,即可求得竖曲线上各桩的高程改正数 y_i,计算结果见表9.1。

表 9.1　竖曲线上桩点高程计算表

桩　号	桩点至竖曲线起点或终点的平距 x/m	高程改正值 y/m	坡道高程 H/m	曲线高程 H/m	备　注
K1 +638.30	0.0	0.0	48.95	48.95	竖曲线起点
+650	11.7	0.01	48.82	48.83	$i = -1.114\%$
+660	21.7	0.05	48.71	48.76	
K1 +670	31.7	0.10	48.60	48.70	变坡点
+680	21.7	0.05	48.62	48.67	$i = +0.154\%$
+690	11.7	0.01	48.63	48.64	
+701.7	0.0	0.0	48.65	48.65	竖曲线终点

9.4　桥涵施工测量

公路桥涵按其多孔跨径总长或单孔跨径,可分为特大桥、大桥、中桥、小桥、涵洞5种形式,见表9.2。桥涵施工测量的方法及精度要求随跨径和河道及桥涵结构的情况而定。

表 9.2　桥梁涵洞按跨径分类

桥涵分类	多孔跨径总长 L/m	单孔跨径长 L_K/m
特大桥	$L \geqslant 1\,000$	$L_K \geqslant 150$
大　桥	$100 \leqslant L < 1\,000$	$40 \leqslant L_K < 150$
中　桥	$30 < L < 100$	$20 \leqslant L_K < 40$
小　桥	$8 \leqslant L \leqslant 30$	$5 \leqslant L_K < 20$
涵　洞	—	$L_K < 5$

注:①单孔跨径系指标准跨径。

②梁式桥、板式桥的多孔跨径总长为标准跨径的总长;拱式桥为两岸桥台内起拱线间的距离;其他形式桥梁为桥面系车道长度。

③管涵及箱涵不论管径或跨径大小、孔数多少,均称为涵洞。

④标准跨径:梁式桥、板式桥以两桥墩中线间距离或桥墩中线与台背前缘间距为准;拱式桥和涵洞以净跨径为准。

· 9.4.1 桥梁施工测量 ·

在桥梁建筑施工的准备与实施阶段,需要进行桥梁平面控制测量和高程控制测量,桥墩、桥台的定位和轴线测设等施工测量。

1)平面控制测量

桥梁平面控制测量的任务是放样桥梁轴线长度和墩台的中心位置,为测量桥位地形、施工放样和变形观测提供具有足够精度的控制点。

对于跨径较小的小型桥梁,一般用临时筑坝截断河流或选在枯水季节,然后采用直接丈量法,即由道路中线来决定桥梁的轴线。如图 9.11 所示,先根据桥位桩号在道路中线上测设出桥台和桥墩的中心桩位 A,B,C 点,并在河道两岸测设桥位控制桩 k_1,k_2,k_3,k_4 点。然后分别在 A,B,C 点上安置经纬仪,在与桥中轴线垂直的方向上测设桥台和桥墩控制桩位 a_1,a_2,b_1,b_2,c_1,c_2 等点,每侧要有两个控制桩。测设时的量距要用检定过的钢尺,按精密量距法丈量,或用光电测距仪,测距精度应不低于 1:5 000,以保证上部结构安装时能正确就位。

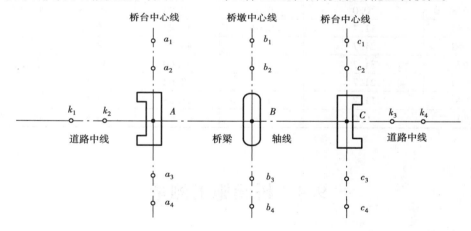

图 9.11 小型桥梁施工控制桩的测设

对于一些河面较宽的中型以上的桥梁,因河道宽阔,桥墩在河水中建造,所以无法采用直接丈量法,而必须采用间接丈量法,即按前面章节所述的三角测量方法布设三角网,其常用布设形式如图 9.12 所示,图中点画线为桥梁轴线,双线为实测边长的基线。也可用全站仪或测距仪进行边角同测。桥梁三角网的布设,除满足三角测量本身的要求外,还要求三角点选在不被水淹没、不受施工干扰的地方,桥轴线应与基线一端连接,成为三角网的一边,三角点的位置应便于放样桥墩,基线应选在岸上平坦开阔处,并尽可能与桥轴线相垂直,基线长度一般不小于桥轴线长度的 0.7 倍。基线测量可采用检定过的钢尺或光电测距仪施测,水平角观测按相关规范要求进行。中型桥位三角网主要技术要求见表 9.3。

大型桥梁的平面控制网还可以采用全球定位系统(GPS)测量技术布设。

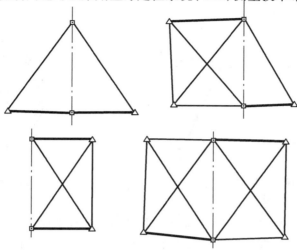

图 9.12　桥位三角网形式

表 9.3　桥位三角网精度表

等级	桥轴线的控制桩间距离/m	测角中误差	桥轴线相对中误差	基线相对中误差	丈量测回数		三角形最大闭合差	方向观测法测回数		
					桥轴线	基线		J_1	J_2	J_6
二	>5 000	±1.0″	1/130 000	1/260 000	3	4	±3.5″	12	—	—
三	2 000~5 000	±1.8″	1/70 000	1/140 000	2	3	±7.0″	9	12	—
四	1 000~2 000	±2.5″	1/40 000	1/80 000	1(3)	2(4)	±9.0″	6	9	12
五	500~1 000	±5.0″	1/20 000	1/40 000	(2)	(3)	±15.0″	4	6	9
六	200~500	±10.0″	1/10 000	1/20 000	(1)	(2)	±30.0″	2	4	6
七	<200	±20.0″	1/5 000	1/10 000	(1)	(1)	±60.0″	—	2	4

注:丈量测回数一栏,括号内测回数系指普通钢尺,其余指钢瓦基线尺。

2)高程控制测量

在桥梁施工中,两岸应建立统一、可靠的高程系统,所以应将高程从河一岸传到河的另一岸。当河宽超过规定的视线长度时,应采用跨河水准测量的方法,即用两台水准仪同时做对向观测,两岸测站点和立尺点布置如图 9.13 所示,图中 A,B 为立尺点,C,D 为测站点,要求 AD 和 BC 距离基本相等,AC 与 BD 距离基本相等,且 AC 和 BD 不小于 10 m。

用两台水准仪同时做对向观测时,C 站先测得本岸 A 点尺上读数得 a_1,后测对岸 B 点尺上读数 2~4 次,取其平均数得 b_1,其高差为 $h_1 = a_1 - b_1$。此时在 D 站上,同样先测本岸 B 点尺上读数得 b_2,后测对岸 A 点尺上读数 2~4 次,取其平均数得 a_2,其高差为 $h_2 = a_2 - b_2$。如果高差较差 $\Delta h = h_1 - h_2$ 满足规范要求,则取 h_1 和 h_2 的平均数作为测站高差,这样完成一个测回的工作,一般需要进行至少 4 个测回。

由于过河观测的视线长,远尺读数困难,所以要在水准尺上安装一个能沿尺面上下移动的觇牌,如图9.14所示。由观测者指挥立尺者上下移动觇牌,使觇牌的红白交界处与十字横丝重合,由立尺者记下水准尺上读数。

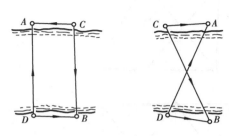

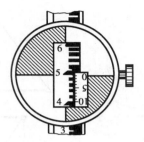

图9.13　跨河水准测量　　　　　　　　　图9.14　觇牌

3)桥墩及桥台定位测量

桥梁墩台中心定位就是根据设计图纸上桥位桩号里程和坐标,以控制点为基础,放出墩台中心的位置,是桥梁施工测量中的关键性工作。常用的测设方法有直接丈量法、角度交会法与极坐标法。

(1)直接丈量法

首先由桥轴线控制桩、两桥台和各桥墩中心的里程桩计算出其间的距离,然后用钢尺或在轴线控制点上安置光电测距仪,沿桥梁中线方向依次放出各段距离,定出墩台中心位置。并在各墩台中心位置上安置经纬仪,以桥纵轴线为基准放出墩台的横向轴线,以便指导基础施工。在纵横轴线上,基坑开挖线以外5～10 m处,每端至少要定出两个方向控制桩,如图9.15所示,用以恢复墩台中心位置。

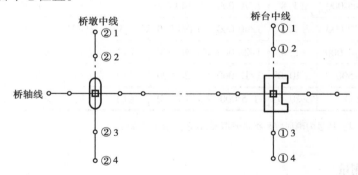

图9.15　桥梁墩、台定位

(2)方向交会法

由于大中型桥梁的桥墩位于水中,它的中心位置是根据已建立的三角网,在3个控制点上安置经纬仪,从3个方向(其中一个为轴线方向)交会点位。如图9.16所示,AB为桥轴线,C,D为桥梁平面控制网中的控制点,P_i点为第i个桥墩的设计中心位置(待测设的点)。在A,C,D 3点上各安置一台经纬仪。A点上的经纬仪瞄准B点,定出桥轴线方向;C,D两点上的经纬仪均先瞄准A点,并分别测设由P_i点的设计坐标和控制点坐标计算的α,β角,以正倒镜分中法定出交会方向线。

由于测量误差的影响,从C,A,D 3点指出的3条方向线一般不可能正好交会于一点,而构成误差三角形$\triangle P_1 P_2 P_3$。如果误差三角形在桥轴线上的边长($P_1 P_3$)在容许范围之内(对于墩底放样为 2.5 cm,对于墩顶放样为 1.5 cm),则取 C,D 两点指出方向线的交点 P_2 在桥轴线上的投影 P_i 作为桥墩放样的中心位置。

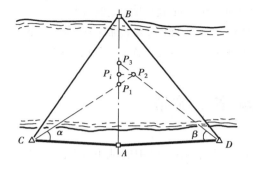 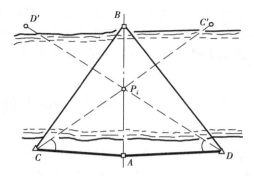

图9.16 三方向交会中的误差三角形　　　　**图9.17 三方向交会的固定瞄准标志**

在桥墩施工中,随着桥墩的逐渐筑高,中心的放样工作需要重复进行,且要求迅速和准确。为此,在第一次求得正确的桥墩中心位置 P_i 以后,将 CP_i 和 DP_i 方向线延长到对岸,设立固定的瞄准标志 C',D',如图9.17所示。以后每次做方向交会法放样时,从 C,D 点直接瞄准 C',D' 点,即可恢复对 P_i 点的交会方向。

(3)极坐标法

根据桥梁墩台中心坐标 (x,y),用经纬仪加测距仪,或全站仪按极坐标法测设。原则上可将仪器放置在任何一个控制点上,根据墩台坐标和测站点坐标,求算出极坐标放样数据、角度和距离,然后依此测设墩台的中心位置。但是若测设桥墩中心位置,最好是将仪器安置于桥轴线上的点 A(或点 B)处,瞄准轴线上的另一点 B(或点 A)定出轴线方向,然后指挥棱镜安置在该方向上测设 AP_i(或 BP_i)的距离即可定出桥墩的中心位置,如图9.17所示,具体方法在此不再赘述。

·9.4.2 涵洞施工测量·

涵洞属小型公路构筑物,进行涵洞施工测量时,利用路线勘测时建立的控制点就可进行,不需另建施工控制网。

涵洞施工测量时首先应放出涵洞的轴线位置,即根据设计图纸上涵洞的里程,放出涵洞轴线与路线中线的交点,并根据涵洞轴线与路线中线的夹角,放出涵洞的轴线方向。

放样直线上的涵洞时,依涵洞的里程,自附近测设的里程桩沿路线方向量出相应的距离,即得涵洞轴线与路线中线的交点。若涵洞位于曲线上,则采用曲线测设的方法定出涵洞与路线中线的交点。依地形条件,涵洞轴线与路线有正交的,也有斜交的。将经纬仪安置在涵洞轴线与路线中线的交点处,测设出已知的夹角,即得涵洞轴线的方向,如图9.18所示。涵洞轴

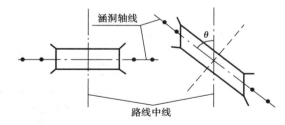

图9.18 涵洞轴线测设

线用大木桩标志在地面上,这些标志桩应在路线两侧涵洞的施工范围以外,且每侧两个。自涵洞轴线与路线中线的交点处沿涵洞轴线方向量出上、下游的涵长,即导涵口的位置,涵洞口要

用小木桩标志出来。

涵洞细部的高程放样，一般是利用附近已有的水准点用水准测量的方法进行。

涵洞施工测量的精度要比桥梁施工测量的精度低，在平面放样时，主要保证涵洞轴线与公路轴线保持设计的角度，即控制涵洞的长度。在高程控制放样时，要控制洞底与上、下游的衔接，保证水流顺畅，对人行通道或机动车通道，保证洞底纵坡与设计图纸一致，不得积水。

9.5 地下建筑施工测量

随着我国现代化建设的发展，特别是对山区的开发，公路建设中的地下建筑——隧道工程日益增加。公路隧道按其洞身的长度可分为 4 级，见表9.4。

表9.4 公路隧道分级表

隧道分类	特长隧道	长隧道	中隧道	短隧道
隧道长度 L/m	$L > 3\ 000$	$3\ 000 \geqslant L > 1\ 000$	$1\ 000 \geqslant L > 500$	$L \leqslant 500$

隧道施工不同于桥梁等其他构筑物，其除了造价高、施工难度大外，在施工测量上也有许多不同之处。隧道施工测量根据其特点，可分为地面测量和地下测量两大部分。

· 9.5.1 地面控制测量 ·

地面测量的主要任务是测定洞口控制点的平面位置，并同道路中线联系，以便根据洞口控制点位置，按设计方向对隧道进行掘进。根据隧道的分级和地形状况，地面控制测量的方法通常有中线法和精密导线法两种。

1)中线法

该方法是用经纬仪根据导线点的坐标和设计中线点的坐标，利用相应的方法测设隧道中线的位置。如图 9.19 所示，D_2，D_3 点为导线点，A 为隧道中线点，若已知 D_2，D_3 的实测坐标及 A 的设计坐标和隧道中线的设计方位角 α_{AB}，根据上述数据即可推算出放样中线点的有关数据 β_3，L 与 β_A。

$$\alpha_{3\text{-}A} = \arctan \frac{y_A - y_3}{x_A - x_3}$$

$$\beta_3 = \alpha_{3\text{-}A} - \alpha_{3\text{-}2} \tag{9.14}$$

$$L = \frac{y_A - y_3}{\sin \alpha_{3\text{-}A}} = \frac{x_A - x_3}{\cos \alpha_{3\text{-}A}} = \sqrt{(y_A - y_3)^2 + (x_A - x_3)^2}$$

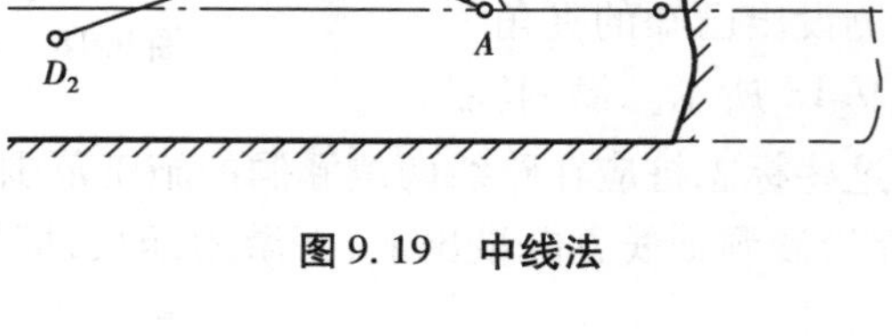

图9.19 中线法

在求得有关数据后,即可将经纬仪安置于导线点 D_3 上,后视 D_2 点,拨角 β_3,并在视线方向上丈量距离 L,即得中线点 A,然后在 A 点埋设标志。标定开挖方向时,可将仪器安置在 A 点,后视导线点 D_3,并拨水平角 β_A,即得中线方向。β_A 可根据 α_{A-3} 和 α_{AB} 计算出。随着开挖面向前推进,需将中线点向前延伸,埋设新的中线点,如图10.19中的 B 点。此后可将仪器安置于 B 点,后视 A 点,倒转望远镜继续向前标定隧道中心线的位置。A,B 点间的距离在直线段上不宜超过 100 m,在曲线段上不宜超过 50 m,中线延伸在直线上宜采用正倒镜延长,在曲线上则宜采用偏角法测设中线。

2)精密导线法

地面导线的测算方法与第 6 章的导线测量基本相同,但导线的布设须按隧道工程的要求来确定。直线隧道的导线应尽量沿两洞口连线的方向布设成直伸形式,因直伸导线的量距误差主要影响隧道的长度,而对横向贯通误差影响较小。在曲线隧道测设中,当两端洞口附近为曲线时,则两端应沿其端点的切线布设导线点;中部为直线时,则中部应沿中线布设导线点;当整个隧道在曲线上时,应尽量沿两端洞口的连线布设导线点。导线应尽可能通过隧道两端洞口及各辅助坑道的进洞点,并使这些点成为主导线点。要求每个洞口有不少于三个能彼此联系的平面控制点,以利于检测和补测。必要时可将导线布设成主副导线闭合环,对副导线只测水平角而不测距。

隧道施工高程控制网一般用水准测量的方法测定控制点的高程。当布设地面导线时,若使用光电测距仪,则采用三角高程测量较为方便。一般来说,在各洞口附近,应设两个以上水准点,并与路线水准点联测。

当两开挖洞口之间的水准路线长度短于 10 km 时,容许高差为 $\Delta h \leq \pm 30\sqrt{L}$ mm(L 为单程水准路线长度,单位为 km)。如高差闭合差在限差以内,取其平均值作为测段之间的高差。

· 9.5.2 竖井联系测量 ·

在隧道施工中,常用竖井在隧道中间增加掘进工作面,从多向同时掘进,可以缩短贯通段的长度,提高施工速度。为保证隧道的正确贯通,必须将地面控制网中的坐标和高程,通过竖井传递到地下,这些工作称为竖井联系测量。

1)竖井定向

竖井定向就是通过竖井将地面控制点的坐标和直线的方位角传递到地下,井口附近地面上导线点的坐标和边的方位角将作为地下导线测量的起始数据。

竖井定向的方法一般采用连接三角形法。在竖井中悬挂两根细钢丝,为了减小钢丝的振幅,需将挂在钢丝下边的重锤浸在液体中以获得阻尼。阻尼用的液体黏度要恰当,使得重锤不能滞留在某个位置,也不因为黏度小而振幅衰减缓慢。当钢丝静止时,钢丝上的各点平面坐标相同,据此推算地下控制点的坐标点。

如图 9.20(a)所示,A,B 为地面控制点,其坐标是已知的,C,D 为地下控制点,为求 C,D 两点的坐标,在竖井上方 O_1,O_2 处悬挂两条细钢丝,由于悬挂钢丝点 O_1,O_2 不能安置仪器,因此选定井上、井下的连接点 B 和 C,从而在井上、井下组成了以 O_1,O_2 为公用边的三角形 $\triangle O_1 O_2 B, \triangle O_1 O_2 C$。一般把这样的三角形称为连接三角形。图 9.20(b)所示的便是井上、井下连接三角形的平面投影。

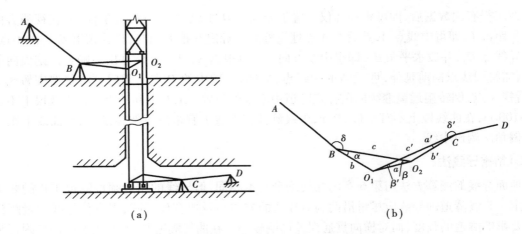

（a） （b）

图 9.20　竖井定向联系测量及连接三角形法

由图可看出,当已知 A,B 点的坐标时,即可推算出 AB 边的方位角,若再测出地面上 $\triangle O_1O_2B$ 的 $\angle O_1BO_2 = \alpha$ 和三边长 a,b,c 及连接角 $\angle ABO_1$,便可用三角形的边角关系和第 6 章的导线测量计算方法,计算出 O_1,O_2 两点的平面坐标及其连线的方位角。同样在井下,根据已求得的 O_1,O_2 坐标及其连线方位角和 $\triangle O_1O_2C$ 的 $\angle O_1CO_2 = \alpha'$,及三边长 a,b',c',并在 C 点测出 $\angle O_2CD = \delta'$,即可求得井下控制点 C 及 D 的平面坐标及 CD 边的方位角。

为了保证测量精度,在选择井上、井下 B 和 C 点时,应满足下列要求:

①CD 和 AB 的长度应尽量大于 20 m。

②点 B 与点 C 应尽可能地在 O_1O_2 延长线上,即角度 β($\angle BO_2O_1$)、α 及 β'($\angle CO_1O_2$)、α' 不应大于 $2°$,以构成最有利三角形称为延伸三角形。

③点 C 和点 B 应适当地靠近最近的锤球线,使 $\dfrac{b}{a}$ 及 $\dfrac{b'}{a}$ 一般应不超过 1.5。

2）高程联系测量（导入高程）

高程联系测量的任务是把地面的高程系统经竖井传递到井下高程的起始点,导入高程的方法有钢尺导入法、钢丝导入法、测长器导入法及光电测距仪导入法,在此仅介绍钢尺导入法。

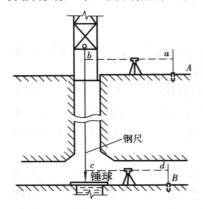

图 9.21　竖井高程联系测量

如图 9.21 所示,在竖井地面洞口搭支撑架,将长钢尺悬挂在支撑架上并自由伸入洞内。钢尺下面悬挂一定质量的锤球,待钢尺稳定时开始测量。假设在离洞口不远处的水准点 A 上立尺,在水准点和洞口之间架设水准仪,分别在水准尺和钢尺上读取中丝读数 a,b,同时,在地下洞口和地下水准点 B 之间架设水准仪,在钢尺和水准尺上读数 c,d,这时,地下水准点 B 与地面水准点 A 之间的高差为:

$$h_{AB} = (a - b) + (c - d) = (a - d) - (b - c)$$

（9.15）

其中,$(b-c)$ 为上、下视线间钢尺的名义长度,实际计算中一般须加上尺长改正、拉力改正和钢尺自重改正等 4 项总和 $\sum \Delta l$,因此:

$$h_{AB} = (a - d) - \left[(b - c) + \sum \Delta l \right] = (a - b) - (d - c) - \sum \Delta l$$

这样,根据地面水准点的高程,可以计算地下水准点的高程为:

$$H_B = H_A - h_{AB} \tag{9.16}$$

导入高程均需独立进行两次(第二次需移动钢尺,改变仪器高度),前后两次导入高程之差一般不应超过 5 mm。以两次高程的均值作为最终结果。

· 9.5.3 地下控制测量 ·

通过竖井联系测量,将地面上建立的平面控制和高程控制传递到地下控制点。然后利用这些地下控制点,建立地下导线和水准点,对洞内的中线方向及水准点的高程进行标定,以便及时修正隧道中线的偏差,控制掘进方向,保证洞内建筑物的精度和隧道施工中多向掘进的贯通精度。

1)地下导线测量

地下导线测量的目的是以必要的精度,按照与地面控制测量统一的坐标系统,建立地下的平面控制系统。根据地下导线点的坐标,就可以标定隧道中线及其衬砌位置,保证贯通等施工。地下导线的起始点通常设在隧道的进出洞口、平洞口、斜井口等位置。起始点坐标和起始边方位角由地面控制测量测出或联系测量确定。

对于短隧道,可以用隧道中线放样洞内其他建筑物,这时的地下导线测量就是将隧道中线和水准路线向前延伸。对于长隧道延伸中线很难满足精度要求,为此必须进行导线测量,必要时可布设两根导线,对掘进方向发生的偏移及时纠正。

在隧道施工中,地下导线一般分为 4 种:

(1)趋近导线

竖井不一定直接打到隧道坑道内,而是打在坑道的一侧,然后由通道连接到坑道内,因此就需将导线由竖井底引入坑道中,以便取得与地面统一的坐标,这种导线称为趋近导线,其边长一般为 10 ~ 50 m。

(2)施工导线

在开挖面向前推进时,用以进行放样且指导开挖的导线称为施工导线。施工导线的边长一般为 25 ~ 50 m。

(3)基本控制导线

当掘进长度达 100 ~ 300 m 以后,为了检查隧道的方向是否与设计相符合,并提高导线精度,选择一部分施工导线点布设边长较长、精度较高的基本控制导线。

(4)主要导线

当隧道掘进大于 2 km 时,基本控制导线已不能保证贯通的精度要求,就要铺设主要导线,可选择一部分基本导线点敷设主要导线,主要导线的边长一般可选 150 ~ 800 m(用测距仪测边)。方案参考图 9.22 所示。

在隧道施工中,一般只敷设施工导线与基本控制导线。当隧道过长时才考虑布设主要导线。导线点一般设在顶板上岩石坚固的地方。隧道的交叉处须设点。考虑到使用方便,便于寻找,导线点的编号尽量做到简单,按次序排列。

由于地下导线布设成支导线,而且测一个新点后,中间要间隔一段时间,所以当导线继续

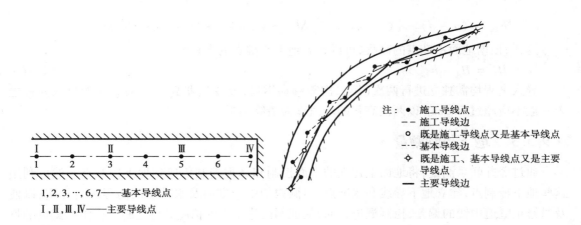

注：● 施工导线点
    -- 施工导线边
    ○ 既是施工导线点又是基本导线点
    -·- 基本导线边
    ◇ 既是施工、基本导线点又是主要导线点
    — 主要导线边

1,2,3,…,6,7——基本导线点

Ⅰ,Ⅱ,Ⅲ,Ⅳ——主要导线点

图 9.22　地下导线布设形式

向前测量时,需先进行原测点检测。在直线隧道中,检核测量可只进行角度观测;在曲线隧道中,还需检核边长。在有条件时,尽量构成闭合导线。

由于地下导线的边长较短,仪器对中误差及目标偏心误差对测角精度影响较大,因此应根据施测导线等级,增加对中次数。井下导线边长丈量可用钢尺或测距仪进行。

2)地下中线测设

根据隧道洞口中线控制桩或已建立的地下控制点和中线方向桩,在隧道开挖面上测设中线,并逐步向洞内引测中线上的里程桩。一般来说,隧道每掘进 20 m 要埋设一个中线里程桩,中线桩可以埋设在隧道的底部或顶部。

3)地下水准测量

竖井联系测量就是将地面高程系统传递到洞内,为建立地下水准测量提供了条件。洞内水准测量,一般每隔 50 m 左右设置一个固定水准点。为控制洞底和洞顶的开挖标高及满足衬砌放样要求,在两个水准点之间要布设一或两个临时水准点。

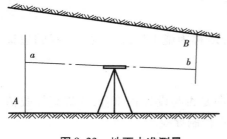

图 9.23　地下水准测量

放样洞顶高程时,在洞底水准点上正立水准尺,以此为后视点;在洞顶倒立水准尺,以此为前视点,如图 9.23所示(其他形式参考该类型)。此时两点的高差仍为:$h = a - b$。但应注意:后视读数为正,前视读数为负,然后用常规计算方法计算洞顶高程。

洞内水准测量要进行往返观测,并满足三、四等水准测量的精度要求。洞内水准点要经常复测检核,及时消除施工造成的影响。

4)腰线的测设

在隧道施工中,为了控制施工的标高和隧道横断面的放样,通常要在隧道的岩壁上,每隔一定距离(5~10 m)测设出比洞底设计标高高出 1 m 的标高线,称为腰线。腰线的高程由引测到洞内的施工水准点进行测设。由于隧道的纵断面有一定的设计坡度,因此,腰线的高程按设计坡度随中线的里程而变化,它与隧道底设计高程线是平行的。

·9.5.4 隧道贯通误差测量·

由于施工中的各项测量工作都存在误差,从而使贯通产生偏差。隧道贯通后,应进行实际偏差的测定,以检查其是否超限,必要时还要做一些调整。贯通后的实际偏差常用中线延伸法和坐标法测定。

1)中线延伸法

隧道贯通后把两个不同掘进面各自引测的地下中线延伸至贯通面,各设立一个临时桩,并测量里程,如图9.24所示的A,B点。丈量出A,B点之间的距离,即为隧道的实际横向偏差;A,B两临时桩的里程之差,即为隧道的实际纵向偏差。

2)坐标法

隧道贯通后,在贯通面设立一个临时桩点,由两个掘进面方向各自对该临时点进行测角、量边,如图9.24所示。然后各自计算临时桩点的坐标。其坐标x的差值即为隧道的实际横向偏差,其坐标y的差值即为隧道的实际纵向偏差。

贯通后的高程偏差,可按水准测量方法测定同一临时点的高程,由高差闭合差求得。

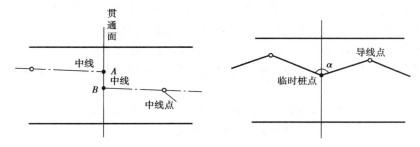

图9.24　隧道贯通误差测算

9.6　竣工测量

·9.6.1　道路竣工测量·

道路竣工后,应对路基、路面工程的平面、纵断面和横断面的长、宽、高及顶面和底面标高进行测量。

1)平面中线偏位的测量

中线偏位是指道路竣工以后,其中线的实际位置与设计位置之间的偏移量。这里所说的中线,包括道路的中心线以及桥涵、隧道等构造物的轴线。在竣工测量中应该把对中线偏位的测量放在首位。

对于土方路基、石方路基和各种类型的路面工程,其中线偏位的检测频率为每200 m测4个点。在路基工程的竣工测量中,还应增加曲线上的 HY 和 YH 两点。若200 m的测量段全部位于曲线上,选点时必须包含曲线的主要点(ZH,HY,QZ,YH,HZ),因为这些点决定了曲线的轮廓,对路线的几何线形起控制作用。

2)纵断面高程的测量

纵断面高程的竣工测量一般是指对路基或路面施工完成后的中线所测得的高程数据,与设计文件中对应设计高程数据之间的差值进行测量的工作。

二、三、四级公路的直线段,其中线的设计高程应按"施工时中桩"设计高程数据进行检核。高速公路、一级公路在测量时,中线桩放样出来后,应找对应断面上中央分隔带边缘测得高程,并与设计文件数据比较,进行检核。

在路基、路面工程中,一般1~3 km长的路段为一测量单元,所以沿线可以划分为若干个评定单元。每200 m为一个小单元,这200 m在1~3 km范围内可指定,也可随机取样。

纵断面高程测量采用DS$_3$型水准仪,水准尺为单面尺。闭合和附合水准路线,通常采用单程观测,但施测支水准路线时应进行往返观测。

3)横断面测量

道路的横断面,在直线段是垂直于中心线方向的断面;在曲线段是通过中心线一点的切点并垂直其切线方向的断面。横断面竣工测量的内容有:

①路幅宽度测量。路幅宽度要求不小于设计值,用米尺每200 m测量四处。

②横坡度的测量。横坡度通过间接法测量,而宽度是通过直接法测量,指通过检测高程,计算两点间高差,再根据两点间宽度计算两点间横坡,设计值与测量值之差不超过有关规定。

③路基边坡的测量。抽查每200 m测量4处,可用边坡样板或坡度尺沿横断面方向进行检查。

④排水设施、防护工程等几何尺寸及外观测量。排水、支挡、防护等工程的几何尺寸是指横断面尺寸的长、宽、高等,另外还包括竖直角或坡度。

·9.6.2 桥梁竣工测量·

桥梁竣工后,须进行竣工测量。通过竣工测量,一方面可以检查施工是否满足设计要求,起到检查施工质量的作用;另一方面,在桥梁投入运营后,为保证桥梁的行车安全和使用寿命,需要定期地进行变形观测,并与竣工资料相比来分析变形,因此,对变形观测而言,竣工资料也是必不可少的。

1)墩、台的竣工测量

墩、台竣工测量的主要内容有:

①测定各墩、台间的跨度。

②量测墩、台各部分尺寸。

③测定支承垫石顶面高程。

桥梁竣工后,各墩、台间的跨度可根据墩中心点或工作线的交点测定。如果跨距较小,可用钢尺直接测量;当跨距较大不便直接测量时,可用光电测距仪或三角测量的方法施测。在测出各跨的距离后可计算出桥长,与设计桥长比较以估算其精度。

墩、台各部分尺寸的检查内容主要是墩顶的尺寸、支承垫石的尺寸和位置等。这些检查均可以墩顶标有的纵、横方向线或工作线为依据进行。

墩、台顶面高程的测定,可自桥梁一端的一个水准点开始,逐墩测量,最后闭合于另一端的一个水准点上。

2）桥梁架设竣工测量

桥梁架设竣工测量的内容包括:测定主梁弦杆的直线性、梁的拱度、立柱的竖直性以及各个墩上梁的支点与墩、台中心的相对位置。

主梁弦杆的直线性、梁的拱度和立柱的竖直性测定,可参照架梁时的方法进行。

为求得墩上梁的支点与墩、台中心的相对位置,就要测定固定支座及活动支座底板中心与墩、台中心的相对位置,上摆对于铰枢中心的相对位置,以及支座底板中心与下摆中心的纵向相对位置。由于活动支座的下摆中心与底板中心的相对位置是随温度变化的,因而要在不同温度条件下测出辊轴顶部及底部的位移变化,由此推算出在设计的标准温度下支座底板中心与下摆中心的相对关系。根据上述观测结果,即可推算出梁随支点与墩、台中心的相对位置及其与设计位置的差值。

· 9.6.3 隧道竣工测量 ·

隧道竣工后,为了检查主要结构物和建筑物以及路线位置是否符合设计要求并提供竣工文件所需资料,也为将来运营中的维修工程等提供测量控制点,必须进行竣工测量。

在进行竣工测量时,首先进行中线测量,从隧道一端测至另一端。在测量时,直线地段每50 m、曲线地段每20 m,以及以后需要加测断面处,如洞身断面变换处和衬砌类型变换处,应打临时中线桩或标出。如遇施工中埋设的中线点标志,即应进行检测。在检测时应校对其里程及与中线的偏差。此外,对洞身断面变换处和衬砌类型变换处的里程也应核对。

洞内水准点每千米应埋设一个,短于1 km的隧道应至少埋设一个或两端洞门附近各设一个,水准点的编号和高程应标记在隧道的边墙上。洞内水准点应附合在洞外水准点上,平差后确定各点高程。

中线测量已在欲测断面处打上临时中线桩,据此测绘每个断面处隧道的实际净空,包括拱顶高程,路线中线左、右起拱线的宽度,铺底或仰拱高程。测量的方法一般采用支距法,以路线中线为准,最后应绘出断面净空图。

1）隧道施工中变形的观测

隧道施工过程中的变形观测,可在对洞内布设三角点、导线点、中线点及水准点的复测工作中及时进行。

在坑道开挖、扩大开挖、支撑和衬砌施工过程中,因地质条件不良,可能产生较大沉陷及变形,两侧岩壁内挤、底部隆起,甚至产生土石坍塌、衬砌断裂、局部地段被推移的现象,一般用观察的方法或检验的方法,从开挖后表面的变形、支撑受力后的情况(棚板弯曲、梁面、横撑嵌入立柱、梁柱压弯开裂等)可以大致判断变形原因。必要时,可设置变形观测标志进行观测,取得变形的大小、方向和速度的定量测数据资料,以便决定采取相应的工程措施和防护措施。

隧道衬砌完成后,在地质不良地段,隧道衬砌结构物可能发生沉陷及位移,应在此变形区设置变形观测点,进行周期性观测。

变形观测标志可设在隧道的顶部、侧壁和底板部位,一般每10～15 m在上下左右各设一个测标;若变形程度不很大,也可每50 m设一个测标。各测标应按里程统一编号,同时,应在变形区50 m以外设立稳固的观测控制点。

2)检测测标高程变形和水平位移方法

（1）检测测标高程变形

检测测标高程变形可采用水准测量的方法进行观测计算。

（2）检测测标水平位移

检测测标水平位移可采用准直法和测角法进行观测。

①准直法。将一排测标都设在一条直线（准直方向线）上，根据测标偏离这条直线的垂直距离的大小，可求出测标的横向位移；根据测标至直线上某控制点的水平距离，可以求得测标的纵向位移。这条准直线（方向线）可以用经纬仪或激光准直仪设出，或在某固定两端点间设置细弦线标志，若某些测标不能严格在直线上，可用小测微尺量出测标到弦线的垂距，观察该垂距的变化即可判断位移的变化。

②测角法。测角法是采用在固定测站上观测固定的控制点与测标之间水平角的一种方法。设第一次观测某测标的角值是 β_1，第二次观测的角值是 β_2，则按两角的差值（$\beta_1 - \beta_2$）的符号，即可判断该测标水平位移的左右方向，位移值为 $\dfrac{\beta_2 - \beta_1}{\rho}l$，$l$ 为测站到测标的水平距离。每一次置镜可观测一排点的水平角。

总之，变形观测是为了掌握测标随时间变化而产生的变形规律，所以应按期进行观测记录和计算。在变形速度较快时，观测周期应短；变形速度减慢时，观测周期可相应增长。

复习思考题 9

9.1　什么是施工测量？道路施工测量主要包括哪些内容？

9.2　试述测设已知长度已知水平角和高程的方法。

9.3　假设某建筑物室内地坪的高程为 50.000 m，附近有一水准点 BM2，其高程 $H_2 = 49.680$ m。现要求把该建筑物地坪高程测设到木桩 A 上。测量时，在水准点 BM2 和木桩 A 间安置水准仪，在 BM2 上立水准尺上，读得读数为 1.506 m。求测设 A 桩所需的数据和测设步骤。

9.4　已知点 A 的坐标 $x_A = 50.00$ m，$y_A = 60.00$ m，AB 的方位角 $\alpha_{AB} = 30°00'00''$，由设计图上查得 P 点的坐标 $x_P = 40.00$ m，$y_P = 100.00$ m，求用极坐标法在 A 点用经纬仪测设 P 点的测设数据和测设的步骤。

9.5　设 A, B 两点的坐标为 $x_A = 532.87$ m，$y_A = 437.57$ m，$x_B = 360.23$ m，$y_B = 461.15$ m，现欲测设 P 点，P 点的设计坐标为 $x_P = 480.00$ m，$y_P = 530.00$ m，试计算用角度交会法测设 P 点的测设数据。

9.6　设某一竖曲线半径 $R = 3\,000$ m，相邻坡段的坡度 $i_1 = +3.1\%$，$i_2 = +1.1\%$，变坡点的里程桩号为 K16 + 770，其高程为 396.67 m。如果曲线上每隔 10 m 设置一桩，试计算竖曲线上各桩点的高程。

9.7　什么是竖井联系测量？它包括哪些内容？

9.8　隧道贯通误差包括哪些？哪些误差是主要的？

9.9　试述隧道竣工测量的内容。

附录　工程测量实验指导书

实训 1　微倾式水准仪的认识与使用

1）目的与要求

（1）认识 DS$_3$ 级水准仪各部分的构造。

（2）练习水准仪的使用方法。

2）仪器与工具

（1）由仪器室借领：DS$_3$ 级微倾式水准仪 1 台，水准标尺 2 根。

（2）个人自备：计算器、笔、草稿纸。

3）实训方法与步骤

（1）各组把仪器安置在指定地点，面向预先安置好的 2 根标尺。

（2）首先熟悉一下水准仪的构造、各部分的名称、作用和操作方法。

（3）练习用圆水准器安平仪器，用望远镜照准标尺，用微倾螺旋使气泡符合，依次读取 2 根标尺黑红两面的读数，并计算每根标尺黑红面读数差及相邻两点间的高差 h_{AB}。

4）注意事项

（1）三脚架要安置稳妥，高度适当，架头接近水平，伸缩腿螺旋要旋紧。

（2）用双手取出仪器，握住仪器坚实部分，要确认已装牢在三脚架上以后才可放手，仪器箱盒要随即关紧。

（3）掌握正确操作方法，特别是用圆水准器安平仪器和使用望远镜的方法。

（4）要先认清水准尺的分划和注记，然后练习在望远镜内读数。

（5）要爱护仪器，注意"测量仪器使用规则"。

水准仪的认识与使用实训记录

（1）微倾式水准仪由_____、_____和_____3 个主要部分组成。

（2）视准轴是指望远镜_____与_____的边线；水准管轴是指_____；圆水准器轴是指_____。

（3）粗略整平可依据_____法则利用_____螺旋使_____气泡居中；而读数前还必须用_____螺旋使_____气泡符合，从而使视线精确水平。

（4）视差是指_____。

视差产生的原因是＿＿＿＿＿＿＿＿＿＿＿＿＿＿＿＿＿＿＿＿＿＿＿＿＿＿＿＿＿＿＿＿＿。

清除方法是＿＿＿＿＿＿＿＿＿＿＿＿＿＿＿＿＿＿＿＿＿＿＿＿＿＿＿＿＿＿＿＿＿＿＿＿＿。

(5)A 点处的水准尺常数为＿＿＿＿＿＿m,黑面读数是＿＿＿＿＿＿m,红面读数是＿＿＿＿＿＿m,黑红面读数差 = ＿＿＿＿＿＿mm。

B 点处的水准尺常数为＿＿＿＿＿＿m,黑面读数是＿＿＿＿＿＿m,红面读数是＿＿＿＿＿＿m,黑红面读数差 = ＿＿＿＿＿＿mm。h_{AB} = ＿＿＿＿＿＿m。

实训2　普通水准测量

1)目的与要求

(1)进一步练习 DS$_3$ 水准仪的正确使用方法。

(2)练习普通水准测量的作业方法、记录和计算方法。

2)仪器与工具

(1)由仪器室借领:DS$_3$ 级水准仪 1 台,水准尺 2 根,尺垫 2 个,记录板 1 块。

(2)个人自备:笔、计算器、草稿纸。

3)实训方法与步骤

(1)在指定地点选择 4 个以上点构成一条水准路线。

(2)一人观测,一人扶尺,完成一个闭合环或一个单程,然后交换工作。

4)注意事项

(1)注意水准测量进行的步骤,严防水准仪和水准尺同时移走。

(2)注意正确填写记录。

(3)要选择好测站和转点的位置,尽量避开行人和车辆的干扰,保持前后视距离相等,视线长不超过 100 m,最小读数不小于 0.30 m。

(4)水准尺要立直,用黑面读数。转点要选择稳固可靠的点,用尺垫时要踩实。

(5)读数时要注意气泡符合,消除视差,防止读错、记错。

(6)仪器要保护好,迁站时仪器应抱在胸前,所有仪器盒等工具都要随人带走。

(7)记录要书写整齐清楚,随测随记,不得重新誊抄。

(8)容许闭合差按 $\pm 30\sqrt{L}$(mm)计算,L 为闭合路线或起、终水准点间单程路线长(以 km 计)。

(9)起、终水准点各组采用共同点,闭合路线的起始点也可由各组自行选定。为避免拥挤,全班同学可分两部分按相对方向进行。

(10)计算出高差和闭合差,用 $\sum h$ 和 $\sum$(后视读数) $- \sum$(前视读数)检核计算。

普通水准测量记录表

日期：_____年_____月_____日　　　　天气：_____　　　　仪器型号：_____组号：_____

观测者：_____记录者：_____　　　　立尺者：_____

测　点	水准尺读数/m		高差 h/m		高程/m	备　注
	后视 a/m	前视 b/m	+	−		
		———	———	———		
			———	———		
$\sum$						
计算校核	$\sum a - \sum b =$			$\sum h =$		

实训 3　四等水准测量

1)目的与要求

(1)巩固水准仪和水准测量的基本操作。

(2)练习四等水准测量的作业过程。

2)仪器与工具

(1)由仪器室借领:DS$_3$ 级水准仪 1 台,双面水准尺 1 套(2 根),尺垫 2 块,记录板 1 块。

(2)个人自备:笔、计算器、草稿纸。

3)实训方法与步骤

(1)在指定地点选择 5 个以上点构成一条闭合或附合水准路线。

(2)一人观测,一人记录,两人扶尺,每人测 1 个测站,然后交换工作,共同完成一段闭合(或附合)路线。

4)注意事项

(1)按规定的步骤和顺序进行观测记录和计算。

(2)按规定格式把观测数据和计算数据填写在正确位置。

(3)注意每站上的作业要求和检核计算,不合格时在该站立即检查或重测。作业要求如下:

- 视线长不超过 100 m;
- 红黑面读数差≤3 mm;
- 红黑面高差之差≤5 mm;
- 每站前后视距差≤3 m;
- 各站前后视距差累计≤10 m;
- 每一测站上应完成各项检核计算,全部合格后才能迁站。

(4)观测结束后要对高差和视距进行总的计算与校核,闭合差不超过 $\pm 20\sqrt{L}(\text{mm})$,$L$ 为闭合路线或附合路线之长,以 km 计。

四等水准测量记录表

自_____测至_____　　　　天气_____观测者：_____

成象_____记录者：_____　　　　年　　月　　日

测站编号	后尺 下丝 / 上丝	前尺 下丝 / 上丝	向及尺号	标尺读书		K + 黑减红	高差中数	备考
	后距	前距		黑面	红面			
	视距差 d	∑D						
			后					
			前					
			后—前					
			后					
			前					
			后—前					
			后					
			前					
			后—前					
			后					
			前					
			后—前					
			后					
			前					
			后—前					
			后					
			前					
			后—前					

实训 4　DJ$_6$ 级光学经纬仪的认识与使用

1）目的与要求

（1）认识 DJ$_6$ 级光学经纬仪的构造。

（2）掌握 DJ$_6$ 级光学经纬仪对中、整平、读数的方法。

2）仪器与工具

（1）由仪器室借领：经纬仪 1 台，记录板 1 块。

（2）个人自备：笔、计算器、草稿纸。

3）实训方法与步骤

（1）由仪器室借出仪器之后，到指定地点安置仪器。

（2）在安置仪器之前，先打开仪器箱，认清、记牢经纬仪在仪器箱中安放的位置，以便实习完后仪器能按原样装箱。

（3）仪器安装在三脚架上，认识仪器的各个主要部件的名称、作用和相互关系，如仪器的上盘、下盘水准管，微动和制动螺旋，读数目镜，基座连接螺旋等。

（4）在地面所指定标志点上练习整平和对中方法。整平后的仪器，当水平旋转 180°时，水准管气泡偏离中心不大于 ±1 格。

（5）每人轮流做一遍。第一人做完，应把仪器装箱，收起三脚架，第二人重做。

（6）在第二人做完仪器的对中、整平之后，每人可用盘左观测两个目标 A、B，读出水平度盘和竖直度盘读数，并记录在实习记录中。

4）注意事项

（1）打开三脚架后，要安置稳妥，先粗略对中地面标志，然后用中心螺旋把仪器牢固地连接在三脚架头上，并把箱子关上。

（2）仪器对中时，先使架头大致水平，若对中相差较远，可将整个脚架连同仪器一块平移，使光学对中器中心接近地面标志点。

（3）制动螺旋不可拧（压）得太紧；微动螺旋不可旋得太松，亦不可拧得太紧，以处于中间位置附近为好。

DJ$_6$ 级光学经纬仪的认识与使用实训记录

（1）光学经纬仪由_____、_____和_____3 部分组成。

（2）经纬仪有两对_____和_____螺旋，以控制照准部在_____方向和望远镜在_____方向的转动，从而保证仪器能方便地照准任何方向的目标。

（3）仪器对中的目的是_____。对中的方法有锤球对中和光学对中两种。锤球对中的要领是先移动_____，使_____大致对准地面标志，再稍旋松_____在_____

上平移仪器使其精确对中;光学对中的要领是先调节脚螺旋使地面标志点位于_____分划板中央,然后伸缩架腿使_____气泡居中,再稍旋松_____螺旋在架头上_____仪器使地面标志点位于_____分划板中央,最后将仪器整平。

(4)仪器整平的目的是_____。整平分为粗略整平和精确整平。粗略整平是利用_____进行的,精确整平则利用_____进行。最终整平是指仪器转至任何方向_____气泡居中,而_____是否严格居中则是次要的。

(5)经纬仪瞄准 A 点时的水平度盘读数是_____,竖直度盘读数是_____;经纬仪瞄准 B 点时的水平度盘读数是_____,竖直度盘读数是_____。

实训 5　测回法观测水平角

1)目的与要求

(1)练习测回法测水平角的观测及计算方法。

(2)进一步练习仪器的对中、整平。

2)仪器与工具

(1)由仪器室借领:DJ$_6$ 级光学经纬仪 1 台,记录板 1 块。

(2)个人自备:笔、计算器、草稿纸。

3)实训方法与步骤

(1)在指定的测站上安置仪器,进行对中整平,用目镜对光螺旋调光使十字丝清晰。

(2)在盘左位置,固定下盘、松开上盘,分别瞄准 A,B 及读数 a_1,b_1,则 $\beta_1 = b_1 - a_1$。

(3)同理在盘右位置,得到读数 b_2,a_2,则 $\beta_2 = b_2 - a_2$。

(4)当 $|\beta_2 - \beta_1| \leq 40''$,取平均值后 $\beta = (\beta_1 + \beta_2)/2$。

(5)每人轮流做一个合格的测回,填写实习记录。

4)注意事项

(1)仪器要安置稳妥,对中、整平要仔细。

(2)观测目标要认真消除视差。

(3)在观测中若发现气泡偏离较多,应废弃重新整平观测。

测回法观测水平角实训记录

日期：_____年_____月_____日　　天气：_____　　仪器型号：_____组号：_____

观测者：_____记录者：_____

测　点	盘　位	目　标	水平度盘读数 /(° ′ ″)	水平角		示意图
				半测回值 /(° ′ ″)	一测回值 (° ′ ″)	

实训6　方向观测法观测水平角

1）目的与要求

（1）练习用 DJ$_6$ 级光学经纬仪作方向观测法观测水平角的观测、记录、计算方法。

（2）区分测回法和方向观测法的不同。

2）仪器与工具

（1）由仪器室借领：DJ$_6$ 级光学经纬仪 1 台,记录板 1 块。

（2）个人自备:笔、计算器、草稿纸。

3）实训方法与步骤

（1）在指定的测站上安置仪器,进行对中、整平。

（2）调清楚十字丝,选择好起始方向,安置好度盘读数,消除视差,开始观测。

（3）上半测回顺时针观测,记录由上向下记;下半测回逆时针观测,记录由下向上记。

（4）读数:DJ$_6$ 级直读到 1′,估读到 0.1′。

（5）限差:

仪　器	光学测微器两次重合读数差	半测回归零差	同方向各测回 2C 值互差	各测回同一方向值互差
DJ$_6$	12″	18″	30″	24″

（6）每人轮流做一遍,填写实习记录。

4）注意事项

（1）三脚架要安置稳妥,仪器连接要牢靠。

（2）正确地按照操作方法去做,仪器转动时要慢而稳。

（3）起始方向要选择清晰、距离适中的目标。

（4）每次照准部的微动螺旋转动,都必须以旋进方向去精确照准目标。

（5）每半个测回开始测之前,先使照准部绕竖轴按观测顺序方向轻轻转两圈,然后再观测。

方向观测法观测水平角实训记录

日期:_____年_____月_____日　　天气:_____　　仪器型号:_____组号:_____

观测者:_____记录者:_____

测　站	测回数	目　标	水平度盘读数		2C/(″)	方向值 /(° ′ ″)	归零方向值 /(° ′ ″)	各测回平均方向值 /(° ′ ″)
			盘左/(° ′ ″)	盘右/(° ′ ″)				

续表

测　站	测回数	目　标	水平度盘读数		2C/(″)	方向值/(°′″)	归零方向值/(°′″)	各测回平均方向值/(°′″)
			盘左/(°′″)	盘右/(°′″)				

实训7 竖直角观测

1)目的与要求

(1)认识竖盘构造。

(2)练习竖直角的观测、计算方法。

2)仪器与工具

(1)由仪器室借领:经纬仪1台,记录板1块。

(2)个人自备:笔、计算器、草稿纸。

3)实训方法与步骤

(1)在指定的测站上安置好仪器,使竖盘指标水准管气泡居中。

(2)按指定的一仰角目标和一俯角目标,用盘左、盘右各测1次,求出竖直角和竖盘指标差 x。

4)注意事项

(1)观测目标时,先调清楚十字丝,然后消除视差,每次读数时都要使指标水准管气泡居中。

(2)计算竖直角时,要注意其正、负号。

(3)尽量用十字丝的交点来照准目标。

竖直角观测实训记录

日期:_____年_____月_____日 天气:_____ 仪器型号:_____ 组号:_____

观测者:_____记录者:_____

测点	目标	竖盘位置	竖盘读数 /(°′″)	半测回竖直角 /(°′″)	指标差 /(″)	一测回竖直角 /(°′″)
		左				
		右				
		左				
		右				
		左				
		右				
		左				
		右				
		左				
		右				

续表

测点	目标	竖盘位置	竖盘读数 /(° ′ ″)	半测回竖直角 /(° ′ ″)	指标差 /(″)	一测回竖直角 /(° ′ ″)
		左				
		右				
		左				
		右				
		左				
		右				
		左				
		右				
		左				
		右				
		左				
		右				

实训 8　全站仪的认识

1)目的与要求

(1)了解全站仪的显示与键盘功能。

(2)了解全站仪的配置菜单及仪器的自检功能。

(3)掌握全站仪的测站安置方法及测站设置。

(4)了解全站仪各种数据信息的输入与输出方法。

2)仪器与工具

(1)由仪器室借领:全站仪1台。

(2)个人自备:笔、计算器、草稿纸。

3)实训方法与步骤

(1)在实习指导教师的指导下,熟悉全站仪的各个螺旋及全站仪的显示面板的功能等。

(2)在实习指导教师的指导下,熟悉全站仪的配置菜单及仪器的自检功能。

(3)在实习指导教师的指导下,正确快速地进行全站仪的对中、整平工作。

(4)在实习指导教师的指导下,进行全站仪的测站设置(输入测站点坐标、定向点坐标、仪器高、砚标高等数据)和定向工作。

4)注意事项

(1)由于全站仪是集光、电、数据处理于一体的多功能精密测量仪器,在实习过程中应注意保护好仪器,尤其不要使全站仪的望远镜受到太阳光的直射,以免损坏仪器。

(2)未经指导教师的允许,不要任意修改仪器的参数设置,也不要任意进行非法操作,以免因操作不当而发生事故。

全站仪的认识实训记录

1. 全站仪的组成:_____

_____。

2. 全站仪的测站设置的内容:_____

_____

_____。

实训 9 全站仪角度测量和距离测量

1)目的与要求

(1)掌握全站仪的角度及距离测量方法。

(2)继续熟悉全站仪的功能菜单的设置与应用。

2)仪器与工具

(1)由仪器室借领:全站仪 1 台,棱镜 1 套,记录板。

(2)个人自备:笔、计算器、草稿纸。

3)实训方法与步骤

(1)安置仪器:将全站仪架设于测站上,对中整平,开机,完成自检。

(2)设置棱镜常数。

(3)设置大气温度与气压值或气象改正值。

(4)设置仪器高、棱镜高。

(5)照准目标棱镜,按测距键开始观测,读水平度盘读数、竖盘读数及水平距离读数并记录。

4)注意事项

由于全站仪是集光、电、数据处理程序于一体的多功能精密测量仪器,在实习过程中应注意保护好仪器,尤其不要使全站仪的望远镜受到太阳光的直射,以免损坏仪器。

全站仪角度测量和距离测量实训记录

日期：　　　观测者：　　　记录者：

测站	目标	盘位	水平盘读数 /(°′″)	一测回水平角度值 /(°′″)	竖盘读数 /(°′″)	一测回竖直角度值 /(°′″)	平距/m	平距均值/m	备注
		盘左							
		盘右							
		盘左							
		盘右							
		盘左							
		盘右							
		盘左							
		盘右							
		盘左							
		盘右							
		盘左							
		盘右							
		盘左							
		盘右							
		盘左							
		盘右							
		盘左							
		盘右							
		盘左							
		盘右							

实训 10　全站仪三角高程测量

1)目的与要求

(1)继续熟悉全站仪的角度及距离测量方法。

(2)掌握全站仪三角高程的观测与计算方法。

2)仪器与工具

(1)由仪器室借领：全站仪 1 台,棱镜 1 套,记录板。

（2）个人自备:笔、计算器、草稿纸。

3）实训方法与步骤

（1）安置仪器:将全站仪架设于测站上,对中整平,开机,完成自检。

（2）设置棱镜常数。

（3）设置大气温度与气压值或气象改正值。

（4）设置仪器高、棱镜高。

（5）照准目标棱镜,按测距键开始观测,读水平度盘读数、竖盘读数及水平距离读数并记录,完成往测,并计算出往测高差。

（6）全站仪与棱镜交换位置,重复以上（1）至（5）步,完成返测,计算出返测高差。

4）注意事项

由于全站仪是集光、电、数据处理程序于一体的多功能精密测量仪器,在实习过程中应注意保护好仪器,尤其不要使全站仪的望远镜受到太阳光的直射,以免损坏仪器。

全站仪三角高程测量实训记录

往测记录

日期:　　　　　　观测者:　　　　　　记录者:

温度:

测站点名及仪高	目标点名及镜高	盘位	竖盘读数/(° ′ ″)	半测回竖直角度值/(° ′ ″)	一测回竖直角度值/(° ′ ″)	平距读数/m	平距均值/m	高差/m	备注
		盘左							
		盘右							
		盘左							
		盘右							
		盘右							

返测记录

日期:　　　　　　观测者:　　　　　　记录者:

温度:

测站点名及仪高	目标点名及镜高	盘位	竖盘读数/(° ′ ″)	半测回竖直角度值/(° ′ ″)	一测回竖直角度值/(° ′ ″)	平距读数/m	平距均值/m	高差/m	备注
		盘左							
		盘右							
		盘左							
		盘右							
		盘右							

往返测高差差值:＿＿＿＿＿＿＿＿＿,往返测高差中数:＿＿＿＿＿＿＿＿＿。

实训 11 全站仪平面控制导线测量

1）目的与要求

（1）掌握导线测量工作内容和方法,进一步提高测量技术水平。

（2）进一步熟悉全站仪坐标测量的方法。

2）仪器与工具

（1）由仪器室借领:全站仪 1 台,棱镜 1 套,记录板 1 块,斧子 1 把,木桩若干。

（2）个人自备:计算器、笔、计算用纸。

3）实训方法与步骤

（1）在实验区域内选取 A,B,C,D 4 点, A,D 通视, A,B,C 相互通视并组成三角形,假设 AD 为已知方位边, A 为已知点。

（2）在 A 点架设全站仪,对中、整平后,输入气象参数、棱镜常数、测站坐标,后视 D 点,设置后视已知方位角。

（3）依次观测 C 点、B 点,测量并记录其 X 与 Y 坐标及 AB 方位角。

（4）搬站至 B 点,以 B 为测站,以 A 为后视,观测 C 点,记录其 X 与 Y 坐标。

（5）搬站至 C 点,以 C 为测站,以 B 为后视,观测 A 点,记录其 X 与 Y 坐标。

（6）计算坐标闭合差,评定导线精度。

4）注意事项

（1）边长较短时,应特别注意严格对中。

（2）瞄准目标一定要精确。

全站仪平面控制导线测量实训记录

日期:　　　　　　　观测者:　　　　　　　记录者:

已知点 A 坐标:$x =$ 　　　　　　　$y =$

已知方位:$\alpha_{AD} = $ ° ′ ″

测站	后视	前视	前视坐标/m					
			x	x 改正值	改正后的 x	y	y 改正值	改正后的 y

测站	后视	前视	前视坐标/m					
			x	x 改正值	改正后的 x	y	y 改正值	改正后的 y
	$f_x =$　　　　$f_y =$　　　　$f_p =$ 导线全长相对闭合差 $f =$								

参考文献

［1］张保成.测量学［M］.北京：人民交通出版社,1997.

［2］钟孝顺,聂让.测量学［M］.北京：人民交通出版社,1997.

［3］李仕东.工程测量［M］.4 版.北京：人民交通出版社,2015.

［4］郑庆生.建筑工程测量［M］.北京：中国建筑工业出版社,1995.

［5］胡伍生,潘庆林,黄腾.土木工程施工测量手册［M］.2 版.北京：人民交通出版社,2011.

［6］曹智翔,等.交通土建工程测量［M］.3 版.成都：西南交通大学出版社,2019.

［7］许娅娅,雒应,沈照庆.测量学［M］.4 版.北京：人民交通出版社,2014.